高等学校数理类基础课程"十二五"规划教材

# 应用数值分析

王明辉 主编 王广彬 张闻 副主编



化学工业出版社

·北京·

本书讨论最基本的数值计算方法，采用数值分析和科学计算并重的思路，强调问题驱动和算法的 Matlab 软件实现，尝试激发学生的学习兴趣，主要内容包括科学计算简介、插值法、逼近方法、数值微积分、解线性方程组的直接法、解线性方程组的迭代法、非线性方程求根、代数特征值问题和常微分方程数值解法，共分 9 章. 本书结构合理，可读性强，只要求读者具有基本的高等数学和线性代数的知识.

本书是为理工科非数学专业高年级本科生和研究生编写的应用数值分析的短学时的教材或参考书，也可以供数学专业选用，对以科学计算为工具的科技人员也是本很好的参考书.

**图书在版编目（CIP）数据**

应用数值分析/王明辉主编. —北京：化学工业出版社，2015.2（2023.1 重印）
高等学校数理类基础课程“十二五”规划教材
ISBN 978-7-122-22573-3

Ⅰ.①应… Ⅱ.①王… Ⅲ.①数值分析-高等学校-教材 Ⅳ.①O241

中国版本图书馆 CIP 数据核字（2014）第 298189 号

责任编辑：郝英华　　装帧设计：韩　飞
责任校对：王素芹

出版发行：化学工业出版社（北京市东城区青年湖南街 13 号　邮政编码 100011）
印　　装：涿州市般润文化传播有限公司
787mm×1092mm　1/16　印张 17　字数 288 千字　2023 年 1 月北京第 1 版第 6 次印刷

购书咨询：010-64518888　　售后服务：010-64518899
网　　址：http://www.cip.com.cn
凡购买本书，如有缺损质量问题，本社销售中心负责调换。

定　　价：36.00 元

# 前 言

随着计算机的出现，“数值分析”在工程和科学问题求解中的应用正呈爆炸式发展，使之成为每个工程师科学基础教育的一部分.“数值分析”课程也是科学计算方面的重要基础课程之一，承担着科学计算入门和介绍基本算法的任务.因此，很多学校将“数值分析”课程设为非数学专业研究生公共基础课，或者本科高年级学生的选修课.在教学过程中，由于学时偏少和部分学生数学基础偏弱，以及课程本身内容多、难度大、实践和应用少等原因，教学效果受到影响.因此，我们根据应用型本科院校教学特点和学生的数学基础而编写了本书.

笔者希望达到以下几个目的.一是全面但简洁地介绍数值计算的基本思想、理论和算法.二是重点介绍这些数值算法的 Matlab 实现，我们所说的实现主要是借助 Matlab 函数实现，不是自写算法的程序代码实现.当然，对于数学专业学生，要求学生证明其中的大部分结论，并在上机环节实现所有算法的代码编写.三是尽量结合实例介绍算法的应用，之所以如此，主要是希望降低难度，强化实践，激发非数学专业学生学习该课程的兴趣.笔编者也加入了一些相关数学家简介等课外读物，一方面对学生补充一些数学史教育，开拓视野；另一方面对激发学生学习数学兴趣也有一定的作用.

本课程的先修课程包括高等数学和线性代数，读者最好先熟悉 Matlab 的基本操作，这样本书的内容可以在 40 学时左右讲完，其中加* 号的部分可作为选学内容.如果条件允许，最好能有 8 学时左右的上机实践，以便学生更好地理解所学的知识并熟练掌握相关 Matlab 函数的使用.

全书共分 9 章，主要内容包括科学计算简介、插值法、逼近方法、数值微积分、解线性方程组的直接法、解线性方程组的迭代法、非线性方程求根、代数特征值问题和常微分方程数值解法.

本书中的第 1、2、3、4、7 章由王明辉编写，于彬给予了指导，第 5、6、8 章由王广彬和张闻编写，第 9 章由王斌编写.全书由王明辉负责组织与协调，并负责全书的统稿，韩银环、张俊涛和徐露萍参与了部分内容的整理及程序的调试.

本书配有内容丰富的电子课件可免费赠送给采用本书作为教材的院校使用，如有需要，请发邮件至 cipedu@ 163. com 索取.

由于笔者水平有限，不妥之处在所难免，敬请广大读者批评指正.

**编者**

**2014 年 12 月**

# 目　录

# 第 1 章

# 科学计算简介

## 1.1 数值分析简介

现代科学研究有三大支柱：理论研究、科学实验和科学计算. 科学计算的基础就是数值分析，或者说科学计算就是数值分析.

数值分析（numerical analysis），也称数值方法、计算方法或计算机数学，是计算数学的一个主要部分，计算数学是数学科学的一个分支，它研究用计算机求解各种数学问题的数值计算方法及其理论与软件实现，是用公式表示数学问题以便可以利用算术和逻辑运算解决这些问题的技术.

在计算机出现以前，实现这类计算的时间和代价严重限制了它们的实际运用. 然而，随着计算机的出现，数值分析在工程和科学问题求解中的应用正呈爆炸式发展，使之成为每个工程师和科学家基础教育的一部分.

一般地说，用计算机解决科学计算问题，首先需要针对实际问题提炼出相应的数学模型，然后为解决数学模型设计出数值计算方法，经过程序设计之后上机计算，求出数值结果，再由实验来检验. 概括为如下过程.

实际问题 → 数学模型 → 计算方法 → 程序设计 → 计算结果

数值分析是寻求数学问题近似解的方法、过程及其理论的一个数学分支. 它以纯数学作为基础，但却不完全像纯数学那样只研究数学本身的理论，而是着重研究数学问题求解的数值方法及与此有关的理论，包括方法的收敛性，稳定性及误差分析；还要根据计算机的特点研究计算时间和空间（也称计算复杂性，computational complexity）最省的计

一个科学家最大的本领就在于化复杂为简单，用简单的方法去解决复杂的问题.

——冯康

*There are three great branches of science: theory, experiment and computation.*

*The fundamental law of computer science: As machines become more powerful, the efficiency of algorithms grows more important, not less.*

——L. N. Trefethen

算方法. 有的方法在理论上虽然还不够完善与严密，但通过对比分析、实际计算和实践检验等手段，被证明是行之有效的方法也可采用. 因此，数值分析既有纯数学高度抽象性与严密科学性的特点，又有应用的广泛性与实际试验的高度技术性的特点，是一门与使用计算机密切结合的实用性很强的数学课程.

至于为什么要学习数值分析，除了对整体教育有用外，还有一些其他的理由.

① 数值方法能够极大地覆盖所能解决的问题类型. 该方法能处理大型方程组、非线性和复杂几何等工程和科学领域中普遍存的问题，但用标准的解析方法求解是不可能的. 因此学习数值分析可以增强问题求解的技能.

② 学习数值分析可以让用户更加智慧地使用“封装过的”软件. 如果缺少对基本理论的理解，就只能把这些软件看作“黑盒”，因此就会对内部的工作机制和它们产生结果的优劣缺少必要的了解.

③ 很多问题不能直接用封装的程序解决，如果熟悉数值方法并擅长计算机编程的话，就可以自己设计程序解决问题.

④ 数值分析是学习使用计算机的有效载体，对于展示计算机的强大和不足是非常理想的. 当成功地在计算机上实现了数值方法，然后将它们应用于求解其他难题时，就可以极大地展示计算机如何为个人的发展服务. 同时还会学习如何认识和控制误差，这是大规模数值计算的组成部分，也是大规模数值计算面临的最大问题.

⑤ 数值分析提供了一个增强对数学理解的平台，因为数值方法的一个功能是将数学从高级的表示化为基本的算术操作，从这个独特的角度可以提高对数学问题的理解和认知.

## 1.2 误差

### 1.2.1 误差的来源与分类

工程师和科学家们总是发现自己必须基于不确定的信息完成特定的目标. 尽管完美是值得赞美的目标，但是却极少能够达到，因为误差几乎处处存在.

**模型误差（model error）**：用数学方法解决实际问题，首先必须把实际问题经过抽象，忽略一些次要的因素，简化成一个确定的数学问题，它与实际问题或客观现象之间必然存在误差，这种误差称为“模型误差”.

**观测误差（observation error）**：数学问题中总包含一些参量（或物

**人物介绍**

**冯康**（1920—1993），数学家、应用数学和计算数学家. 世界数学史上具有重要地位的科学家. 独立创造了有限元方法、自然归化和自然边界元方法，开辟了辛几何和辛格式研究新领域. 中国现代计算数学研究的开拓者. 先后获得1978年全国科学大会重大成果奖、全国自然科学二等奖、科技进步二等奖及科学院自然科学一等奖等. 冯康去世不久后的1993年年底，美国著名科学家、前美国总统科学顾问、美国原子能委员会计算和应用数学中心主任、沃尔夫奖（1987）和阿贝尔奖（2005）获得者彼得·拉克斯（Peter Lax）院士专门撰文悼念冯康，发表在美国《工业与应用数学会通讯》上. 他指出：“1993年8月17日，中国的杰出应用数学家冯康先生突然与世长辞. 七十三载悠悠岁月，成就了他杰出的事业生涯，也走过了一段艰辛的生活旅程. 20世纪50年代后期，冯康先生独立于西方国家在应用数学方面的发展，创造了有限元方法理论. 20世纪80年代末期，他又提出并发展了求解哈密顿型方程的辛几何算法. 冯康先生对于中国科学事业发展所做出的贡献是无法估量的. 他通过自身的努力钻研并带领学生刻苦攻坚，将中国置身于应用数学及计算数学的世界版图上.”

理量，如电压、电流、温度、长度等），它们的值（输入数据）往往是由观测得到的. 而观测的误差是难以避免的，由此产生的误差称为“观测误差”.

**截断误差（truncation error）**：由于用近似数学过程代替准确数学过程而导致的误差，也称为方法误差，这是计算方法本身所出现的误差. 例如

$$\cos x=1-\frac{x^2}{2}+\frac{x^4}{4!}-\frac{x^6}{6!}+\cdots+\frac{(-1)^n x^{2n}}{(2n)!}+\cdots$$

当$|x|$很小时，可以用$1-\frac{x^2}{2}$作为$\cos x$近似值，后面省略掉的部分就是该方法的截断误差.

**舍入误差（round-off error）**：是由于计算机不能准确表示某些量而引起的. 少量的舍入误差是微不足道的，但在计算机做成千上万次运算后，舍入误差的累积有时可能是十分惊人的.

研究计算结果的误差是否满足精度要求就是误差估计问题，本书主要讨论算法的截断误差与舍入误差，而截断误差将结合具体算法讨论.

**【例 1.1】** 计算 $\int_0^1 e^{-x^2}dx$

**【解】** 将 $e^{-x^2}$ 做 Taylor 展开后再积分得

$$\int_0^1 e^{-x^2}dx=1-\frac{1}{3}+\frac{1}{2!}\times\frac{1}{5}-\frac{1}{3!}\times\frac{1}{7}+\frac{1}{4!}\times\frac{1}{9}-\cdots$$

令 $S_4=1-\frac{1}{3}+\frac{1}{2!}\times\frac{1}{5}-\frac{1}{3!}\times\frac{1}{7}$，$R_4=\frac{1}{4!}\times\frac{1}{9}-\cdots$，取 $\int_0^1 e^{-x^2}dx\approx S_4$，则 $R_4$ 就是截断误差，且 $|R_4|<\frac{1}{4!}\times\frac{1}{9}<0.005$，由截取部分引起.

下面由计算机计算 $S_4$，假设保留小数点后三位，我们有

$$S_4=1-\frac{1}{3}+\frac{1}{2!}\times\frac{1}{5}-\frac{1}{3!}\times\frac{1}{7}\approx 1-0.333+0.100-0.024=0.743$$

其中的舍入误差$<0.0005\times 2=0.001$，由留下部分上机计算时引起.

从而计算 $\int_0^1 e^{-x^2}dx$ 的总误差为截断误差和舍入误差的和 0.006. $\int_0^1 e^{-x^2}dx$ 的真实值为 0.747….

## 1.2.2 误差的定义

**定义 1.1** 设 $x$ 为准确值，$x^*$ 为 $x$ 的一个近似值，称 $e(x^*)=$

**Lloyd N. Trefethen**，1982 年在斯坦福大学获得博士学位，研究领域是数值分析与应用数学，现为英国牛津大学教授，世界顶尖的数值分析专家，美国国家工程院院士，英国皇家学会院士，并现任 SIAM（国际工业与应用数学学会）主席. 曾获得 MIT 教学奖、康奈尔大学教学奖、牛津大学教学奖、欧洲研究理事会基金（European Research Council Advanced Grant）、IMA 金奖等，并因其在数值分析领域杰出的成就获第一届 Leslie Fox 奖.

$x^*-x$ 为近似值的绝对误差（absolute error），简称误差.

注意：这样定义的误差 $e(x^*)$ 可正可负.

通常我们不能算出准确值 $x$，当然也不能算出误差 $e(x^*)$ 的准确值，只能根据测量工具或计算情况估计出误差的绝对值不超过某正数 $\varepsilon(x^*)$，也就是误差绝对值的一个上界. $\varepsilon(x^*)$ 称为近似值的误差限，它总是正数.

一般情形 $|x^*-x|\leqslant\varepsilon(x^*)$，工程中常记作 $x=x^*\pm\varepsilon(x^*)$.

我们把近似值的误差 $e(x^*)$ 与准确值 $x$ 的比值

$$\frac{e^*}{x}=\frac{x^*-x}{x}$$

称为近似值 $x^*$ 的相对误差（relative error），记作 $e_r(x^*)$.

在实际计算中，由于真值 $x$ 总是不知道的，通常取 $e_r(x^*)=\frac{e(x^*)}{x^*}=\frac{x^*-x}{x^*}$作为 $x^*$ 的相对误差，条件是 $e_r(x^*)=\frac{e(x^*)}{x^*}$较小，此时

$$\frac{e(x^*)}{x}-\frac{e(x^*)}{x^*}=\frac{e(x^*)(x^*-x)}{x^*x}=\frac{[e(x^*)]^2}{x^*[x^*-e(x^*)]}=\frac{[e(x^*)/x^*]^2}{1-[e(x^*)/x^*]}$$

是 $e_r(x^*)$ 的平方项级，故可忽略不计. 相对误差也可正可负，它的绝对值上界称为相对误差限，记作 $\varepsilon_r(x^*)$，即 $\varepsilon_r(x^*)=\frac{\varepsilon(x^*)}{|x^*|}$.

**注 1.1：** ① 绝对误差是有量纲的量，它与所研究问题的背景有关，因此我们不能单单从绝对误差值的大小来判断计算结果的精度，还必须考虑到实际问题的应用背景.

② 通过引入相对误差，我们可比较不同算法，不同应用问题的计算精度，这一点是无法通过比较绝对误差做到的，因为不同值的东西，在量上是无法比较的. 正如我们不能通过比较两个商品的使用价值来判定商品的贵贱，只能通过抽象的价值.

比如，测量一座桥梁和一个铆钉的长度，结果分别为 9999cm 和 9cm，如果真实值分别是 10000cm 和 10cm，二者的误差皆为 1cm，相对误差分别为 0.0001 和 0.1. 因此可以得到这样的结论：对桥梁的测量精度足够了，对铆钉的测量还要进一步提高精度.

### 1.2.3 有效数字

当 $x$ 有很多位数字，为规定其近似数的表示方法，使得用它表示的近似数自身就指明相对误差的大小，我们引入有效数字的概念.

**定义 1.2** 若近似值 $x^*$ 的误差限是某一位的半个单位，该位到 $x^*$ 的第一位非零数字共有 $n$ 位，则称近似值有 $n$ 位**有效数字**（significant figure）.

在科学记数法中，将近似值 $x^*$ 写成规格化形式为

$$x=\pm 0.a_1a_2\cdots a_i\cdots a_n\cdots\times 10^m \tag{1-1}$$

其中，$m$ 为整数；$a_1\neq 0$，$a_i(i=1,2,\cdots,n,\cdots)$为 0～9 之间的整数.

按照定义 1.2，近似值 $x^*$ 有 $n$ 位有效数字当且仅当

$$|x^*-x|\leqslant\frac{1}{2}\times 10^{m-n} \tag{1-2}$$

因此在 $m$ 相同的情形下，$n$ 越大则误差越小，亦即一个近似值的有效位数越多其误差限越小.

**【例 1.2】** 按四舍五入原则写出下列各数具有 5 位有效数字的近

似数.

187.9325，0.03785551，8.000033，2.7182818.

按定义，上述各数具有5位有效数字的近似数分别是：187.93，0.037856，8.0000，2.7183.

注意：$x=8.000033$ 的5位有效数字的近似数是8.0000而不是8，因为8只有1位有效数字.

**【例1.3】** 重力常数 $g$，如果以 $m/s^2$ 为单位，$g\approx 0.980\times 10^1 m/s^2$；若以 $km/s^2$ 为单位，$g\approx 0.980\times 10^{-2} km/s^2$，它们都具有3位有效数字，因为按第一种写法

$$|g-9.80|\leqslant \frac{1}{2}\times 10^{-2}=\frac{1}{2}\times 10^{1-3}$$

按第二种写法

$$|g-0.00980|\leqslant \frac{1}{2}\times 10^{-5}=\frac{1}{2}\times 10^{-2-3}$$

它们虽然写法不同，但都具有3位有效数字. 至于绝对误差限，由于单位不同结果也不同，$\varepsilon_1^*=\frac{1}{2}\times 10^{-2} m/s^2$，$\varepsilon_2^*=\frac{1}{2}\times 10^{-5} km/s^2$，而相对误差都是

$$\varepsilon_r^*=0.005/9.80=0.000005/0.00980$$

例1.3说明有效位数与小数点后有多少位数有关. 然而，从式(1-2)可以得到具有 $n$ 位有效数字的近似数 $x^*$，其绝对误差限为 $\varepsilon^*=\frac{1}{2}\times 10^{m-n}$，在 $m$ 相同的情况下，$n$ 越大则 $10^{m-n}$ 越小，故有效位数越多，绝对误差限越小.

关于一个近似数的有效位数与其相对误差的关系，列出下面的定理.

**定理1.1** 设近似数 $x^*$ 具有规格化形式(1-1)，

① 若 $x^*$ 具有 $n$ 位有效数字，则其相对误差限为

$$\varepsilon_r^*\leqslant \frac{1}{2a_1}\times 10^{-n+1} \tag{1-3}$$

② 如果

$$\varepsilon_r^*\leqslant \frac{1}{2(a_1+1)}\times 10^{-n+1} \tag{1-4}$$

则 $x^*$ 至少具有 $n$ 位有效数字.

定理说明，有效位数越多，相对误差限越少.

### 1.2.4 计算机浮点数系

计算机内部通常使用浮点数进行实数运算. 计算机的浮点数是仅有有限字长的二进制数，一个浮点数的表示由正负号、小数形式的尾数和为确定小数点位置的阶三部分组成. 例如单精度实数用 32 位的二进制表示，其中符号占 1 位，尾数占 23 位，阶数占 8 位. 这样一个规范化的计算机单精度数（零除外）可以写成如下形式

$$\pm(0.a_1a_2\cdots a_{23})_2\times 2^p,|p|\leqslant 2^7-1,p\in Z,a_i\in\{0,1\},$$

这里 $Z$ 表示整数集. 二进制的非零数字只有 1，所以 $a_1=1$. 阶数的 8 位中须有 1 位表示阶数的符号，所以阶数的值占 7 位. 凡是能够写成上述形式的数称为机器数. 设机器数 $a$ 有上述形式，则与之相邻的机器数为 $b=a+2^{p-23}$ 和 $c=a-2^{p-23}$. 这样，区间（$c$，$a$）和（$a$，$b$）中的数无法准确表示，计算机通常按规定用与之最近的机器数表示.

设实数 $x$ 在机器中的浮点（float）表示为 $fl(x)$，我们把 $x-fl(x)$ 称为舍入误差. 如果当 $x\in\left[\frac{a+c}{2},\frac{a+b}{2}\right)=[a-2^{p-1-23},a-2^{p-1-23})$ 时，用 $a$ 表示 $x$，记为 $fl(x)=a$，其相对误差是

$$|\varepsilon_r|=\left|\frac{x-fl(x)}{fl(x)}\right|\leqslant\frac{2^{p-1-23}}{2^{p-1}}=2^{-23}\approx 10^{-6.923}\approx\frac{1}{2}\times 10^{-6.623}$$

这表明单精度实数有 6～7 位有效数字.

二进制阶数最高为 $2^7-1=10^{(2^7-1)\lg 2}\approx 10^{38.23}$，因此单精度实数（零除外）的数量级不大于 $10^{38}$ 且不小于 $10^{-38}$. 当输入、输出或中间数据太大而无法表示时，计算过程将会非正常终止，此现象称为上溢（overflow）；当数据太小而只能用零表示时，计算机将此数置为零，精度损失，此现象称为下溢（underflow). 下溢不总是有害的，在浮点运算时，我们需要考虑数据运算可能产生的上溢和有害的下溢.

## 1.3 误差的传播

### 1.3.1 误差估计

数值运算中误差传播情况比较复杂，估计起来比较困难. 本节所讨论的运算是四则运算与一些常用函数的计算.

由微分学，当自变量改变（误差）很小时，函数的微分作为函数的改变量的主要线性部分可以近似函数的改变量，故可以利用微分运算公式导出误差运算公式.

设数值计算中求得的解与参量（原始数据）$x_1$，$x_2$，…，$x_n$有关，

记为

$$y=f(x_1,x_2,\cdots,x_n)$$

参量的误差必然引起解的误差. 设 $x_1$，$x_2$，…，$x_n$ 的近似值分别为 $x_1^*$，$x_2^*$，…，$x_n^*$，相应的解为

$$y^*=f(x_1^*,x_2^*,\cdots,x_n^*)$$

假设 $f$ 在点（$x_1^*$，$x_2^*$，…，$x_n^*$）可微，则当数据误差较小时，解的绝对误差为

$$\begin{aligned}
e(y^*)&=y^*-y=f(x_1^*,x_2^*,\cdots,x_n^*)-f(x_1,x_2,\cdots,x_n)\\
&\approx \mathrm{d}f(x_1^*,x_2^*,\cdots,x_n^*)\\
&=\sum_{i=1}^{n}\frac{\partial f(x_1^*,x_2^*,\cdots,x_n^*)}{\partial x_i}(x_i^*-x_i)\\
&=\sum_{i=1}^{n}\frac{\partial f(x_1^*,x_2^*,\cdots,x_n^*)}{\partial x_i}e(x_i^*)
\end{aligned}\tag{1-5}$$

其相对误差为

$$\begin{aligned}
e_r(y^*)&=\frac{e(y^*)}{y^*}\approx \mathrm{d}(\ln f)\\
&=\sum_{i=1}^{n}\frac{\partial f(x_1^*,x_2^*,\cdots,x_n^*)}{\partial x_i}\frac{e(x_i^*)}{f(x_1^*,x_2^*,\cdots,x_n^*)}\\
&=\sum_{i=1}^{n}\frac{\partial f(x_1^*,x_2^*,\cdots,x_n^*)}{\partial x_i}\frac{x_i^*}{f(x_1^*,x_2^*,\cdots,x_n^*)}e_r(x_i^*)
\end{aligned}\tag{1-6}$$

将式(1-5) 及式(1-6) 中的 $e(\cdot)$ 和 $e_r(\cdot)$ 分别换成误差限 $\varepsilon$ 和 $\varepsilon_r$，求和的各项变成绝对值.

特别地，由式(1-5) 及式(1-6) 可得和、差、积、商之误差及相对误差公式

$$\begin{cases}
e(x_1^*\pm x_2^*)=e(x_1^*)\pm e(x_2^*)\\
e(x_1^*x_2^*)=x_2^*e(x_1^*)+x_1^*e(x_2^*)\\
e(x_1^*/x_2^*)=\dfrac{x_2^*e(x_1^*)-x_1^*e(x_2^*)}{(x_2^*)^2}
\end{cases}\tag{1-7}$$

$$\begin{cases}
e_r(x_1^*\pm x_2^*)=\dfrac{x_1^*}{x_1^*\pm x_2^*}e_r(x_1^*)\pm\dfrac{x_2^*}{x_1^*\pm x_2^*}e_r(x_2^*),\\
e_r(x_1^*x_2^*)=e_r(x_1^*)+e_r(x_2^*),\\
e_r(x_1^*/x_2^*)=e_r(x_1^*)-e_r(x_2^*).
\end{cases}\tag{1-8}$$

**注 1.2**：函数值的绝对误差等于函数的全微分，自变量的微分即为自变量的误差；函数值的相对误差等于函数的对数的全微分.

**【例 1.4】** 设 $y=x^n$，求 $y$ 的相对误差与 $x$ 的相对误差之间的

关系.

【解】 由式(1-6) 得

$$e_{\mathrm{r}}(y)\approx \mathrm{d}(\ln x^{n})=n\mathrm{d}(\ln x)\approx ne_{\mathrm{r}}(x)$$

所以 $x^n$ 的相对误差是 $x$ 的相对误差的 $n$ 倍，特别地，$\sqrt{x}$ 的相对误差是 $x$ 的相对误差的一半.

【例 1.5】 设 $x>0$，$x$ 的相对误差为 $\delta$，求 $\ln x$ 的绝对误差.

【解】由于 $\delta=e_{\mathrm{r}}(x)=\dfrac{e(x)}{x}$，即 $e(x)=x\delta$，所以

$$e(\ln x)\approx \mathrm{d}(\ln x)=\frac{e(x)}{x}=e_{\mathrm{r}}(x)=\delta$$

### 1.3.2 病态问题与条件数

对一个数值问题本身，如果输入数据有微小扰动（即误差），导致输出数据（即问题解）相对误差很大，这就是病态问题（ill-conditioned problem），例如计算函数值 $f(x)$ 时，若 $x$ 有扰动 $\Delta x=x-x^*$，其相对误差为 $\dfrac{\Delta x}{x}$，函数值 $f(x^*)$ 的相对误差为 $\dfrac{f(x)-f(x^*)}{f(x)}$. 相对误差比值

$$\left|\frac{f(x)-f(x^*)}{f(x)}\right|\Big/\left|\frac{\Delta x}{x}\right|\approx\left|\frac{xf'(x)}{f(x)}\right|=C_{\mathrm{p}} \tag{1-9}$$

$C_{\mathrm{p}}$称为计算函数值问题的条件数（condition number）. 自变量相对误差一般不会太大，如果条件数 $C_{\mathrm{p}}$很大，将引起函数值相对误差很大，出现这种情况的问题就是病态问题.

例如，$f(x)=x^n$ 则有 $C_{\mathrm{p}}=n$，表示相对误差可能放大 $n$ 倍. 如 $n=10$，有 $f(1)=1$，$f(1.02)\approx 1.24$，若取 $x=1$，$x^*=1.02$ 自变量相对误差为 2%，函数值相对误差为 24%，这时问题可以认为是病态的. 一般情况条件数 $C_{\mathrm{p}}\geqslant 10$ 就认为是病态的，$C_{\mathrm{p}}$越大病态越严重.

其他计算问题也要分析是否病态. 例如解线性方程组，如果输入数据有微小误差引起解的巨大误差，就认为是病态方程组，我们将在第 5 章中用矩阵的条件数来分析这种现象.

### 1.3.3 算法的数值稳定性（numerical stability）

**定义 1.3** 一个算法如果输入数据有误差，而在计算过程中得到控制，则称此算法是数值稳定的，否则称此算法是不稳定的.

在一种算法中，如果某一步有了绝对值为 $\delta$ 的误差，而以后各步计

算都准确地进行，仅由 $\delta$ 所引起的误差的绝对值，始终不超过 $\delta$，就说算法是稳定的. 对于数值稳定性的算法，不用做具体的误差估计，就认为其结果是可靠的. 而数值不稳定的算法尽量不要使用.

**【例 1.6】** 计算 $I_n = e^{-1}\int_0^1 x^n e^x dx (n=0, 1, \cdots)$ 并估计误差.

首先容易得到 $e^{-1}(n+1)^{-1} < I_n < (n+1)^{-1}$，注意和运算结果比较.

由分部积分可得计算 $I_n$ 的递推公式

$$\begin{cases} I_n = 1 - nI_{n-1}, \quad n=1,2,\cdots \\ I_0 = e^{-1}\int_0^1 e^x dx = 1 - e^{-1} \approx 0.63212056 = I_0^* \end{cases} \tag{1-10}$$

这里初始误差 $|E_0| = |I_0 - I_0^*| < 0.5\times10^{-8}$. 上机运算结果如下：

$$I_1^* = 1-1\cdot I_1^* = 0.3678794 \qquad I_{10}^* = 1-10\cdot I_9^* = 0.088128$$

$$I_{13}^* = 1-13\cdot I_{12}^* = -7.227648 \qquad I_8^* = 1-8\cdot I_7^* = 0.1009792$$

$$I_{11}^* = 1-11\cdot I_{10}^* = 0.030592 \qquad I_{14}^* = 1-14\cdot I_{13}^* = 102.18707$$

$$I_9^* = 1-9\cdot I_9^* = 0.0911872 \qquad I_{12}^* = 1-12\cdot I_{11}^* = 0.632896$$

$$I_{15}^* = 1-15\cdot I_{14}^* = -1531.806$$

差之毫厘，谬以千里！为什么？我们考虑第 $n$ 步的误差 $|E_n|$

$$|E_n| = |I_n - I_n^*| = |(1-nI_{n-1}) - (1-nI_{n-1}^*)|$$
$$= n|E_{n-1}| = \cdots = n!\ |E_0|$$

可见很小的初始误差 $|E_0| < 0.5\times10^{-8}$ 迅速积累，误差呈递增走势，造成这种情况的算法是不稳定的.

我们稍微改变一下式(1-10) 的第一个式子得到 $I_{n-1} = \frac{1}{n}(1-I_n)$，请读者根据 $I_{100}$ 的上下界给出一个近似值，甚至也可以随便给出一个估计值，去计算 $I_0$ 和 $I_1$，看结果如何？为什么会这样？

## 1.4　数值误差控制

对实际应用而言，我们并不知道真实值和计算值的准确误差，所以，对大多数工程和科学应用，必须对计算中产生的误差进行估计；但是，并不存在对所有问题都通用的数值误差估计方法，多数情况下，误差估计是建立在工程师和科学家的经验和判断基础上的. 在某种意义上，误差分析是一门艺术，但是我们可以给出如下的若干原则.

(1) 要避免除数绝对值远远小于被除数绝对值的除法

**人物介绍**

**詹姆斯·哈迪·威尔金森**（James Hardy Wilkinson 1919—1986）是英国数学家和计算机学家，主要贡献是在数值计算领域. 1960 年，他在研究矩阵计算误差时而提出“向后误差分析法”（backward error analysis)，目前是计算机上各种数值计算最常用的误差分析手段. 1969 年当选为英国皇家学会院士，1970 年，获得了图灵奖和冯·诺伊曼奖，1987 年被追授美国数学会的 Chauvenet 奖，1991 年设立了以他命名的威尔金森奖，用于表彰优秀的数值分析软件作者.

因为
$$e\left(\frac{x}{y}\right)=\frac{ye(x)-xe(y)}{y^2}$$
故当$|y|\ll|x|$时，舍入误差可能增大很多.

【例 1.7】 线性方程组
$$\begin{cases}0.00001x_1+x_2=1\\2x_1+x_2=2\end{cases}$$
的准确解为
$$x_1=\frac{100000}{199999}=0.50000125,\quad x_2=\frac{199998}{199999}=0.999995$$
现在四位浮点十进制数（仿机器实际计算，先对阶，低阶向高阶看齐，再运算）下用消去法求解，上述方程写成
$$\begin{cases}10^{-4}\times0.1000x_1+10^1\times0.1000x_2=10^1\times0.1000\\10^1\times0.2000x_1+10^1\times0.1000x_2=10^1\times0.2000\end{cases}$$

若用$\frac{1}{2}(10^{-4}\times0.1000)$除第一方程减第二方程，则出现用小的数除大的数，得到
$$\begin{cases}10^{-4}\times0.1000x_1+10^1\times0.1000x_1=10^1\times0.1000\\10^6\times0.2000x_2=10^6\times0.2000\end{cases}$$
由此解出
$$x_1=0,\quad x_2=10^1\times0.1000=1$$
显然严重失真.

若反过来用第二个方程消去第一个方程中含$x_1$的项，则避免了大数被小数除，得到
$$\begin{cases}10^6\times0.1000x_2=10^6\times0.1000\\10^1\times0.2000x_1+10^1\times0.1000x_2=10^1\times0.2000\end{cases}$$
由此求得相当好的近似解$x_1=0.5000$，$x_2=10^1\times0.1000$.

(2) 要避免两相近数相减

两数之差$u=x-y$的相对误差为
$$e_r(u)=e_r(x-y)=\frac{e(x)-e(y)}{x-y}$$
当$x$与$y$很接近时，$u$的相对误差会很大，有效数字位数将严重丢失. 例如，$x=532.65$，$y=532.52$都具有五位有效数字，但$x-y=0.13$只有两位有效数字. 这说明必须尽量避免出现这类运算. 最好是改变计算方法，防止这种现象产生.

可通过改变计算公式避免或减少有效数字的损失. 如果无法通过整

理或变形消除减性抵消，那么就可能要增加有效位数进行运算，但这样会增加计算时间和多占内存单位.

(3) 要防止大数"吃掉"小数

在运算中参加运算的数有时数量级相差很大，而计算机位数有限，如不注意运算次序就可能出现大数"吃掉"小数的现象，影响计算结果的可靠性.

**【例 1.8】** 在五位十进制计算机上，计算 11111+0.2.

因为计算机在做加法时，先对阶（低阶往高阶看齐），再把尾数相加，所以

$$11111+0.2=0.11111\times 10^5+0.000002\times 10^5$$
$$\stackrel{\triangle}{=}0.11111\times 10^5+0.00000\times 10^5=11111$$

(符号$\stackrel{\triangle}{=}$表示机器中相等). 同理，因为计算机是按从左到右的方式进行运算，所以 11111 后面依次加上 100 万个 0.2 的结果也仍然是 11111，结果显然是不可靠的. 这是由于运算中大数"吃掉"小数造成的.

请读者思考，我们用计算机做连加运算时该怎么办呢?

(4) 要用简化计算，减少运算次数，提高效率

求一个问题的数值解法有多种算法，不同的算法需要不同的计算量，如果能减少运算次数，不但可节省计算机的计算时间，还能减少舍入误差累积. 这是数值计算必须遵从的原则，也是"数值分析"要研究的重要内容. 例如，计算 $x^{255}$，需要 244 次乘法，如果通过公式

$$x^{255}=x\cdot x^2\cdot x^4\cdot x^8\cdot x^{16}\cdot x^{32}\cdot x^{64}\cdot x^{128}$$

计算仅需 14 次乘法.

又如计算多项式

$$P_n(x)=a_nx^n+a_{n-1}x^{n-1}+\cdots+a_1x+a_0$$

的值. 若直接按上式计算，共需作$\frac{n(n+1)}{2}$次乘法与 $n$ 次加法. 若按秦九韶算法（也叫 Horner 算法）

$$\begin{cases}u_n=a_n\\u_k=xu_{k+1}+a_k(k=n-1,n-2,\cdots,1,0)\\P_n(x)=u_0\end{cases}$$

计算，即将前式改写成如下形式

$$P_n(x)=a_0+x\{a_1+x[\cdots x(a_{n-1}+a_nx)\cdots]\}$$

则只需作 $n$ 次乘法和 $n$ 次加法.

除了以上技巧之外，还可以用理论公式预测数值误差，对规模非常

大的问题，预测的误差是非常复杂的，通常比较悲观．所以，通常只对小规模任务才试图通过理论分析数值误差．

一般的倾向是先完成数值计算，然后尽可能地估计计算结果的精度，有时可以通过查看所得结果是否满足某些条件作为验证，或者可以将结果带入原问题来检验结果是否满足实际应用．

最后，应该积极并大量地进行数值试验，以便增强对计算误差和可能的病态问题的认知度．要通过不同的步长或方法并改变输入参数进行反复计算，并将结果进行比较．

当研究的问题非常重要时，比如可能导致生命危险等，要特别谨慎，可以通过若干独立小组同时解决该问题，这样可将得到的结果进行比较．

**人物介绍**

**秦九韶**（1208—1261）南宋官员、数学家，与李冶、杨辉、朱世杰并称宋元数学四大家．字道古，汉族，自称鲁郡（今山东曲阜）人，生于普州安岳（今属四川）．精研星象、音律、算术、诗词、弓箭、营造之学，历任琼州知府、司农丞，后遭贬，卒于梅州任所，著作《数书九章》，其中的大衍求一术、三斜求积术和秦九韶算法是具有世界意义的重要贡献．

**补充材料**　20世纪十大算法

在世纪之交，经过科学家的评选和投票，20世纪的十大算法得到了国际学术界的公认．现在按照时间顺序列于下．本课程将讨论其中一部分．

①Monte-Carlo 方法（1946）；②线性规划的单纯形算法（1947）；③线性代数方程组的 krylov 子空间迭代方法（1950）；④矩阵计算的分解方法（1951）；⑤Fortran 计算机语言编译器（1957）；⑥计算矩阵特征值问题的 QR 方法（1961）；⑦快速排序算法（1962）；⑧快速 Fourier 变换（1965）；⑨整数关系算法（1977）；⑩快速多极算法（1987）．

## 习题 1

1-1　计算机的机器精度 $\varepsilon$ 可以认为是计算机能表示的最小的数，将其加到 1 上得到的结果为一个大于 1 的数．基于这种思想可以建立一个算法如下．

(1) 令 $\varepsilon=1$；

(2) 如果 $\varepsilon+1\leqslant 1$，转 (5)，否则继续 (3)；

(3) $\varepsilon=\varepsilon/2$；

(4) 回到 (2)；

(5) $\varepsilon=\varepsilon\times 2$.

基于该算法编写自己的 M 文件求机器精度，并将其与内置函数 eps 作比较．

1-2　按定义计算行列式，一个 $n$ 阶行列式有 $n!$ 项，每项为 $n$ 个数的乘积，共需要作 $(n-1)\,n!$ 次乘法和 $n!-1$ 次加法．计算一个 25 阶行列式的值，用近似计算阶乘的 Sterling 公式 $n!\approx\sqrt{2n\pi}(n/\mathrm{e})^n$，估计完成这一计算任务的计算量有多大？为简单计，只包括做乘除法的次数．假定用每秒作万亿次乘除法运算（$10^{12}$次）的计算机，试估计需要多少计算时间？由此估计解 25 阶的线性方程组的 Cramer 法则方法，需要多少时间？你认为用 Cramer 法则解线性方程组在实际中的价值如何？

1-3　设$\sqrt{5}$的近似数 $\tilde{x}$ 的相对误差界为 0.0005，问 $\tilde{x}$ 至少有几位有效数字？

1-4　计算球体积要使相对误差限为 1，问度量半径 $R$ 时允许的相对误差限是多少？

1-5　正方形的边长大约为了 100cm，应怎样测量才能使其面积误差不超过 $1\mathrm{cm}^2$？

1-6　序列 $\{y_n\}$ 满足递推关系 $y_n=10y_{n-1}-1$ $(n=1,2,\cdots)$，

若 $y_0=\sqrt{2}\approx 1.41$（三位有效数字），计算到 $y_{10}$ 时误差有多大？这个计算过程稳定吗？

1-7　当 $N$ 充分大时，如何计算定积分 $I=\int_N^{N+1}\frac{1}{1+x^2}\mathrm{d}x$？

# 第2章

# 插 值 法

插值法是数值分析中很古老的分支，有着悠久的历史. 等距节点内插公式是由我国隋朝数学家刘焯（544～610年）首先提出的，不等距节点内插公式是由唐朝数学家张遂（683～727年）提出的，比西欧学者的相应结果早一千多年.

插值法应用非常广泛，比如在利用GPS进行科学实验、数据处理和工程实践中，正确获取GPS卫星精确的轨道位置，是需首要解决的基础问题. IGS（international GPS service）发布的精密星历提供我们所需的重要信息. IGS精密星历采用sp3格式，其存储方式为ASCII文本文件，内容包括表头信息以及文件体，文件体中每隔15min给出一个卫星的位置，有时还给出卫星的速度和钟差，主要提供卫星精确的轨道位置. 表2-1是PRN编号为1的GPS卫星，在部分时间段的坐标值. 而GPS接收机的采样率一般为30s或者15s，甚至更密. 我们如何根据精密星历得到任意时刻的卫星位置呢？

**表2-1　2010-10-27 部分IGS精密星历坐标值**　　单位：km

| 时刻 | 坐标 $x$ | 坐标 $y$ | 坐标 $z$ |
|---|---|---|---|
| 01:00:00 | 20 715.168 881 | −2 164.830 431 | −16 341.037 400 |
| 01:15:00 | 22 262.163 674 | −1 277.419 947 | −14 295.928 237 |
| 01:30:00 | 23 623.391 045 | −564.440 896 | −12 002.766 280 |
| 01:45:00 | 24 760.008 511 | −8.256 861 | −9 501.700 830 |
| 02:00:00 | 25 638.989 236 | 415.574 865 | −6 836.354 516 |
| 02:15:00 | 26 234.338 681 | 737.129 504 | −4 053.033 123 |
| 02:30:00 | 26 528.042 822 | 990.726 910 | −1 199.899 097 |
| 02:45:00 | 26 510.713 906 | 1 213.386 898 | 1 673.875 027 |

续表

| 时刻 | 坐标 $x$ | 坐标 $y$ | 坐标 $z$ |
|---|---|---|---|
| 03:00:00 | 26 181.912 099 | 1 443.190 158 | 4 518.957 573 |
| 03:15:00 | 25 550.134 199 | 1 717.609 714 | 7 286.698 056 |
| 03:30:00 | 24 632.473 549 | 2 071.877 768 | 9 929.943 099 |
| 03:45:00 | 23 453.967 430 | 2 537.450 266 | 12 403.815 314 |
| 04:00:00 | 22 046.659 656 | 3 140.626 774 | 14 666.443 967 |

解决这种问题的方法之一就是给出函数 $f(x)$ 的一些样点，选定一个便于计算的函数 $\varphi(x)$ 形式，如多项式、分式线性函数及三角多项式等，要求它通过已知样点，由此确定函数 $\varphi(x)$ 作为 $f(x)$ 的近似，这就是插值法（interpolation）.

设已知函数 $f$ 在区间 $[a, b]$ 上的 $n+1$ 个相异点 $x_i$ 处的函数值 $f_i=f(x_i)$，$i=0,\cdots,n$，要求构造一个简单函数 $\varphi(x)$ 作为函数 $f(x)$ 的近似表达式 $f(x)\approx\varphi(x)$，使得

$$\varphi(x_i)=f(x_i)=f_i,\ i=0,1,\cdots,n \tag{2-1}$$

这类问题称为插值问题. 称 $f$ 为被插值函数；$\varphi(x)$ 为插值函数；$x_0,\cdots,x_n$ 为插值节点；式(2-1) 为插值条件. 几何意义如图 2-1所示，若插值函数类 $\{\varphi(x)\}$ 是代数多项式，则相应的插值问题为代数多项式插值. 若 $\{\varphi(x)\}$ 是三角多项式，则相应的插值问题称为三角插值. 若 $\{\varphi(x)\}$ 是有理分式，则相应的插值问题称为有理插值.

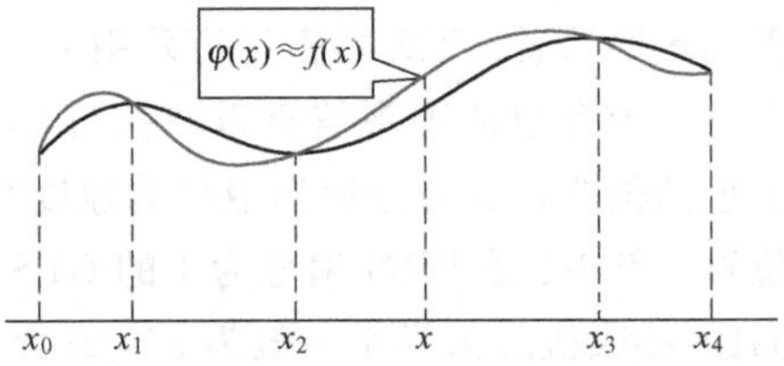


图 2-1 插值几何意义

早在 6 世纪，中国的刘焯已将等距二次插值用于天文计算. 17 世纪之后，牛顿和拉格朗日分别讨论了等距和非等距的一般插值公式. 在近代，插值法仍然是数据处理和编制函数表的常用工具，又是数值积分、数值微分、非线性方程求根和微分方程数值解法的重要基础，许多求解计算公式都是以插值为基础导出的.

## 2.1 代数多项式插值

### 2.1.1 待定系数法

**代数多项式插值问题**的具体提法就是：给出函数 $y=f(x)$ 在区间 $[a, b]$ 上 $n+1$ 个互异点 $x_0,x_1,\cdots,x_n$ 处的函数值 $y_0,y_1,\cdots,y_n$，要

构造一个次数不超过 $n$ 的多项式

$$P_n(x)=a_0+a_1x+a_2x^2+\cdots+a_nx^n,\ i=0,1,\cdots,n \tag{2-2}$$

使其满足插值条件

$$P_n(x_i)=y_i, i=0,1,\cdots,n \tag{2-3}$$

称 $P_n(x)$ 为 $f(x)$ 的 $n$ 次**插值多项式**.

这样的插值多项式是否存在、唯一呢？我们有下面的定理可进行说明.

**定理 2.1** 在 $n+1$ 个互异节点处满足插值原则且次数不超过 $n$ 的多项式 $P_n(x)$ 是存在并唯一的.

**证明** 设 $P_n(x)$ 如式(2-2) 所示，由式(2-3) 得

$$\begin{cases}a_0+a_1x_0+a_2x_0^2+\cdots+a_nx_0^n=y_0\\ a_0+a_1x_1+a_2x_1^2+\cdots+a_nx_1^n=y_1\\ \quad\cdots\\ a_0+a_1x_n+a_2x_n^2+\cdots+a_nx_n^n=y_n\end{cases} \tag{2-4}$$

这是未知量 $a_0,a_1,\cdots,a_n$ 的线性方程组，其系数行列式是范德蒙(Vandermonde) 行列式

$$V(x_0,x_1,\cdots,x_n)=\begin{bmatrix}1 & x_0 & x_0^2 & \cdots & x_0^n\\ 1 & x_1 & x_1^2 & \cdots & x_1^n\\ & & \cdots & & \\ 1 & x_n & x_n^2 & \cdots & x_n^n\end{bmatrix}=\prod_{0\leqslant j<i\leqslant n}(x_i-x_j)$$

因为 $x_0,x_1,\cdots,x_n$ 互不相同，故 $V(x_0,x_1,\cdots,x_n)\neq0$，因此方程组存在唯一的解 $a_0,a_1,\cdots,a_n$，这说明 $P_n(x)$ 存在并唯一.

从定理的证明很自然地会想到，只要通过求解方程组 (2-4) 得出各 $a_0,a_1,\cdots,a_n$ 的值，便可以确定 $P_n(x)$ 了. 然而这样构造插值多项式不但计算量大，而且难以得到 $P_n(x)$ 的简单公式，因此待定系数法在实际应用中行不通. 本节下面几部分内容将介绍直接构造 $P_n(x)$ 的两种方法，即拉格朗日插值法和牛顿插值法.

函数 $f(x)$ 用 $n$ 次插值多项式 $P_n(x)$ 近似代替时，截断误差记为

$$R_n(x)=f(x)-P_n(x) \tag{2-5}$$

称 $R_n(x)$ 为 $n$ 次插值多项式 $P_n(x)$ 的余项. 当 $f(x)$ 足够光滑时，余项的估计有如下定理.

**定理 2.2** 设 $f\in C^n\ [a,\ b]$，且 $f^{(n+1)}$ 在 $(a,\ b)$ 内存在，$P_n(x)$是以 $x_0,\cdots,x_n$ 为插值节点函数 $f$ 的 $n$ 次插值多项式，则对 $[a,\ b]$ 内的任意点 $x$，插值余项为

$$R(x)=f(x)-P_n(x)=\frac{f^{(n+1)}(\xi)}{(n+1)!}\omega_{n+1}(x),\xi\in(a,b) \tag{2-6}$$

其中，$\omega_{n+1}(x)\equiv\prod_{j=0}^{n}(x-x_j)$.

**证明** 对 [$a$, $b$] 上任意的点 $x$，且 $x\neq x_i$ ($i=0,\cdots,n$)，构造辅助函数

$$G(t)=f(t)-P_n(t)-\frac{\omega_{n+1}(t)}{\omega_{n+1}(x)}R(x)$$

显然 $G(x)=f(x)-P_n(x)-\frac{\omega_{n+1}(x)}{\omega_{n+1}(x)}R(x)=0$，又由插值条件 $R(x_i)=0(i=0,\cdots,n)$ 可知 $G(x_i)=0(i=0,\cdots,n)$，故函数 $G(t)$ 在 [$a$, $b$] 内至少有 $n+2$ 个零点 $x,x_0,\cdots,x_n$. 根据罗尔（Rolle）定理，函数 $G'(t)$ 在（$a$, $b$）内至少存在 $n+1$ 个零点，反复应用罗尔（Rolle）定理，可以得出 $G^{(n+1)}(t)$ 在（$a$, $b$）内至少存在一个零点，设为 $\xi$，即

$$G^{(n+1)}(\xi)=0$$

由于

$$G^{(n+1)}(t)=f^{(n+1)}(t)-\frac{(n+1)!}{\omega_{n+1}(x)}R(x)$$

所以有

$$R_n(x)=\frac{\omega_{n+1}(x)}{(n+1)!}f^{(n+1)}(\xi)$$

### 2.1.2 拉格朗日（Lagrange）插值多项式

假如我们能够构造出 $n$ 次多项式 $l_i(x)$，使得

$$l_i(x_j)=\delta_{ij}=\begin{cases}1,i=j\\0,i\neq j\end{cases},\ i,j=0,1,\cdots,n \tag{2-7}$$

那么容易验证

$$L_n(x)=\sum_{i=0}^{n}f_i l_i(x) \tag{2-8}$$

是满足插值条件式(2-1) 的插值多项式.

余下的问题就是如何构造出满足式 (2-7) 的 $n$ 次多项式 $l_i(x)$，$i=0,1,\cdots,n$. 由于当 $i\neq j$ 时，$l_i(x_j)=0,i,j=0,1,\cdots,n$，即 $x_0$，$x_1,\cdots,x_{i-1},x_{i+1},\cdots,x_n$ 是 $l_i(x)$ 的零点，因此 $l_i(x)$ 必然具有形式

$$l_i(x)=c_i(x-x_0)\cdots(x-x_{i-1})(x-x_{i+1})\cdots(x-x_n)$$

$$=c_i \prod_{\substack{j=0 \\ j \neq i}}^{n} (x-x_j)$$

又因 $l_i(x_i)=1$，故 $c_i = \dfrac{1}{\prod\limits_{\substack{j=0 \\ j \neq i}}^{n} (x_i-x_j)}$，因此

$$l_i(x) = \frac{\prod\limits_{\substack{j=0 \\ j \neq i}}^{n} (x-x_j)}{\prod\limits_{\substack{j=0 \\ j \neq i}}^{n} (x_i-x_j)} = \prod_{\substack{j=0 \\ j \neq i}}^{n} \frac{(x-x_j)}{(x_i-x_j)} \tag{2-9}$$

相应的 $L_n(x)$ 称为 **Lagrange 插值多项式**，$l_i(x), i=0,1,\cdots,n$ 称为节点 $x_0,\cdots,x_n$ 上的 $n$ 次 **Lagrange 插值基函数**.

令 $f(x)=x^k$，$k=0$，1，…，$n$，由插值多项式的存在唯一性可得

$$\sum_{i=0}^{n} x_i^k l_i(x) = x^k, k=0,1,\cdots,n$$

取 $k=0$，则 $\sum\limits_{i=0}^{n} l_i(x)=1$.

容易求得

$$\omega'_{n+1}(x) = \sum_{m=0}^{n} \prod_{\substack{j=0 \\ j \neq m}}^{n} (x-x_j) \text{ 及 } \omega'_{n+1}(x_k) = \prod_{\substack{j=0 \\ j \neq i}}^{n} (x_k-x_j)$$

将其代入插值基函数的表达式

$$l_i(x) = \prod_{\substack{j=0 \\ j \neq i}}^{n} \frac{(x-x_j)}{(x_i-x_j)} = \frac{\omega_{n+1}(x)}{(x-x_i)\omega'_{n+1}(x_i)}$$

于是插值公式也可写为

$$L_n(x) = \sum_{i=0}^{n} f_i \frac{\omega_{n+1}(x)}{(x-x_i)\omega'_{n+1}(x_i)} \tag{2-10}$$

特别地，$n=1$ 时，$L_1(x)$ 称为线性插值，几何意义为过两个点的直线；$n=2$ 时，$L_1(x)$ 称为抛物插值，几何意义为过三个点的抛物线.

**【例 2.1】** 已给 $\sin 0.32=0.314567$，$\sin 0.34=0.333487$，$\sin 0.36=0.352274$，用线性插值及抛物线插值计算 $\sin 0.3367$ 的值，并估计截断误差.

**【解】** 令 $x_0=0.32$，$y_0=0.314567$，$x_1=0.34$，$y_1=0.333487$，$x_2=0.36$，$y_2=0.352274$.

用线性插值计算，如果取 $x_0=0.32$ 及 $x_1=0.34$，由式 (2-8) 得

$$\sin 0.3367 \approx L_1(0.3367)$$
$$= y_0 \frac{0.3367 - x_1}{x_0 - x_1} + y_1 \frac{0.3367 - x_0}{x_1 - x_0}$$
$$= 0.330365$$

其截断误差由式(2-6)得

$$|R_1(x)| \leqslant \frac{M_2}{2} |(x-x_0)(x-x_1)|$$

其中 $M_2 = \max\limits_{x_0 \leqslant x \leqslant x_1} |f''(x)|$. 因 $f''(x) = -\sin x$，可取

$$M_2 = \max_{x_0 \leqslant x \leqslant x_1} |\sin x| = \sin x_1 \leqslant 0.3335$$

有

$$|R_1(0.3367)| = |\sin 0.3367 - L_1(0.3367)|$$
$$\leqslant \frac{1}{2} \times 0.3335 \times 0.0167 \times 0.0033 \leqslant 0.92 \times 10^{-5}$$

用抛物插值计算 sin0.3367 时，由式(2-8)得

$$L_2(x) = y_0 \frac{(x-x_1)(x-x_2)}{(x_0-x_1)(x_0-x_2)} + y_1 \frac{(x-x_0)(x-x_2)}{(x_1-x_0)(x_1-x_2)}$$
$$+ y_2 \frac{(x-x_0)(x-x_1)}{(x_2-x_0)(x_2-x_1)}$$

有

$$\sin(0.3367) \approx L_2(0.3367) = 0.330374$$

这个结果与6位有效数字的正弦函数表完全一样，这说明查表时用二次插值精度已相当高了. 其截断误差限由式(2-6)得

$$|R_2(x)| \leqslant \frac{M_3}{6} |(x-x_0)(x-x_1)(x-x_2)|$$

其中 $M_3 = \max\limits_{x_0 \leqslant x \leqslant x_2} |f'''(x)| = \cos x_0 < 0.9492$，于是

$$|R_2(0.3367)| = |\sin 0.3367 - L_2(0.3367)| \leqslant 0.178 \times 10^{-6}$$

真实值 sin0.3367=0.330374191555628.

**注 2.1** 待求点在插值节点之间的方法，我们姑且称为内插，反之称为外推或外插值（extrapolation）. 一般来说，内插精度优于外推，高次插值精度优于低次插值，但绝非次数越高越好. 后面我们将作进一步说明. 上面例题线性插值时，我们也可以选择节点为 $x_1$ 和 $x_2$，甚至 $x_0$ 和 $x_2$，请读者自己算一下并和真实值比较，看结果如何，这启发我们该如何选择插值节点呢？

## 2.1.3 牛顿插值多项式

Lagrange 插值公式结构紧凑和形式简单，在理论分析中甚为方便. 但 Lagrange 插值公式也有其缺点，当插值节点增加、减少或其位置变化时，全部插值基函数均要随之变化，从而整个插值公式的结构将发生变化，这在实际计算中是非常不利的. 下面我们考虑具有如下形式的插值多项式

$$P_n(x) = a_0 + a_1(x-x_0) + a_2(x-x_0)(x-x_1) + \cdots$$

$$+a_n(x-x_0)(x-x_1)\cdots(x-x_{n-1})$$

它满足

$$P_n(x)=P_{n-1}(x)+a_n(x-x_0)(x-x_1)\cdots(x-x_{n-1})$$

这种形式的优点是便于改变基点数，每增加一个基点时只需增加相应的一项即可．为了得到确定上式中系数 $a_0,a_1,\cdots,a_n$ 的计算公式，下面首先介绍均差的概念．

**定义 2.1** 设有函数 $f(x)$，称 $f[x_0, x_k]=\dfrac{f(x_k)-f(x_0)}{x_k-x_0}$ $(k\neq0)$为 $f(x)$关于点 $x_0$，$x_k$ 的**一阶均差**．

$$f[x_0,x_1,x_k]=\frac{f[x_0,x_k]-f[x_0,x_1]}{x_k-x_1}$$

为 $f(x)$ 关于点 $x_0$，$x_1$，$x_k$ 的二阶均差．一般地，有了 $k-1$ 阶均差之后，称

$$f[x_0,x_1,\cdots,x_k]=\frac{f[x_0,x_1,\cdots,x_{k-2},x_k]-f[x_0,x_1,\cdots,x_{k-1}]}{x_k-x_{k-1}} \tag{2-11}$$

为 $f(x)$关于点 $x_0,x_1,\cdots,x_k$ 的 $k$ 阶均差(差商)．

均差有如下的基本性质．

**性质 1** 各阶均差具有线性性质，即若 $f(x)=a\phi(x)+b\varphi(x)$，则对任意正整数 $k$，都有

$$f[x_0,x_1,\cdots,x_k]=a\phi[x_0,x_1,\cdots,x_k]+b\varphi[x_0,x_1,\cdots,x_k]$$

**性质 2** $k$ 阶均差可表示成 $f(x_0)$，$f(x_1)$，…，$f(x_k)$ 的线性组合，即

$$f[x_0,x_1,\cdots,x_k]=\sum_{j=0}^{k}\frac{f(x_j)}{\omega'(x_j)}$$

这个性质可用归纳法证明，请读者自证．它表明：均差与节点的排列次序无关，称为均差的对称性．

**性质 3**

$$f[x_0,x_1,\cdots,x_n]=\frac{f[x_1,x_2,\cdots,x_n]-f[x_0,x_1,\cdots,x_{n-1}]}{x_n-x_0}$$

利用均差的定义和性质，依次可得

$$f(x)=f(x_0)+(x-x_0)f[x,x_0]$$

$$f[x,x_0]=f[x_0,x_1]+(x-x_1)f[x,x_0,x_1]$$

$$f[x,x_0,x_1]=f[x_0,x_1,x_2]+(x-x_2)f[x,x_0,x_1,x_2]$$

$$\cdots \qquad \cdots$$

$$f[x,x_0,\cdots,x_{n-1}]=f[x_0,x_1,\cdots,x_n]+(x-x_n)f[x,x_0,\cdots,x_n]$$

将以上各式分别乘以 1，$(x-x_0)$，$(x-x_0)(x-x_1)$，…，$(x-x_0)(x-x_1)\cdots(x-x_{n-1})$，然后相加并消去两边相等的部分，即得

$$\begin{aligned}f(x)=&f(x_0)+f[x_0, x_1](x-x_0)+f[x_0, x_1, x_2](x-x_0)(x-x_1)\\&+\cdots+f[x_0, x_1, \cdots, x_n](x-x_0)\cdots(x-x_{n-1})\\&+f[x, x_0, x_1, \cdots, x_n](x-x_0)\cdots(x-x_n)\\=&N_n(x)+R_n(x)\end{aligned}$$

其中

$$\begin{aligned}N_n(x)=&f(x_0)+f[x_0, x_1](x-x_0)+f[x_0, x_1, x_2](x-x_0)(x-x_1)\\&+\cdots+f[x_0, x_1, \cdots, x_n](x-x_0)\cdots(x-x_{n-1})\end{aligned}$$

$$R_n(x)=f[x, x_0, x_1, \cdots, x_n]\omega_{n+1}(x). \tag{2-12}$$

显然，$N_n(x)$ 是至多 $n$ 次的多项式. 而由

$$R_n(x_i)=f[x_i,x_0,x_1,\cdots,x_n]\omega_{n+1}(x_i)=0 \quad (i=0,1,\cdots,n)$$

即得 $f(x_i)=N_n(x_i)$ $(i=0,1,\cdots,n)$. 这表明 $N_n(x)$ 满足插值条件式(2-1)，因而它是 $f(x)$ 的 $n$ 次插值多项式. 这种形式的插值多项式称为**牛顿（Newton）插值多项式**.

由插值多项式的唯一性知，$n$ 次 Newton 插值多项式与 Lagrange 插值多项式是相等的，即 $N_n(x)=L_n(x)$，它们只是形式的不同. 因此 Newton 与 Lagrange 余项也是相等的，即

$$\begin{aligned}R_n(x)&=f[x,x_0,x_1,\cdots,x_n]\omega_{n+1}(x)\\&=\frac{f^{(n+1)}(\xi)}{(n+1)!}\omega_{n+1}(x),\xi\in(a,b)\end{aligned}$$

由此可得均差与导数的关系

$$f[x_0,x_1,\cdots,x_n]=\frac{1}{n!}f^{(n)}(\xi) \tag{2-13}$$

其中 $\xi\in(a, b)$，$a=\min\limits_{0\leqslant i\leqslant n}\{x_i\}$，$b=\max\limits_{0\leqslant i\leqslant n}\{x_i\}$.

由式（2-6）表示的余项称为微分型余项，式（2-12）表示的余项称为均差型余项. 对列表函数或高阶导数不存在的函数，其余项可由均差型余项给出.

Newton 插值的优点是：每增加一个节点，插值多项式只增加一项，即

$$N_{n+1}(x)=N_n(x)+f[x_0,x_1,\cdots,x_{n+1}](x-x_0)(x-x_1)\cdots(x-x_n)$$

因此便于递推运算. 而且 Newton 插值的计算量小于 Lagrange 插值.

Newton 插值多项式的步骤如下.

① 列表计算各阶均差，如表 2-2 所示.

**注 2.2** 以上推导过程只强调 $x_0$，$x_1$，…，$x_n$是 $n+1$ 个不同的节点，并不意味着 $x_0$，$x_1$，…，$x_n$ 是按由小到大或由大到小的顺序排列. 事实上，$x_0$，$x_1$，…，$x_n$ 按任意大小排列，以上推导成立.

表 2-2　均差表

| $x_i$ | $y_i$ | 一阶均差 | 二阶均差 | … | $n$ 阶均差 | |
|---|---|---|---|---|---|---|
| $x_0$ | $\underline{y_0}$ | | | | | $\omega_0(x)$ |
| $x_1$ | $y_1$ | $\underline{f[x_0,x_1]}$ | | | | $\omega_1(x)$ |
| $x_2$ | $y_2$ | $f[x_1,x_2]$ | $\underline{f[x_0,x_1,x_2]}$ | | | $\omega_2(x)$ |
| $x_3$ | $y_3$ | $f[x_2,x_3]$ | $f[x_1,x_2,x_3]$ | | | $\omega_3(x)$ |
| ⋮ | ⋮ | ⋮ | ⋮ | | | ⋮ |
| $x_n$ | $y_n$ | $f[x_{n-1},x_n]$ | $f[x_{n-2},x_{n-1},x_n]$ | | $f[x_0,\cdots,x_n]$ | $\omega_n(x)$ |

② 将表 2-2 中下划线对角线项与最后一列的同行对应项相乘后相加，即得 Newton 插值多项式.

**【例 2.2】** 设 $f(x)=\ln x$，并已知

| $x$ | 1 | 4 | 6 | 5 |
|---|---|---|---|---|
| $f(x)$ | 0 | 1.386294 | 1.791759 | 1.609438 |

试用二次 Newton 插值多项式 $N_2(x)$ 计算 $f(2)$ 的近似值，并讨论其误差.

**【解】** 先按均差表 2-2 构造均差表.

| $x_k$ | $f(x_k)$ | 一阶均差 | 二阶均差 | 三阶均差 |
|---|---|---|---|---|
| 1 | 0 | | | |
| 4 | 1.386294 | 0.4620981 | | |
| 6 | 1.791759 | 0.2027326 | −0.05187311 | |
| 5 | 1.609438 | 0.1823216 | −0.02041100 | 0.007865529 |

利用 Newton 插值公式有

$$N_3(x)=0+0.4620981(x-1)-0.05187311(x-1)(x-4)$$
$$+0.007865529(x-1)(x-4)(x-6)$$

取 $x=2$，得 $N_3(2)=0.6287686$，这个值的相对误差是 0.093.

**【例 2.3】** 给出 $f(x)$ 的函数表 2-3，求 4 次牛顿插值多项式，并由此计算 $f(0.596)$ 的近似值.

首先根据给定函数表造出均差表 2-3.

表 2-3 例 2.3 的均差表

| $x_k$ | $f(x_k)$ | 一阶均差 | 二阶均差 | 三阶均差 | 四阶均差 | 五阶均差 |
|---|---|---|---|---|---|---|
| 0.40 | 0.41075 | | | | | |
| 0.55 | 0.57815 | 1.11600 | | | | |
| 0.65 | 0.69675 | 1.18600 | 0.28000 | | | |
| 0.80 | 0.88811 | 1.27573 | 0.35893 | 0.19733 | | |
| 0.90 | 1.02652 | 1.38410 | 0.43348 | 0.21300 | 0.03134 | |
| 1.05 | 1.25382 | 1.51533 | 0.52483 | 0.22863 | 0.03126 | −0.00012 |

从均差表看到 4 阶均差近似常数，故取 4 次插值多项式 $N_4(x)$ 作近似即可.

$$N_4(x)=0.41075+1.116(x-0.4)+0.28(x-0.4)(x-0.55)$$
$$+0.19733(x-0.4)(x-0.55)(x-0.65)$$
$$+0.03134(x-0.4)(x-0.55)(x-0.65)(x-0.8)$$

于是

$$f(0.596)\approx N_4(0.596)=0.63192$$

截断误差

$$|R_4(x)|\approx|f[x_0,\cdots,x_5]\omega_5(0.596)|\leqslant 3.63\times10^{-9}$$

这说明截断误差很小，可忽略不计.

此例的截断误差估计中，5 阶均差 $f[x,x_0,\cdots,x_4]$ 用 $f[x_0,\cdots,x_5]=-0.00012$ 近似. 另一种方法是取 $x=0.596$，由 $f(0.596)\approx0.63192$，可求得 $f[x,x_0,\cdots,x_4]$ 的近似值. 从而可得 $|R_4(x)|$ 的近似. 我们举此例的目的就是想说明牛顿插值余项的应用，在多数情况下，这两种方法都是可行的，请读者自己计算这两种方法所得误差.

目前为止，我们讨论的都是插值节点是任意分布的情况，实际应用中经常遇到等距节点，此时 Newton 插值多项式会有其他的表达式——差分形式的牛顿插值公式，我们不再展开讨论.

### 2.1.4 Matlab 函数

当数据点的个数等于 n+1 时，Matlab 的内置函数 polyfit（x，y，n）对应于插值，这里 x 和 y 分别表示自变量和因变量，n 为多项式次数. 以例 2.3 为例说明其应用.

```
>> x=[0.4 0.55 0.65 0.8 0.9]; y=[0.41075 0.57815 0.69675 0.88811 1.02652];
```

```
>>p=polyfit(x,y,4)
p=
    0.0312    0.1224    0.0304    0.9899    0.0013
>>d=polyval(p,0.596)
d=
    0.6319
```

再以精密星历表中的数据为例.

```
>>x=[0 0.25 0.75];
>>y=[20715.168881 22262.163674 24760.008511];
>>p=polyfit(x,y,2); polyval(p,0.5)
ans=
    2.361044355066667e+004
>>x=[0 0.25 0.75 1 1.25 1.5];
>>y=[20715.168881 22262.163674 24760.008511 25638.989236
26234.338681 26528.042822];
>>p=polyfit(x,y,5); polyval(p,0.5)
ans=
    2.362340894046667e+004
>>x=[0 0.25 0.75 1 1.25 1.5 1.75 2 2.25 2.50];
>>y=[20715.168881 22262.163674 24760.008511 25638.989236
          26234.338681 26528.042822 26510.713906 26181.912099
          25550.134199 24632.473549];
>>p=polyfit(x,y,9);
>>polyval(p,0.5)
ans=
    2.362339105148889e+004   %精度达到分米级
>>x=[0 0.25 0.5 0.75 1 1.5 1.75 2 2.25 2.50];
>>y=[20715.168881 22262.163674 23623.391045 24760.008511
          25638.989236 26528.042822 26510.713906
          26181.912099 25550.134199 24632.473549];
>>p=polyfit(x,y,9);polyval(p,1.25)
ans=
    2.623433867984128e+004   %精度接近厘米级
>>polyval(p,2.75)
ans=
    2.345396863333293e+004   %精度达到分米级
```

这说明了以下几点.

① 内插方式，充分利用了待插节点前后的数据信息，能够充分体现待插节点附近卫星运动的基本规律，插值精度较高；外插插值方式，只利用了待插节点前或者待插节点后的数据信息，不能充分体现待插节点附近卫星运动的基本规律，插值精度较低. 因此，在卫星数据允许的条件下，尽量选用待插节点位于中间的插值方式.

② GPS IGS 精密星历的采样率为 15min，通过分析验证，当选取 10 个插值节点（前后各选取 5 个），即插值阶数为 9 阶时，插值效果最好，可以达到亚毫米量级，完全能够满足精密定位对轨道的要求；但是，随着插值阶数的增大，舍入误差会造成龙格现象的出现，尤其是在外插插值方式时，因此，插值阶数越高，插值效果不一定更好.

本节所讲的多项式插值的三种方法，事实上都是基函数法，基函数分别是 $\{1, x, x^2, \cdots, x^n\}$，$\{l_0(x), l_1(x), \cdots, l_n(x)\}$ 和 $\{\omega_0(x), \omega_1(x), \cdots, \omega_n(x)\}$，只是系数的计算方法不同而已，这三种思路对后面的其他插值问题具有指导意义.

**人物介绍**

**约瑟夫·拉格朗日**（Joseph-Louis Lagrange 1736—1813）全名为约瑟夫·路易斯·拉格朗日，法国著名数学家、物理学家. 他在数学、力学和天文学三个学科领域中都有历史性的贡献，其中尤以数学方面的成就最为突出，拿破仑曾称赞他是“一座高耸在数学界的金字塔”. 他在数学上最突出的贡献是使数学分析与几何与力学脱离开来，使数学的独立性更为清楚，从此数学不再仅仅是其他学科的工具. 近百余年来，数学领域的许多新成就都可以直接或间接地溯源于拉格朗日的工作. 所以他在数学史上被认为是对分析数学的发展产生全面影响的数学家之一. 所获荣誉：月球上的拉格朗日撞击坑；小行星 1006；1808 年获得法国荣誉军团勋章并封为伯爵；名字被刻在埃菲尔铁塔的七十二位法国科学家与工程师其中一位.

## 2.2 埃尔米特插值

如果对插值函数，不仅要求它在节点处与被插值函数取值相同，而且要求它与函数有相同的一阶、二阶、甚至更高阶的导数值，这就是埃尔米特（Hermite）插值问题. 哪怕是只有一个节点的 Hermite 插值也有无穷种情况，我们不可能一一讨论，只能针对典型问题，沿着上面的三种思路进行讨论，当然第一种方法（待定系数法）是万能、但实际并不可行的，剩下的方法我们简称类 Lagrange 法和类 Newton 法.

### 2.2.1 类 Lagrange 法

我们仅讨论一种 Hermite 插值问题，其他情况类似. 设已知函数 $y=f(x)$ 在 $n+1$ 个不同的插值节点 $x_0, x_1, \cdots, x_n$ 上的函数值 $f_j = f(x_j)(j=0,1,\cdots,n)$ 和导数值 $f'_j = f'(x_j)(j=0,1,\cdots,n)$，要求插值多项式 $H(x)$，满足条件

$$\begin{cases} H_{2n+1}(x_j)=f_j \\ H'_{2n+1}(x_j)=m_j \end{cases} \quad (j=0,1,\cdots,n) \tag{2-14}$$

这里给出了 $2n+2$ 个条件，可唯一确定一个次数不超过 $2n+1$ 次的多项式 $H_{2n+1}(x)=H(x)\in P_{2n+1}$.

我们仿照与构造 Lagrange 插值公式相类似的方法来解决 Hermite 插值问题.

如果我们能够构造出两组 $2n+1$ 次多项式：$\alpha_j(x)$，$\beta_j(x)$，$j=0,1,\cdots,n$，满足条件

$$\begin{cases}\alpha_j(x_k)=\delta_{jk},\alpha'_j(x_k)=0\\ \beta_j(x_k)=0,\beta'_j(x_k)=\delta_{jk}\end{cases},k=0,1,\cdots,n \tag{2-15}$$

则 $2n+1$ 次多项式

$$H_{2n+1}(x)=\sum_{j=0}^{n}[f_j\alpha_j(x)+f'_j\beta_j(x)] \tag{2-16}$$

显然满足插值条件式(2-14).

如何构造出插值基函数 $\alpha_j(x)$，$\beta_j(x)$，$j=0,1,\cdots,n$ 呢？由于 $\alpha_j(x)$在 $x_k(k\neq j)$处函数值与导数值均为 0，故它们应含因子$(x-x_k)^2$ $(k\neq j)$，因此可以设为

$$\alpha_j(x)=[a(x-x_j)+b]l_j^2(x),j=0,1,\cdots,n$$

其中 $l_j(x)$，$j=0,1,\cdots,n$ 为 Lagrange 插值基函数，即 $l_j(x)=\prod\limits_{\substack{k=0\\k\neq j}}^{n}\dfrac{x-x_k}{x_j-x_k}$. 由条件 (2-15) 得

$$\begin{cases}b=1\\ a+2l'_j(x_j)=0\end{cases}$$

由此有

$$\begin{aligned}\alpha_j(x)&=[1-2(x-x_j)l'_j(x_j)]l_j^2(x)\\&=\left(1-2(x-x_j)\sum_{\substack{k=0\\k\neq j}}^{n}\frac{1}{x_j-x_k}\right)l_j^2(x),\ j=0,1,\cdots,n\end{aligned} \tag{2-17}$$

同理可得

$$\beta_j(x)=(x-x_j)l_j^2(x),\ j=0,1,\cdots,n \tag{2-18}$$

现在讨论唯一性问题，设还有一个次数小于等于 $2n+1$ 的多项式 $G_{2n+1}(x)$满足插值条件式(2-14). 令 $R(x)=H_{2n+1}(x)-G_{2n+1}(x)$，则由式(2-14) 得

$$R(x_j)=R'(x_j)=0,\ j=0,1,\cdots,n$$

$R(x)$ 是一个次数小于等于 $2n+1$ 的多项式，且有 $n+1$ 个二重根 $x_0,x_1,\cdots,x_n$，所以 $R(x)=0$，即

$$H_{2n+1}(x)=G_{2n+1}(x)$$

仿照 Lagrange 插值余项的证明方法，可导出 Hermite 插值的误差估计.

**定理 2.3**　设 $x_0,x_1,\cdots,x_n$为区间 $[a,\ b]$ 上的互异节点，$H(x)$为 $f(x)$ 的过这组节点的 $2n+1$ 次 Hermite 插值多项式. 如果$f(x)$在

**艾萨克·牛顿**（Sir Isaac Newton，1643－1727）是一位英格兰物理学家、数学家、天文学家、自然哲学家和炼金术士. 他在 1687 年发表的论文《自然哲学的数学原理》里，对万有引力和三大运动定律进行了描述. 这些描述奠定了此后三个世纪里物理世界的科学观点，并成为了现代工程学的基础. 在数学上，牛顿与戈特弗里德·莱布尼茨分享了发展出微积分学的荣誉. 他的墓碑上镌刻着：让人们欢呼这样一位多么伟大的人类荣耀曾经在世界上存在.

($a$，$b$) 内 $2n+2$ 阶导数存在，则对任意 $x\in[a,b]$，插值余项为

$$R(x)=f(x)-H_{2n+1}(x)=\frac{f^{(2n+2)}(\xi)}{(2n+2)!}\omega_{n+1}^2(x)$$

特别地，当 $n=1$ 时为三次 Hermite 插值多项式，它在应用上特别重要. 现列出详细计算公式. 取节点 $x_0$，$x_1$，插值基函数是

$$\begin{cases}\alpha_0(x)=\left(1+2\dfrac{x-x_0}{x_1-x_0}\right)\left(\dfrac{x-x_1}{x_0-x_1}\right)^2\\ \alpha_1(x)=\left(1+2\dfrac{x-x_1}{x_0-x_1}\right)\left(\dfrac{x-x_0}{x_1-x_0}\right)^2\end{cases}$$

$$\begin{cases}\beta_0(x)=(x-x_0)\left(\dfrac{x-x_1}{x_0-x_1}\right)^2\\ \beta_1(x)=(x-x_1)\left(\dfrac{x-x_0}{x_1-x_0}\right)^2\end{cases}$$

两节点三次 Hermite 插值多项式为

$$\begin{aligned}H_3(x)=&\left(1+2\frac{x-x_0}{x_1-x_0}\right)\left(\frac{x-x_1}{x_0-x_1}\right)^2f_0+\\&\left(1+2\frac{x-x_1}{x_0-x_1}\right)\left(\frac{x-x_0}{x_1-x_0}\right)^2f_1+\\&(x-x_0)\left(\frac{x-x_1}{x_0-x_1}\right)^2f_0'+(x-x_1)\left(\frac{x-x_0}{x_1-x_0}\right)^2f_1'\end{aligned}\tag{2-19}$$

其插值余项为

$$R(x)=f(x)-H_3(x)=\frac{f^{(4)}(\xi)}{4!}(x-x_0)^2(x-x_1)^2\tag{2-20}$$

## 2.2.2 类 Newton 法

我们仅就两个例子给出实施的步骤，具体的理论依据可参考相关文献.

先给出重节点均差的定义，我们定义 $n$ 阶重节点均差为

$$f[\underbrace{x_0,x_0,\cdots,x_0}_{n+1\text{个}}]=\frac{1}{n!}f^{(n)}(x_0)$$

例如，第 2.2.1 节中 $n=1$ 的情形，仿照与构造 Newton 插值多项式类似的方法.

$$\begin{aligned}H_3(x)=&f(x_0)+f[x_0,x_0](x-x_0)+f[x_0,x_0,x_1](x-x_0)^2+\\&f[x_0,x_0,x_1,x_1](x-x_0)^2(x-x_1)\end{aligned}$$

这里的重节点均差可由如下重节点均差表得到.

| $x_i$ | $f(x_j)$ | 一阶均差 | 二阶均差 | 三阶均差 |
|---|---|---|---|---|
| $x_0$ | $\underline{f_0}$ | | | |
| $x_0$ | $f_0$ | $\underline{f[x_0,x_0]=f'_0}$ | | |
| $x_1$ | $f_1$ | $f[x_0,x_1]$ | $\underline{f[x_0,x_0,x_1]=\dfrac{f[x_0,x_1]-f[x_0,x_0]}{x_1-x_0}}$ | |
| $x_1$ | $f_1$ | $f[x_1,x_1]=f'_1$ | $f[x_0,x_1,x_1]=\dfrac{f[x_1,x_1]-f[x_0,x_1]}{x_1-x_0}$ | $f[x_0,x_0,x_1,x_1]=\dfrac{f[x_0,x_1,x_1]-f[x_0,x_0,x_1]}{x_1-x_0}$ |

再如要求一个三次多项式 $Q(x)$ 使得

$$Q(x_0)=f(x_0),Q'(x_0)=f'(x_0),Q''(x_0)=f''(x_0),Q(x_1)=f(x_1),$$

这样的多项式为

$$Q(x)=f(x_0)+f[x_0,x_0](x-x_0)+f[x_0,x_0,x_0](x-x_0)^2+f[x_0,x_0,x_0,x_1](x-x_0)^3$$

这里的重节点均差可由如下重节点均差表得到.

| $x_i$ | $f(x_j)$ | 一阶均差 | 二阶均差 | 三阶均差 |
|---|---|---|---|---|
| $x_0$ | $\underline{f_0}$ | | | |
| $x_0$ | $f_0$ | $\underline{f[x_0,x_0]=f'_0}$ | | |
| $x_0$ | $f_0$ | $f[x_0,x_0]=f'_0$ | $\underline{f[x_0,x_0,x_0]=\dfrac{f''(x_0)}{2!}}$ | |
| $x_1$ | $f_1$ | $f[x_0,x_1]$ | $f[x_0,x_0,x_1]=\dfrac{f[x_0,x_1]-f[x_0,x_0]}{x_1-x_0}$ | $f[x_0,x_0,x_0,x_1]=\dfrac{f[x_0,x_0,x_1]-f[x_0,x_0,x_0]}{x_1-x_0}$ |

只要记住在构造均差表时，出现分母为零时用重节点均差，剩下的工作和 Newton 插值一样.

## 2.3　分段低次插值

### 2.3.1　龙格现象及高次插值的病态性质

用多项式插值近似函数的效果有时很差，因为范德蒙行列式一般是病态的，即使求解过程是精确的，多项式求值的误差也是可观的. 如果 $n$ 和 $x$ 都很大，则 $x$ 的 $n$ 次幂就会将 $x$ 中的误差放大很多，同时也存在抵消问题，特别是当系数符号不同时. 虽然关于这些问题有很多处理技

**人物介绍**

**埃尔米特**（Charles Hermite，1822—1901）法国数学家，在函数论、高等代数、微分方程等方面都有重要发现. 1858 年利用椭圆函数首先得出五次方程的解. 1873 年证明了自然对数的底 e 的超越性. 在现代数学各分支中以他姓氏命名的概念（表示某种对称性）很多，如“埃尔米特二次型”、“埃尔米特算子”等. 埃尔米特是 19 世纪最伟大的代数几何学家，但是他大学入学考试重考了五次，每次失败的原因都是数学考不好. 他的大学读到几乎毕不了业，每次考不好都是数学那一科. 他大学毕业后考不上任何研究所，因为考不好的科目还是数学. 数学是他一生的至爱，但是数学考试是他一生的恶梦. 由于不会应付考试，无法继续升学，他只好找所学校做个批改学生作业的助教. 这份助教工作，做了几乎 25 年，尽管他这 25 年中发表了代数连分数理论、函数论、方程论……已经名满天下，数学程度远超过当时所有大学的教授，但是不会考试，没有高等学位的埃尔米特，只能继续批改学生作业. 社会现实对他就是这么残忍、愚昧. 直到 49 岁时，巴黎大学才请他去担任教授. 此后的 25 年，几乎整个法国的大数学家都出自他的门下. 我们无从得知他在课堂上的授课方式，但是有一件事情是可以确定的——没有考试.

巧，但另一个复杂的问题是高阶多项式的振荡问题.

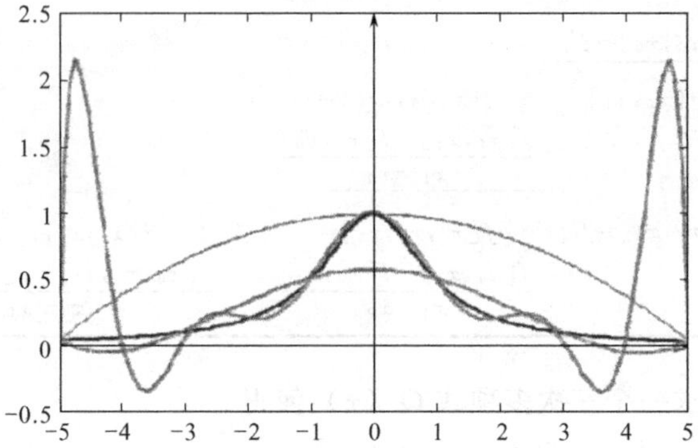


图 2-2　Runge 现象

在 20 世纪初由龙格（Runge）给出了等距节点的插值多项式 $L_n(x)$ 不收敛于 $f(x)$ 的例子. 例如，对于函数 $f(x)=\frac{1}{1+x^2}$（$-5\leqslant x\leqslant 5$），在区间 $[-5,5]$ 上取节点 $x_k=-5+10\frac{k}{n}$（$k=0,1,\cdots,10$），所作 Lagrange 插值多项式为 $L_n(x)=\sum_{j=0}^{n}\frac{1}{1+x_j^2}l_j(x)$，其中 $l_j(x)$是 Lagrange 插值基函数. Runge 证明了，当 $n\to\infty$时，$|x|\leqslant 3.36$ 内 $L_n(x)$ 收敛到 $f(x)$，在这区间之外发散，这一现象称为 Runge 现象. 当 $n=10$ 时，图 2-2 给出了 $y=L_{10}(x)$ 和 $y=\frac{1}{1+x^2}$的图形. 从图 2-2 上看到，$L_{10}(x)$ 仅在区间中部能较好地逼近函数$f(x)$，在其他部位差异较大，而且越接近端点，逼近程度越差. 它表明通过增加节点来提高逼近程度是不宜的，一般插值多项式的次数在$n\leqslant 7$范围内.

直观上容易想象，如果不用多项式曲线，而是将曲线 $y=f(x)$ 的两个相邻的点用线段连接，这样得到的折线必定能较好地近似曲线. 而且只要 $f(x)$ 连续，节点越密，近似程度越好. 由此得到启发，为提高精度，在加密节点时，可以把节点间分成若干段，分段用低次多项式近似函数，这就是分段插值的思想. 用折线近似曲线，相当于分段用线性插值，称为分段线性插值. 这其实就是化整为零的策略，在定积分的定义引入中我们已经用过. 这种策略在科学发展史上的作用无与伦比，请读者想想或查一查，科学史上的哪些成果和它有关？

### 2.3.2 分段线性插值

设已知函数 $f$ 在$[a, b]$上的 $n+1$ 个节点 $a=x_0<x_1<\cdots<x_{n-1}<x_n=b$ 上的函数值 $y_i=f(x_i)(i=0,1,\cdots,n)$，作一个插值函数 $\varphi(x)$，使其满足：

① $\varphi(x_i)=y_i(i=0,1,\cdots,n)$；

② 在每个小区间$[x_i, x_{i+1}](i=0,1,\cdots,n-1)$上，$\varphi(x)$是线性函数. 则称函数 $\varphi(x)$为$[a, b]$上关于数据$(x_i, y_i)(i=0,1,\cdots,n)$的分段线性插值函数.

由 Lagrange 线性插值公式容易写出 $\varphi(x)$的分段表达式

$$\varphi(x)=\frac{x-x_{i+1}}{x_i-x_{i+1}}y_i+\frac{x-x_i}{x_{i+1}-x_i}y_{i+1},x\in[x_i,x_{i+1}],i=0,1,\cdots,n \tag{2-21}$$

为了建立 $\varphi(x)$ 的统一表达式，我们需要构造一组基函数：$l_j(x_i)=\delta_{ij},i,j=0,1,\cdots,n$，且在每个小区间 $[x_i, x_{i+1}](i=0,1,\cdots,n-1)$ 上是线性函数.

下面定理表明式（2-21）的分段线性插值函数 $\varphi(x)$ 一致收敛于被插值函数.

**定理 2.4** 如果 $f(x)$ 在 $[a, b]$ 上二阶连续可微，则分段线性插值函数 $\varphi(x)$ 的余项有以下估计

$$|R(x)|=|f(x)-\varphi(x)|\leqslant\frac{h^2}{8}M$$

其中，$h=\max\limits_{0\leqslant i\leqslant n-1}(x_{i+1}-x_i)$，$M=\max\limits_{x\in[a,b]}|f''(x)|$.

请读者自证. 该定理表明，当节点加密时，分段线性插值的误差变小，收敛性有保证. 另一方面，在分段线性插值中，每个小区间上的插值函数只依赖于本段的节点值，因而每个节点只影响到节点邻近的一二个区间，计算过程中数据误差基本上不扩大，从而保证了节点数增加时插值过程的稳定性. 但分段线性插值函数仅在区间 $[a, b]$ 上连续，一般地，在节点处插值函数不可微，这就不能满足有些工程技术问题的光滑要求.

### 2.3.3 分段三次 Hermite 插值

分段线性插值函数 $\varphi(x)$ 在节点处左、右导数不相等，因而 $\varphi(x)$ 不够光滑. 如果要求分段插值多项式在节点处导数存在，那么要求在节点上给出函数值及其导数值.

假定已知函数 $f(x)$ 在节点 $x_j(j=0,\cdots,n)$ 处的函数值和导数值

分别为 $\{y_j\}$ 和 $\{y'_j\}$，那么所要求的具有导数连续的分段插值函数 $H(x)$ 满足：

① $H(x_j)=y_j$，$H'(x_j)=y'_j(j=0,1,\cdots,n)$；

② 在每个小区间$[x_j, x_{j+1}]$ $(j=0,1,\cdots,n-1)$上，$H(x)$是三次多项式.

可直接写出分段三次 Hermite 插值函数多项式

$$\begin{aligned}H(x)=&\left(1+2\frac{x-x_j}{x_{j+1}-x_j}\right)\left(\frac{x-x_{j+1}}{x_j-x_{j+1}}\right)^2 y_j+\\&\left(1+2\frac{x-x_{j+1}}{x_j-x_{j+1}}\right)\left(\frac{x-x_j}{x_{j+1}-x_j}\right)^2 y_{j+1}+\\&(x-x_j)\left(\frac{x-x_{j+1}}{x_j-x_{j+1}}\right)^2 y'_j+\\&(x-x_{j+1})\left(\frac{x-x_j}{x_{j+1}-x_j}\right)^2 y'_{j+1}\end{aligned}$$

$$x\in[x_j,x_{j+1}],j=0,1,\cdots,n-1 \tag{2-22}$$

如果 $f\in C^4[a, b]$，由定理 2.3，我们可导出分段三次 Hermite 插值的误差估计

$$|R(x)|=|f(x)-H(x)|\leqslant\frac{h^4}{384}\max_{a\leqslant x\leqslant b}|f^{(4)}(x)| \tag{2-23}$$

其中 $h=\max\limits_{0\leqslant j\leqslant n-1}(x_{j+1}-x_j)$. 这说明了 $H(x)$ 一致收敛于被插值函数.

分段三次 Hermite 插值函数是插值区间上的光滑函数，它与函数 $f(x)$在节点处密合程度较好.

## 2.4 三次样条插值

实际工程技术中许多问题不允许在插值节点处一阶和二阶导数的间断，例如高速飞机的机翼外形，内燃机进排气门的凸轮曲线，高速公路以及船体放样等. 以高速飞机的机翼外形来说，飞机的机翼一般尽可能采用流线型，使空气气流沿机翼表面形成平滑的流线，以减少空气阻力. 若曲线不充分光滑，如机翼前部，曲线有一个微小的凸凹，就会破坏机翼的流线型，使气流不能沿机翼表面平滑流动，流线在曲线的不甚光滑处与机翼过早分离，产生大量的旋涡，以致使飞机产生震荡，阻力大大增加，飞行速度越快问题就越严重. 因此，随着飞机向高速度发展的趋势，配置机翼外形曲线的要求也就越高. 解决这类问题用前面讨论的插值方法是显然无法做到的. 前面讨论的高次 Lagrange (Newton)

**人物介绍**

**卡尔·龙格**（Carl Runge 1856—1927），德国数学家. 他在 1880 年，得到柏林大学的数学博士，是著名德国数学家，被誉为“现代分析之父”的卡尔·魏尔施特拉斯的学生. 1886 年，他成为在德国汉诺威莱布尼兹大学的教授. 他的兴趣包括数学，光谱学，大地测量学，与天体物理学. 除了纯数学以外，他也从事很多涉及实验的工作. 他跟海因里希·凯瑟一同研究各种元素的谱线，又将研究的结果应用在天体光谱学.

多项式插值虽然光滑，但不具有收敛性，会产生 Runge 现象. 分段线性插值与分段三次 Hermite 插值都具有一致收敛性，但光滑性较差. 分段线性插值在节点处一阶导数不连续；若采用带一阶和二阶导数的 Hermite 分段插值，实践中由于事先无法给出（测量）节点处的导数值，也有本质上的困难，这就要求寻找新的方法，它无需事先给定节点上的导数值，而且插值函数二阶导数连续.

早期工程上，绘图员为了将一些指定点（称为样点）连接成一条光滑曲线，往往用细长的易弯曲的弹性材料，如易弯曲的木条、柳条及细金属条（绘图员称之为样条，英文为 Spline）在样点用压铁固定，样条在自然弹性弯曲下形成的光滑曲线称之为样条曲线. 此曲线不仅具有连续一阶导数，而且还具有连续的曲率（即具有二阶连续导数）. 从材料力学角度来说，样条曲线相当于集中载荷的挠度曲线，可以证明此曲线是分段的三次曲线，而且它的一阶、二阶导数都是连续的. 在计算机科学的计算机辅助设计和计算机图形学中，样条通常是指分段定义的多项式参数曲线. 由于样条构造简单、使用方便、拟合准确，并能近似曲线拟合和交互式曲线设计中复杂的形状，样条是这些领域中曲线的常用表示方法.

样条函数的研究始于 20 世纪中叶，到了 20 世纪 60 年代它与计算机辅助设计相结合，在外形设计方面得到成功的应用. 样条理论已成为函数逼近的有力工具. 它的应用范围也在不断扩大，不仅在数据处理、数值微分、数值积分、微分方程和积分方程数值解等数学领域有广泛的应用，而且与最优控制、变分问题、统计学、计算几何与泛函分析等学科均有密切的联系.

## 2.4.1 三次样条插值函数的概念

**定义 2.2** 已知函数 $f(x)$ 在区间 $[a, b]$ 上的 $n+1$ 个节点 $a=x_0<x_1<\cdots<x_n=b$ 上的值 $y_j=f(x_j)$ $(j=0,1,\cdots,n)$，求插值函数 $S(x)$，使得：

(1) $S(x_j)=y_j \quad (j=0,1,\cdots,n)$；

(2) 在每个小区间 $[x_j, x_{j+1}]$ $(j=0,1,\cdots,n-1)$ 上 $S(x)$ 是三次多项式 $S_j(x)$；

(3) $S(x)$ 在 $[a, b]$ 上二阶连续可微.

函数 $S(x)$ 称为 $f(x)$ 的**三次样条插值函数**.

从定义知要求出 $S(x)$，在每个区间 $[x_j, x_{j+1}]$ 上要确定 4 个待定系数，共有 $n$ 个小区间，故应确定 $4n$ 个参数. 根据函数一阶及二阶

导数在插值节点连续，应满足条件

$$\begin{cases}S(x_j-0)=S(x_j+0)\\S'(x_j-0)=S'(x_j+0)\quad j=1,\cdots,n-1\\S''(x_j-0)=S''(x_j+0)\end{cases}\tag{2-24}$$

及插值条件 $S(x_j)=y_j\quad(j=0,1,\cdots,n)$. 共有 $4n-2$ 个条件，因此还需要 2 个边界条件作补充才能确定 $S(x)$. 常见的边界条件如下.

① 已知两端的一阶导数值，即

$$S'(x_0)=y_0',S'(x_n)=y_n'\tag{2-25}$$

称为**固定边界条件**（clamped end condition），当我们需要夹住样条，使其在边界处的斜率等于给定值时就会导出这类边界条件，所以有时也称为**"固定"样条**. 例如若要求一阶导数为 0，则样条会变平，且在端点处呈现水平状.

② 两端的二阶导数已知，即

$$S''(x_0)=y_0'',S''(x_n)=y_n''\tag{2-26}$$

特别当两个二阶导数值都为 0 时，从图形上看，函数在端点处变为直线，这种条件称为**自然边界条件**，此时的样条称为**自然样条**，因为在这种条件下能描绘出样条最自然的形态.

③ 当 $f(x)$ 是以 $x-x_0$ 为周期的周期函数时，则要求 $S(x)$ 也是周期函数，这时边界条件应满足

$$\begin{aligned}S(x_0+0)&=S(x_n-0)\\S'(x_0+0)&=S'(x_n-0)\\S''(x_0+0)&=S''(x_n-0)\end{aligned}\tag{2-27}$$

这样确定的样条函数 $S(x)$ 称为**周期样条函数**.

④ 要求第二和倒数第二个节点处的三阶导数连续. 由于三次样条已经假设这些节点处的函数值、一阶导数和二阶导数值相等，所以要求三阶导数值也相等就意味着前两个和最后两个相邻区域中使用相同的三次函数. 既然第一个和最后一个内部节点已经不是两个不同的三次函数的连接点，那么它们也不再是真正意义上的节点了，因此这个条件被称为**"非节点"条件**（not-a-knot condition）.

## 2.4.2 样条插值函数的建立

设第 $i$ 个区间 $[x_i, x_{i+1}]$ 上 $S(x)$ 的表达式为

$$s_i(x)=a_i+b_i(x-x_i)+c_i(x-x_i)^2+d_i(x-x_i)^3\tag{2-28}$$

由 $s_i(x_i)=y_i$ 可得

$$a_i = y_i \tag{2-29}$$

因此，每个三次多项式的常数项等于区间左端点处的函数值，将结果代入式(2-28)得

$$s_i(x) = y_i + b_i(x - x_i) + c_i(x - x_i)^2 + d_i(x - x_i)^3 \tag{2-30}$$

下面应用节点处连续的条件，对于节点 $x_{i+1}$，这个条件可表示为

$$y_{i+1} = y_i + b_i h_i + c_i h_i{}^2 + d_i h_i{}^3 \tag{2-31}$$

其中，$h_i = x_{i+1} - x_i$.

对式(2-30)求导得到

$$s_i'(x) = b_i + 2c_i(x - x_i) + 3d_i(x - x_i)^2 \tag{2-32}$$

根据节点 $x_{i+1}$ 处导数相等可得

$$b_{i+1} + 2c_i(x_{i+1} - x_{i+1}) + 3d_i(x_{i+1} - x_{i+1})^2 = s_{i+1}'(x_{i+1})$$
$$= s_i'(x_{i+1}) = b_i + 2c_i(x_{i+1} - x_i) + 3d_i(x_{i+1} - x_i)^2$$

即
$$b_{i+1} = b_i + 2c_i h_i + 3d_i h_i^2 \tag{2-33}$$

对式（2-32）再求导得到

$$s_i''(x) = 2c_i + 6d_i(x - x_i) \tag{2-34}$$

根据节点 $x_{i+1}$ 处二阶导数相等可得

$$c_{i+1} = c_i + 3d_i h_i \tag{2-35}$$

从而有

$$d_i = \frac{c_{i+1} - c_i}{3h_i} \tag{2-36}$$

将式(2-36)代入式(2-31)得到

$$y_{i+1} = y_i + b_i h_i + \frac{h_i{}^2}{3}(2c_i + c_{i+1}) \tag{2-37}$$

将式(2-36)代入式(2-33)得到

$$b_{i+1} = b_i + h_i(c_i + c_{i+1}) \tag{2-38}$$

由式(2-37)得

$$b_i = \frac{y_{i+1} - y_i}{h_i} - \frac{h_i}{3}(2c_i + c_{i+1}) \tag{2-39}$$

式(2-39)下标减 1 得

$$b_{i-1} = \frac{y_i - y_{i-1}}{h_{i-1}} - \frac{h_{i-1}}{3}(2c_{i-1} + c_i) \tag{2-40}$$

式(2-38)下标减 1 得

$$b_i = b_{i-1} + h_{i-1}(c_{i-1} + c_i) \tag{2-41}$$

式(2-39)和式(2-40)代入式（2-41）并化简得

$$h_{i-1}c_{i-1}+2(h_{i-1}+h_i)c_i+h_ic_{i+1}=3\frac{y_{i+1}-y_i}{h_i}-3\frac{y_i-y_{i-1}}{h_{i-1}} \tag{2-42}$$

即

$$h_{i-1}c_{i-1}+2(h_{i-1}+h_i)c_i+h_ic_{i+1}=3(f[x_i,x_{i+1}]-f[x_{i-1},x_i]) \tag{2-43}$$

式(2-43) 对内部节点 $x_1,\cdots,x_{n-2}$处均成立，联立可得关于 $n$ 个未知系数 $c_0,\cdots,c_{n-1}$的 $n-2$ 阶三对角方程组. 因此只需再添加两个边界条件，就可以解出 $c_0,\cdots,c_{n-1}$了，然后可以利用式(2-36) 和式(2-39) 求出 $d_i$和$b_i$，$i=0,1,\cdots,n-1$.

我们以自然边界为例说明，其他情况请读者自行推导. 令第一个节点的二阶导数值为 0，得到

$$0=s''_0(x_0)=2c_0+6d_0(x_0-x_0)$$

即 $c_0=0$.

在最后一个节点处有

$$0=s''_{n-1}(x_n)=2c_{n-1}+6d_{n-1}h_{n-1} \tag{2-44}$$

回顾式(2-35)，我们可以定义另外一个参数 $c_n$，从而将式(2-44)写成

$$0=c_n=2c_{n-1}+6d_{n-1}h_{n-1}$$

于是，为了保证最后一个节点处的二阶导数为 0，我们令 $c_n=0$.

现在我们将最终的方程写成

$$\begin{bmatrix} 1 & & & & \\ h_0 & 2(h_0+h_1) & h_1 & & \\ & \ddots & \ddots & \ddots & \\ & & h_{n-2} & 2(h_{n-2}+h_{n-1}) & h_{n-1} \\ & & & & 1 \end{bmatrix}\begin{bmatrix} c_0 \\ c_1 \\ \vdots \\ c_{n-1} \\ c_n \end{bmatrix}$$

$$=\begin{bmatrix} 0 \\ 3(f[x_1,x_2]-f[x_0,x_1]) \\ \vdots \\ 3(f[x_{n-1},x_n]-f[x_{n-2},x_{n-1}]) \\ 0 \end{bmatrix} \tag{2-45}$$

这是一个三对角方程组，第 5 章我们将讨论它的解法.

**【例 2.4】** 求满足下面函数表所给出的插值条件的自然样条函数，并算出 $f(5)$ 的近似值.

| $j$ | 0 | 1 | 2 | 3 |
|---|---|---|---|---|
| $x_j$ | 3 | 4.5 | 7 | 9 |
| $y_j$ | 2.5 | 1 | 2.5 | 0.5 |

**【解】** 此时式(2-45) 为

$$\begin{bmatrix} 1 & 0 & & \\ h_0 & 2(h_0+h_1) & h_1 & \\ & h_1 & 2(h_1+h_2) & \lambda_2 \\ & & 0 & 1 \end{bmatrix}\begin{bmatrix} c_0 \\ c_1 \\ c_2 \\ c_3 \end{bmatrix}=\begin{bmatrix} 0 \\ 3(f[x_1,x_2]-f[x_0,x_1]) \\ 3(f[x_2,x_3]-f[x_1,x_2]) \\ 0 \end{bmatrix}$$

代入相关数据后得到

$$\begin{bmatrix} 1 & 0 & & \\ 1.5 & 8 & 2.5 & \\ & 2.5 & 9 & 2 \\ & & 0 & 1 \end{bmatrix}\begin{bmatrix} c_0 \\ c_1 \\ c_2 \\ c_3 \end{bmatrix}=\begin{bmatrix} 0 \\ 4.8 \\ -4.8 \\ 0 \end{bmatrix}$$

解得

$$c_0=0, c_1=0.839543726, c_2=-0.766539924, c_3=0$$

进一步得到

$$b_0=-1.419771863, b_1=-0.160456274, b_2=0.022053232$$

$$d_0=0.186565272,\ d_1=-0.214144487,\ d_2=0.127756654$$

又

$$a_0=y_0=2.5, a_1=y_1=1, a_2=y_2=2.5$$

从而得到三次样条为

$$S(x)=\begin{cases} 2.5-1.419971863(x-3)+0.186565272(x-3)^2, & x\in[3,4.5] \\ 1-0.160456274(x-4.5)+0.839543726(x-4.5)^2 & \\ -0.214144487(x-4.5)^3, & x\in[4.5,7] \\ 2.5+0.022053232(x-7)-0.766539924(x-7)^2 & \\ +0.127756654(x-7)^3, & x\in[7,9] \end{cases}$$

5 位于第二个区间，所以 $f(5)$ 的近似值为 $S(5)=1.102889734$.

## 2.4.3　误差界与收敛性

三次样条函数的收敛性与误差估计比较复杂，这里不加证明，给出一个主要结果.

**定理 2.5**　设 $f(x)\in C^4[a,\ b]$，$S(x)$ 为满足第一种或第二种边界条件式(2-25) 或式(2-26) 的三次样条函数，令 $h=\max\limits_{0\leqslant i\leqslant n-1} h_i$，$h=x_{i+1}-x_i\,(i=0,1,\cdots,n-1)$，则有估计式

$$\max_{a\leqslant x\leqslant b}\left|f^{(k)}(x)-S^{(k)}(x)\right|\leqslant C_k\max_{a\leqslant x\leqslant b}\left|f^{(4)}(x)\right|h^{4-k}, k=0,1,2 \tag{2-46}$$

其中，$C_0=\frac{5}{384}$，$C_1=\frac{1}{24}$，$C_2=\frac{3}{8}$.

这个定理不但给出三次样条插值函数 $S(x)$ 的误差估计，且当 $h\to 0$ 时，$S(x)$ 及其一阶导数 $S'(x)$ 和二阶导数 $S''(x)$ 均分别一致收敛于 $f(x)$，$f'(x)$ 及 $f''(x)$.

## 2.5 Matlab 中的插值

我们主要介绍内置函数 spline，interp1 和样条工具箱中的函数 csape，其他可通过 Matlab 的帮助命令去了解.

函数 spline 的一般用法为

yy=spline(x,y,xx)

其中 x 和 y 是由待插值量组成的向量，yy 是结果向量，对应于样条插值函数在向量 xx 处的取值. 在默认情况下，spline 使用非节点条件. 当 y 中元素数比 x 多两个时，那么将 y 的第一个和最后一个值作为端点处的导数值，相应地，使用固定边界条件.

函数 interp1 的一般用法为

yi=interp1(x,y,xi,'method')

其中 x 和 y 是由待插值量组成的向量，yi 是结果向量，对应于样条插值函数在向量 xi 处的取值. Method 表示想用的方法，主要有 nearest（最近邻插值，该方法中令待插值点的值等于与之最近的数据点的值，因此结果看起来像是一组直线，也可以看作是零次多项式插值）、linear（线性插值，该方法将数据点用直线连接，默认就是该方法）、spline（分段三次样条插值，相当于 spline 函数）和 pchip（分段三次 Hermite 插值）.

需要说明的是，和三次样条一样，pchip 用一阶导数连续的三次多项式连接数据点. 不同的是，它的二阶导数并不像三次样条那样要求连续，而且，节点处的一阶导数值也与三次样条不同. 更准确地说，这些一阶导数值都是经过特别挑选，使得插值是“保形”的. 也就是说，差值结果不会超过数据点的范围，而三次样条有时候就会这样. 因此我们必须在 spline 和 pchip 之间进行权衡取舍. 用 spline 得到的结果通常比较光滑，因为人眼无法察觉二阶导数的间断. 而且，如果数据点来自于对光滑函数的采样，那么结果会更精确些. 另一方面，pchip 得到的结果不会超出数据点的范围，当数据不光滑时，它的振荡更小.

**【例 2.5】** 使用 interp1 的权衡问题.

有人对汽车进行了一次实验，即在行驶中先加速，然后再保持匀速行驶一段时间，接着再加速，然后再保持匀速，如此交替. 注意，整个实验过程从未减速. 在一组数据点上的速度如下表所示.

| $t$ | 0 | 20 | 40 | 56 | 68 | 80 | 84 | 96 | 104 | 110 |
|---|---|---|---|---|---|---|---|---|---|---|
| $v$ | 0 | 20 | 20 | 38 | 80 | 100 | 100 | 100 | 125 | 125 |

**【解】**（1）线性插值

```
>>t=[0 20 40 56 68 80 84 96 104 110];
>>v=[0 20 20 38 80 80 100 100 125 125];
>>tt=linspace(0, 110);% linspace(a, b, n) 在 a 到 b 之间自动生成 n 个等距点，默认是 100 个点.
>>v1=interp1(t,v,tt);
>>plot(t,v,'o',tt,v1)
```

结果如图 2-3(a) 所示，曲线不光滑，但并没有超出数据范围.

（2）最近邻插值

```
>>vn=interp1(t,v,tt,'nearest');
>>plot(t,v,'o',tt,vn)
```

结果如图 2-3(b) 所示，水平直线的连接，既不光滑也不准确.

（3）分段三次样条插值

```
>>vs=interp1(t,v,tt,'spline');
>>plot(t,v,'o',tt,vs)
```

结果如图 2-3(c) 所示，曲线很光滑，但是有几个地方的拟合结果超出了数据范围，汽车好像减了几次速.

（4）分段三次 Hermite 插值

```
>>vh=interp1(t,v,tt,'pchip');
>>plot(t,v,'o',tt,vh)
```

结果如图 2-3(d) 所示，从物理背景上看是真实的. 因为分段三次 Hermite 插值具有保形性，所以速度单调增加，未出现减速现象. 虽然曲线不如三次样条曲线光滑，但是一阶导数在节点处的连续性使得数据点之间的变化更加平缓，从而增加了真实性.

函数 scape 的一般用法为

pp=scape(x,y,‘method’)

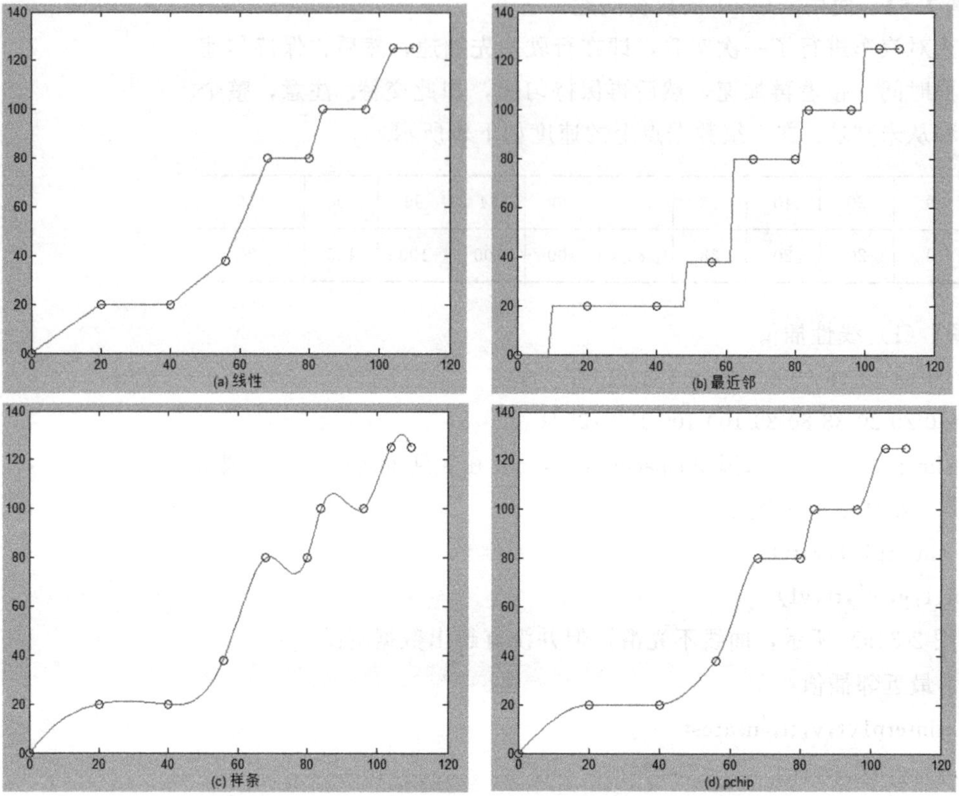


图 2-3　用 interp1 函数对汽车速度时间序列的模拟

返回一个包含三次样条插值的 pp 形，或者说是分段多项式形的结构，该结构包含了我们希望的任何插值点数值的三次样条值的所有信息. Method 表示想用的方法，主要有 complete（所给边界条件是第一边界条件，即固定边界条件），second（所给边界条件是第二边界条件），periodic（所给边界条件是第三边界条件，此时无需指定边界条件值，x 和 y 即为要插值的函数的节点值及对应的函数值）和 not-a-knot（所给节点为非节点边界条件）.

在计算一个三次样条表达式的时候，必须将 pp 形中的不同域提取出来进行计算，这个过程可以由 unmkpP(pp) 完成，调用格式为：

[breaks,coefs,npolys,ncoefs,dim]=unmkpP(pp)

其中输入变量 pp 是样条插值函数 csape 的输出变量，输出变量中，breaks 是插值节点，coefs 是一个矩阵，其中的第 $i$ 行是第 $i$ 个三次多项式的系数，npolys 是多项式的个数，ncoefs 是每个多项式系数的个数，dim 是样条的维数. 注意，第 $i$ 个三次多项式的系数是指形如

$$s_i(x)=a_3(x-x_{i-1})^3+a_2(x-x_{i-1})^2+a_1(x-x_{i-1})+a_0,$$
$$x\in[x_{i-1},x_i]$$

中的系数 $a_j$.

我们以例 2-4 为例，

```
>>x=[1 2 4 5]; y=[0 1 3 4 2 0]; pp=csape(x,y,'second')
pp=
    form:'pp'
    breaks:[1 2 4 5]
     coefs:[3x4 double]
     pieces:3
     order:4
     dim:1
>>[breaks,coefs,nploys,ncoefs,dim]=unmkpp(pp)
breaks=
       1      2      4      5
coefs=
       -0.1250      0            2.1250       1.0000
       -0.1250     -0.3750       1.7500       3.0000
        0.3750     -1.1250      -1.2500       4.0000
nploys=
       3
ncoefs=
       4
dim=
       1
>>polyval(coefs(2,:),3-2)         % polyval(p,a)计算多项式 p 在 a 处的取值
ans=
       4.2500
>>polyval(coefs(3,:),4.5-4)
ans=
       3.1406
```

结果完全一样.

## 习题 2

2-1 给全 $\cos x$，$0°\leqslant x\leqslant 90°$的函数表，步长 $h=1'=(1/60)°$，若函数表具有 5 位有效

数字，研究用线性插值求 $\cos x$ 近似值时的总误差界.

2-2 若 $f(x)$ 是 $m$ 次多项式，则一阶均差 $f[x, x_i]$ 是 $m-1$ 次多项式，$f[x,x_0,x_1,\cdots,x_m]$ 恒等于零.

2-3 用 Rolle 定理证明均差与导数的关系式（2-12）.

2-4 在 $-4\leqslant x\leqslant 4$ 上给出 $f(x)=e^x$ 的等距节点函数表，若用二次插值求 $e^x$ 的近似值，要使截断误差不超过 $10^{-6}$，问使用函数表的步长 $h$ 应取多少？

2-5 若 $f(x)=a_0+a_1x+\cdots+a_{n-1}x^{n-1}+a_nx^n$ 有 $n$ 个不同实根 $x_1,x_2,\cdots,x_n$，证明：

$$\sum_{j=1}^{n}\frac{x_j^k}{f'(x_j)}=\begin{cases}0, & 0\leqslant k\leqslant n-2\\ n_0^{-1}, & k=n-1\end{cases}.$$

2-6 求一个次数不高于 4 次的多项式 $P(x)$，使它满足 $P(0)=P'(0)=0$，$P(1)=P'(1)=0$，$P(2)=0$.

2-7 计算节点 $-1,0,1$ 上的三次样条 $s(x)$，使得 $s''(-1)=s''(1)=0$，$s(-1)=s(1)=0$ 和 $s(0)=1$.

# 第 3 章

# 逼近方法

数据通常是以表格的形式给出的，我们可能需要计算两个离散值之间某点的估计值. 本书的第 2 章和第 3 章的重点内容就是对这样的数据进行曲线拟合，来获得中间点的估计值. 另外，我们也可能需要一个复杂函数的简化近似版本，一种实现方法就是在感兴趣的区间中取一些离散点来计算函数的值，然后根据它们推出一个较简单的近似函数，对这些离散值进行拟合. 这两种应用都称为曲线拟合（curve fitting），或者笼统地称为函数逼近，处理的方法通常有两种.

第一种方法，就是已知数据非常精确时，采用的基本方法就是拟合一条或一系列经过每个数据点的曲线，这种方法就是第 2 章所讲的插值法.

第二种方法，被拟合的数据带有比较大的误差或者“噪声”，采用的方法就是推导出代表整个数据趋势的一条曲线. 因为每个数据点都可能是不正确的，所以没有必要使拟合曲线经过每个已知的数据点，而只需要设计一条符合这些数据点的整体趋势的曲线即可，这种方法称为最小二乘曲线拟合或者最小二乘回归（least-squares regression).

如图 3-1 所示，给出五个点上的实验测量数据，理论上的结果应该满足线性关系，即图 3-1 中的实线. 由于实验数据的误差太大，不能用

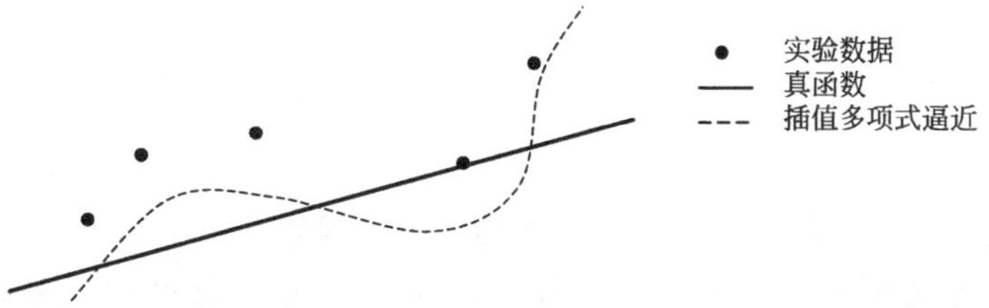


图 3-1　逼近演示图

过任意两点的直线逼近函数. 插值法就是用过 5 个点的 4 次多项式逼近线性函数，不仅误差太大，而且它们的导数值误差更大.

下面我们先从函数逼近的基本概念说起.

用简单函数组成的函数类 $M$ 中“接近”于 $f(x)$ 的函数 $p(x)$ 近似地代替 $f(x)$，称 $p(x)$ 是 $f(x)$ 的一个逼近，$f(x)$ 称为被逼近函数.

这里必须表明两点：其一是函数类 $M$ 的选取. 何为简单函数？在数值分析中所谓简单函数主要是指可以用四则运算进行计算的函数，最常用的有多项式及有理分式函数；其二是如何确定 $p$ 与 $f$ 之间的度量.

**定义 3.1** 设 $X$ 和 $M$ 都是是函数集合，如果对于 $X$ 中给定的 $f$，在 $M$ 中存在元素 $\varphi^*$，使得

$$\|f-\varphi^*\|=\inf_{\varphi\in M}\|f-\varphi\| \tag{3-1}$$

则称 $\varphi^*$ 是 $M$ 中对 $f$ 的最佳逼近.

若 $\|f\|=\|f\|_\infty \triangleq \max\limits_{a\leqslant x\leqslant b}|f(x)|$，称为最佳一致逼近；

若 $\|f\|=\|f\|_2 \triangleq \left(\int_a^b |f(x)|^2 \mathrm{d}x\right)^{\frac{1}{2}}$，称为最佳平方逼近.

由于最佳一致逼近难度较大且实际应用较少，本章主要讨论最佳平方逼近.

# * 3.1 正交多项式

正交多项式是函数逼近的重要工具，在数值积分中也有重要的应用，本节我们简要介绍其概念、基本性质和几种常用的正交多项式.

## 3.1.1 正交函数族与正交多项式

为了定义更一般意义的正交多项式，我们先给出权函数的概念.

**定义 3.2** （权函数）设 $[a, b]$ 是有限或无限区间，在 $[a, b]$ 上的非负函数 $\rho(x)$ 满足条件：

① $\int_a^b x^k\rho(x)\mathrm{d}x<\infty$ 存在且为有限值（$k=0,1,\cdots$）；

② 对 $[a, b]$ 上的非负连续函数 $g(x)$，如果 $\int_a^b \rho(x)g(x)\mathrm{d}x=0$，则 $g(x)\equiv 0$.

则称 $\rho(x)$ 是区间 $[a, b]$ 上的一个权函数.

从定义可看出：a. $\rho(x)$ 为 $[a, b]$ 上的非负可积函数，且当 $[a, b]$ 为无限区间时，要求 $\rho(x)$ 具有任意的衰减性；b. 在 $[a, b]$

的任一子区间上 $\rho(x)$ 不恒等于零.

**定义 3.3**　若 $f,g\in C[a,b]$，$\rho$ 为 $[a,b]$ 上的权函数且满足

$$(f,g)\overset{\triangle}{=}\int_a^b \rho(x)f(x)g(x)\mathrm{d}x=0$$

则称 $f$ 与 $g$ 在 $[a,b]$ 上带权 $\rho(x)$ 正交. 若函数族 $\varphi_0(x)$，$\varphi_1(x)$，…，$\varphi_k(x)$，…满足关系

$$(\varphi_j,\varphi_k)=\int_a^b \rho(x)\varphi_j(x)\varphi_k(x)\mathrm{d}x=\begin{cases}0, & j\neq k\\ A_k>0, & j=k\end{cases}$$

则称 $\{\varphi_k(x)\}$ 是 $[a,b]$ 上带权 $\rho(x)$ 的正交函数族；若 $A_k\equiv 1$，则称之为标准正交函数族.

利用如下的 Gram-Schmidt 方法可将线性无关向量族正交化. 设 $\psi_j(x)=x^j, j=0,1,\cdots$，令

$$\begin{cases}\varphi_0(x)=1\\ \varphi_k(x)=x^k-\sum\limits_{j=0}^{k-1}\dfrac{(x^k,\varphi_j)}{(\varphi_j,\varphi_j)}\varphi_j(x) \quad (k=1,2,\cdots)\end{cases} \tag{3-2}$$

这样构造的 $\{\varphi_k: k\geqslant 0\}$ 具有如下基本性质.

① $\varphi_n$ 是最高次项的系数为 1 的 $n$ 次多项式.

② 任何 $n$ 次多项式均可表示成前 $n+1$ 个 $\varphi_0,\varphi_1,\cdots,\varphi_n$ 的线性组合.

③ 对于 $k\neq j$ 有 $(\varphi_j,\varphi_k)=0$，并且 $\varphi_k$ 与任一次数小于 $k$ 的多项式正交.

④ 成立递推关系

$$\varphi_{n+1}(x)=(x-\alpha_n)\varphi_n(x)-\beta_n\varphi_{n-1}(x) \quad (n=0,1,\cdots) \tag{3-3}$$

其中 $\varphi_0(x)=1$，$\varphi_{-1}(x)=0$.

$$\alpha_n=\frac{(x\varphi_n(x),\varphi_n(x))}{(\varphi_n(x),\varphi_n(x))},\beta_n=\frac{(\varphi_n(x),\varphi_n(x))}{(\varphi_{n-1}(x),\varphi_{n-1}(x))} \quad (n=1,2,\cdots)$$

⑤ 设 $\{\varphi_n(x)\}_0^\infty$ 是在 $[a,b]$ 上带权 $\rho(x)$ 的正交多项式序列，则 $\varphi_n(x)$ $(n\geqslant 1)$ 的 $n$ 个根都是在区间 $(a,b)$ 内的单重实根.

### 3.1.2　勒让德多项式

勒让德（Legendre）多项式是在区间 $[-1,1]$ 上，权函数 $\rho(x)\equiv 1$，由多项式序列 $\{x^n\}_0^\infty$ 正交化得到的多项式序列 $\{P_n(x)\}_0^\infty$，即

$$P_n(x)=\frac{1}{2^n n!}\frac{\mathrm{d}^n}{\mathrm{d}x^n}[(x^2-1)^n], n\geqslant 0 \tag{3-4}$$

具有表达式

$$P_n(x)=\sum_{k=0}^{\left[\frac{n}{2}\right]}\frac{(-1)^k(2n-2k)!}{2^n k!\,(n-k)!\,(n-2k)!}x^{n-2k}$$

显然，$P_n$ 的 $x^n$ 项的系数（$P_n$ 的首项系数）为 $\frac{(2n)!}{2^n(n!)^2}$. 因此

$$\widetilde{P}_n(x)=\frac{n!}{(2n)!}\frac{\mathrm{d}^n}{\mathrm{d}x^n}[(x^2-1)^n] \tag{3-5}$$

为首项系数为 1 的 Legendre 多项式.

Legendre 多项式具有下述几个重要性质.

① 正交性

$$\int_{-1}^{1}P_n(x)P_m(x)\mathrm{d}x=\begin{cases}0, & n\neq m\\ \dfrac{2}{2n+1}, & n=m\end{cases} \tag{3-6}$$

② 奇偶性

$$P_n(-x)=(-1)^n P_n(x)$$

利用 $P_n(x)=\frac{1}{2^n n!}\frac{\mathrm{d}^n}{\mathrm{d}x^n}[(x^2-1)^n]$. 可见被微商的函数 $\varphi(x)=(x^2-1)^n$ 是偶次多项式，经过偶次求导为偶次多项式，经过奇次求导为奇次多项式. 由此可知，$n$ 为偶数时 $P_n$ 为偶函数，$n$ 为奇数时 $P_n$ 为奇函数.

③ 递推关系

$$(n+1)P_{n+1}(x)=(2n+1)xP_n(x)-nP_{n-1}(x), n=1,2,\cdots$$

其中，$P_0(x)=1$，$P_1(x)=x$.

④ $P_n(x)$ 的有界性

$$|P_n(x)|\leqslant 1, x\in[-1,1]$$

当 $x=1$ 时，$P_n(1)=1$，$P_n(-1)=(-1)^n$.

⑤ 勒让德多项式满足微分方程

$$(1-x^2)y''(x)-2xy'(x)+n(n+1)y(x)=0$$

⑥ 在所有最高项系数为 1 的 $n$ 次多项式中，勒让德多项式 $\widetilde{P}_n(x)$ 在 $[-1, 1]$ 上与零的平方误差最小，即

$$\int_{-1}^{1}\widetilde{P}_n^2(x)\mathrm{d}x=\min_{P(x)\in\widetilde{\widetilde{H}}_n}\int_{-1}^{1}P^2(x)\mathrm{d}x$$

这里 $\widetilde{\widetilde{H}}_n(x)$ 表示最高项系数为 1 的 $n$ 次多项式集合.

### 3.1.3 切比雪夫多项式

当权函数 $\rho(x)=\frac{1}{\sqrt{1-x^2}}$ 区间为 $[-1, 1]$ 时，由多项式序列

$\{x^n\}_0^\infty$ 正交化得到的多项式序列 $\{T_n(x)\}_0^\infty$ 就是第一类切比雪夫(Chebyshev) 多项式. 它可表示为

$$T_n(x)=\cos(n\arccos x),|x|\leqslant 1,n=0,1,\cdots \tag{3-7}$$

式中，$T_n(x)$ 的三角表达定义在区间 $[-1, 1]$ 上，使用变换

$$\xi=\frac{1}{2}[(b-a)x+(a+b)],x\in[-1,1]$$

可得定义在区间 $[a, b]$ 上的 $n$ 次切比雪夫多项式

$$T_n\left(\frac{2\xi-a-b}{b-a}\right)=\cos\left(n\arccos\frac{2\xi-a-b}{b-a}\right) \quad (n=0,1,\cdots)$$

表面看来，$T_n(x)$ 是一个三角函数. 令 $\theta=\arccos x$，$x\in[-1, 1]$，则 $x=\cos\theta$，$\theta\in[0, \pi]$. 利用三角恒等式

$$\cos(n+1)\theta=2\cos\theta\cos n\theta-\cos(n-1)\theta$$

可导出递推关系

$$\begin{cases}T_{n+1}(x)=2xT_n(x)-T_{n-1}(x) \quad (n=1,2,\cdots)\\ T_0(x)=1,T_1(x)=x\end{cases} \tag{3-8}$$

由递推关系式(3-8) 可得到 $T_n(x)$ 的最高次项系数是 $2^{n-1}(n\geqslant 1)$.

此外，实际计算中常常要求 $x^n$ 用 $T_0(x)$，$T_1(x)$，…，$T_n(x)$ 的线性组合表示，其公式为

$$x^n=\sum_{k=0}^{\left[\frac{n}{2}\right]}\binom{n}{k}T_{n-2k}(x)$$

式中，$T_0(x)=1$.

根据定义式(3-7) 和递推关系式(3-8)，得切比雪夫多项式性质.

① 奇偶性

$$T_n(-x)=(-1)^nT_n(x)(n=0,1,\cdots)$$

② 正交性

$$\int_{-1}^{1}\frac{T_n(x)T_m(x)}{\sqrt{1-x^2}}\mathrm{d}x=\begin{cases}0, & n\neq m\\ \dfrac{\pi}{2}, & n=m\neq 0\\ \pi, & n=m=0\end{cases}$$

③ $T_n(x)$ 在 $(-1, 1)$ 内有 $n$ 个不同的零点

$$x_k=\cos\frac{(2k-1)\pi}{2n},k=1,2,\cdots,n$$

④ $T_n(x)$ 的全部极值点和极值. $T_n(x)$ 的极值点是 $T'_n(x)=0$ 的根，而

$$T'_n(x)=\frac{n\sin(n\arccos x)}{\sqrt{1-x^2}}$$

故极值点是

$$x_m=\cos\frac{m\pi}{n}\quad(m=1,2,\cdots,n-1)$$

它们都在区间（−1，1）内. 极值是

$$T_n\left(\cos\frac{m\pi}{n}\right)=\cos m\pi=(-1)^m\quad(m=1,2,\cdots,n-1)\tag{3-9}$$

式（3-9）表明，$T_n(x)$ 的极大值是 1，极小值是 −1. 在区间的端点 $T_n(1)=1$，$T_n(-1)=(-1)^n$，因此当 $x\in[-1,1]$ 时，$T_n(x)$ 的值在 [−1，1] 上振荡.

⑤ 满足微分方程

$$(1-x^2)\frac{\mathrm{d}^2y}{\mathrm{d}^2x}-x\frac{\mathrm{d}y}{\mathrm{d}x}+n^2y=0$$

事实上，作变换 $x=\cos\theta$，$\theta=\arccos\theta$，则方程（3-9）化为

$$\frac{\mathrm{d}^2y}{\mathrm{d}^2\theta}+n^2y=0$$

它的解是 $y=\cos n\theta$.

⑥ 在区间 [−1，1] 上所有首项系数为 1 的次数不超过 $n$ 的多项式中，$\omega_n(x)=\frac{1}{2^{n-1}}T_n(x)$ 与零的偏差最小，其偏差为 $\frac{1}{2^{n-1}}$，即

$$\max_{-1\leqslant x\leqslant 1}|\omega_n(x)|=\min_{P(x)\in\widetilde{H}_n}\max_{-1\leqslant x\leqslant 1}|P(x)|=\frac{1}{2^{n-1}}$$

这里 $\widetilde{H}_n(x)$ 表示所有首项系数为 1 的次数不超过 $n$ 的多项式集合.

值得特别指出的是切比雪夫多项式的零点在插值中有重要作用，以切比雪夫多项式 $T_{n+1}(x)$ 的 $n+1$ 个零点 $x_k=\cos\frac{2k+1}{2(n+1)}\pi,k=0,1,\cdots,n$ 为节点构造 $f(x)$ 的 $n$ 次插值多项式 $\varphi_n(x)$，如果 $f(x)$ 在 [−1，1] 上 $n+1$ 次连续可微，切比雪夫插值余项为

$$R_n(x)=f(x)-\varphi_n(x)=\frac{f^{(n+1)}(\xi)}{(n+1)!}\omega_{n+1}(x),\xi\in(-1,1)$$

其中 $\omega_{n+1}(x)=\prod_{k=0}^{n}(x-x_k)$ 与多项式 $T_{n+1}(x)$ 有相同的零点，且最高次项系数为 1，故必有

$$\omega_{n+1}(x)=\frac{1}{2^n}T_{n+1}(x)$$

于是

$$R_n(x)=\frac{f^{(n+1)}(\xi)}{(n+1)!}\frac{T_{n+1}(x)}{2^n},\xi\in(-1,1)$$

由于$\frac{1}{2^n}T_{n+1}(x)$的最大绝对值最小，故若$f^{(n+1)}(x)$在$[-1,1]$上变化不大时，用切比雪夫插值所产生的误差

$$|R_n(x)|=\left|\frac{f^{(n+1)}(\xi)}{(n+1)!}\frac{T_{n+1}(x)}{2}\right|\leqslant\frac{|f^{(n+1)}(\xi)|}{2^n(n+1)!}$$

比采用其他 $n+1$ 个节点插值所产生的误差要小，而且这样构造的插值多项式可以避免龙格现象的出现. 因而 $n$ 次切比雪夫插值多项式可作为 $n$ 次最佳一致逼近多项式的近似.

## 3.2　函数的最佳平方逼近

### 3.2.1　一般概念及方法

**定义 3.4**　设 $f(x)\in C[a,b]$ 及 $C[a,b]$ 中的子集 $\Phi=\mathrm{span}\{\varphi_0,\varphi_1,\cdots,\varphi_n\}$，若存在 $S_n^*(x)\in\Phi$ 使

$$\begin{aligned}\|f(x)-S_n^*(x)\|_2^2&=\min_{S(x)\in\Phi}\|f(x)-S(x)\|_2^2\\&=\min_{S(x)\in\Phi}\int_a^b\rho(x)[f(x)-S(x)]^2\mathrm{d}x\end{aligned}\tag{3-10}$$

其中 $\rho(x)$ 为权函数，则称 $S_n^*(x)$ 为函数 $f(x)$ 在 $\Phi$ 中关于权函数 $\rho(x)$ 的最佳平方逼近函数.

在具体问题中，权函数 $\rho(x)$ 是给定的，如果没有特别指明，就表示 $\rho(x)\equiv1$.

如果 $\varphi_k(x)=x^k(k=0,1,\cdots,n)$，则称 $S_n^*(x)$ 为 $f(x)$ 在 $[a,b]$ 上关于权函数 $\rho(x)$ 的 $n$ 次最佳平方逼近多项式.

式(3-10) 等价于求多元函数

$$\begin{aligned}I(a_0,a_1,\cdots,a_n)&=\int_a^b\rho(x)[\sum_{j=0}^n a_j\varphi_j(x)-f(x)]^2\mathrm{d}x\\&=\int_a^b\rho(x)[S(x)-f(x)]^2\mathrm{d}x\end{aligned}$$

的极小值. 由多元函数极值的必要条件

$$\frac{\partial I}{\partial a_k}=2\int_a^b\rho(x)\left[\sum_{j=0}^n a_j\varphi_j(x)-f(x)\right]\varphi_k(x)\mathrm{d}x=0\quad(k=0,1,\cdots,n)$$

即

$$\sum_{j=0}^{n}(\varphi_j(x),\varphi_k(x))a_j=(f(x),\varphi_k(x)) \quad (k=0,1,\cdots,n) \tag{3-11}$$

也可写成

$$(f-S,\varphi_k)=0 \quad (k=0,1,\cdots,n)$$

方程（3-11）的矩阵形式是

$$\boldsymbol{Ha}=\boldsymbol{d} \tag{3-12}$$

其中 $\boldsymbol{a}=[a_0,\cdots,a_n]^{\mathrm{T}}$，$\boldsymbol{d}=[d_0,\cdots,d_n]^{\mathrm{T}}=[(f,\varphi_0),\cdots,(f,\varphi_n)]^{\mathrm{T}}$

$$\boldsymbol{H}=(h_{ij})=\begin{bmatrix}(\varphi_0,\varphi_0) & (\varphi_0,\varphi_1) & \cdots & (\varphi_0,\varphi_n)\\(\varphi_1,\varphi_0) & (\varphi_1,\varphi_1) & \cdots & (\varphi_1,\varphi_n)\\ \vdots & \vdots & \vdots & \vdots\\(\varphi_n,\varphi_0) & (\varphi_n,\varphi_1) & \cdots & (\varphi_n,\varphi_n)\end{bmatrix}$$

方程（3-12）称为法方程. 如果 $\varphi_1,\varphi_2,\cdots,\varphi_n$ 线性无关，系数矩阵 $\boldsymbol{H}$ 非奇异[1]，从而方程（3-12）存在唯一的解 $a_k=a_k^*$ $(k=0,1,\cdots,n)$. 可得最佳平方逼近函数

$$S^*(x)=\sum_{j=0}^{n}a_j^*\varphi_j(x) \tag{3-13}$$

不难证得式(3-13）的确是最佳平方逼近函数. 且有如下定理.

**定理 3.1** 设 $\varphi_i\in C[a,\ b]$，$i=0,\cdots,n$ 是线性无关的，并记 $\Phi=\mathrm{span}\ \{\varphi_0,\varphi_1,\cdots,\varphi_n\}$. $f\in C\ [a,\ b]$，$f\overline{\in}\Phi$，$S^*(x)=\sum_{j=0}^{n}a_j^*\varphi_j(x)$ 是 $f(x)$ 在 $\Phi$ 中关于权函数 $\rho(x)$ 最佳平方逼近函数的充分必要条件为

$$(f-S^*,\varphi_i)=0,i=0,1,\cdots,n \tag{3-14}$$

**证明** 必要性. 事实上我们已经证明，这里我们给出另一种证明方法（反证法）. 设 $S(x)$ 是 $f(x)$ 在 $\Phi$ 中关于权函数 $\rho(x)$ 最佳平方逼近函数，且存在 $k$，$0\leqslant k\leqslant n$，使得

$$(f-S^*,\varphi_k)=r\neq 0$$

令

$$S(x)=S^*(x)+\frac{r}{(\varphi_k,\varphi_k)}\varphi_k(x)$$

显然 $S(x)\in\Phi$，且

[1] 事实上 $\varphi_1,\varphi_2,\cdots,\varphi_n$ 线性无关当且仅当 $\boldsymbol{H}$ 非奇异，请读者自己给出证明.

$$\int_a^b \rho(x)[S(x)-f(x)]^2\mathrm{d}x=(f-S,\ f-S)$$
$$=\left(f-S^*-\frac{r}{(\varphi_k,\varphi_k)}\varphi_k, f-S^*-\frac{r}{(\varphi_k,\varphi_k)}\varphi_k\right)$$
$$=(f-S^*,f-S^*)-2\left(f-S^*,\frac{r}{(\varphi_k,\varphi_k)}\varphi_k\right)+\frac{r^2}{(\varphi_k,\varphi_k)^2}(\varphi_k,\varphi_k)$$
$$=(f-S^*,f-S^*)-2\frac{r}{(\varphi_k,\varphi_k)}(f-S^*,\varphi_k)+\frac{r^2}{(\varphi_k,\varphi_k)^2}(\varphi_k,\varphi_k)$$
$$=(f-S^*,f-S^*)-\frac{r^2}{(\varphi_k,\varphi_k)}<(f-S^*,f-S^*)$$

这与 $S^*(x)$ 是最佳平方逼近函数矛盾，故必要性成立.

充分性. 因为 $(f-S^*,\ \varphi_k)=0(k=0,1,\cdots,n)$，所以对 $\forall S\in\Phi$，有 $(f-S^*,\ S)=0$，从而有

$$(f-S^*,S^*-S)=0$$

因此对 $\forall S\in\Phi$ 有

$$\begin{aligned}\|f-S\|^2&=(f-S^*+S^*-S,f-S^*+S^*-S)\\&=\|f-S^*\|_2^2+2(f-S^*,S^*-S)+\|S^*-S\|_2^2\\&=\|f-S^*\|_2^2+\|S^*-S\|_2^2\\&\geqslant\|f-S^*\|_2^2\end{aligned}$$

故 $S^*(x)$是 $f(x)$在 $\Phi$ 中关于权 $\rho(x)$的最佳平方逼近函数.

定理 3.1 中的最佳平方逼近函数是唯一的. 事实上，设 $S_1^*$，$S_2^*$ 均为最佳平方逼近函数，有

$$\begin{aligned}(S_1^*-S_2^*,S_1^*-S_2^*)&=(S_1^*-f+f-S_2^*,S_1^*-S_2^*)\\&=-(f-S_1^*,S_1^*-S_2^*)+(f-S_2^*,S_1^*-S_2^*)\\&=0\end{aligned}$$

所以 $S_1^*=S_2^*$.

令 $\delta=f(x)-S^*(x)$，则平方误差为

$$\begin{aligned}\|\delta\|_2^2&=(f(x)-S^*(x),f(x)-S^*(x))\\&=\|f\|_2^2-(f(x),S^*(x))-(S^*(x),f(x)-S^*(x))\\&=\|f\|_2^2-(f(x),S^*(x))\\&=\|f\|_2^2-\sum_{j=0}^n a_j^*(\varphi_j,f)\end{aligned}$$

特别地，如果取 $\varphi_k(x)=x^k$，$\rho(x)\equiv1$，$[a,b]=[0,1]$. 对于法方程（3-12）有

$$h_{jk}=(\varphi_j(x),\ \varphi_{jk}(x))=\int_0^1 x^{j+k}\mathrm{d}x=\frac{1}{j+k+1}$$

$$d_k=(f(x),\ \varphi_k(x))=\int_0^1 f(x)x^k\,\mathrm{d}x$$

于是法方程（3-12）中的系数矩阵

$$\boldsymbol{H}=\begin{bmatrix} 1 & 1/2 & \cdots & 1/n & 1/(n+1) \\ 1/2 & 1/3 & \cdots & 1/(n+1) & 1/(n+2) \\ \vdots & \vdots & \vdots & \vdots & \vdots \\ 1/n & 1/(n+1) & \cdots & 1/(2n-1) & 1/(2n) \\ 1/(n+1) & 1/(n+2) & \cdots & 1/(2n) & 1/(2n+1) \end{bmatrix} \tag{3-15}$$

称为希尔伯特（**Hilbert**）矩阵.

**【例 3.1】** 设 $f(x)=\sqrt{1+x^2}$，求 $[0,\ 1]$ 上的一次最佳平方逼近多项式.

**【解】** 这是 $\rho(x)\equiv 1$ 的情形. 取 $\varphi_0(x)=1$，$\varphi_1(x)=x$，$\Phi=\mathrm{span}\{1,\ x\}$. 于是

$$(\varphi_0,\varphi_0)=\int_0^1 1\mathrm{d}x=1,\ (\varphi_0,\varphi_1)=\int_0^1 x\mathrm{d}x=\frac{1}{2},\ (\varphi_1,\varphi_1)=\int_0^1 x^2\mathrm{d}x=\frac{1}{3}$$

$$d_0=(f,\ \varphi_0)=\int_0^1\sqrt{1+x^2}\,\mathrm{d}x=\frac{1}{2}\ln(1+\sqrt{2})+\frac{\sqrt{2}}{2}\approx 1.147$$

$$d_1=(f,\ \varphi_1)=\int_0^1 x\sqrt{1+x^2}\,\mathrm{d}x=\frac{1}{3}(1+x^2)^{3/2}\Big|_0^1=\frac{2\sqrt{2}-1}{3}\approx 0.609$$

得方程组

$$\begin{bmatrix} 1 & \frac{1}{2} \\ \frac{1}{2} & \frac{1}{3} \end{bmatrix}\begin{bmatrix} a_0 \\ a_1 \end{bmatrix}=\begin{bmatrix} 1.147 \\ 0.609 \end{bmatrix}$$

解出 $a_0=0.934$，$a_1=0.426$. 故

$$S_1^*(x)=0.934+0.426x$$

平方误差

$$\begin{aligned}\|\delta\|_2^2&=(f(x),\ f(x))-(S_1^*(x),\ f(x))\\&=\int_0^1(1+x^2)\mathrm{d}x-0.426d_1-0.934d_0=0.0026\end{aligned}$$

最大误差

$$\begin{aligned}\|\delta\|_\infty&=\max_{0\leqslant x\leqslant 1}|f(x)-S^*(x)|\\&=\max_{0\leqslant x\leqslant 1}\left|\sqrt{1+x^2}-0.934-0.426x\right|=0.066\end{aligned}$$

令 $h(x)=\sqrt{1+x^2}-0.934-0.426x$，则

$$h'(x)=\frac{x}{\sqrt{1+x^2}}-0.426$$

由 $h'(x)$ 的特性及 $h(0)=0.066$，$h(1)\approx 0.054$，可得

$$\|\delta\|_\infty=0.066$$

用 $\{1, x, \cdots, x^n\}$ 做基，求最佳平方逼近多项式，当 $n$ 较大时，由于向量 $\left(\frac{1}{n}, \frac{1}{n+1}, \cdots, \frac{1}{2n}\right)$ 与 $\left(\frac{1}{n+1}, \frac{1}{n+2}, \cdots, \frac{1}{2n+1}\right)$ 近似成比例，所以 **Hilbert** 系数矩阵式(3-15) 是高度病态的，因此直接求解法方程是相当困难的，通常是采用正交多项式做基.

### 3.2.2 用正交函数族作最佳平方逼近

若 $\varphi_1(x)$，$\varphi_2(x)$，…，$\varphi_n(x)$ 为 $[a, b]$ 上关于权函数 $\rho(x)$ 的正交函数族，则法方程组 (3-12) 为

$$\begin{bmatrix} (\varphi_0, \varphi_0) & & & & 0 \\ & (\varphi_1, \varphi_1) & & & \\ & & \ddots & & \\ & & & \ddots & \\ 0 & & & & (\varphi_n, \varphi_n) \end{bmatrix}\begin{bmatrix} a_0 \\ a_1 \\ \vdots \\ \vdots \\ a_n \end{bmatrix}=\begin{bmatrix} (f, \varphi_0) \\ (f, \varphi_1) \\ \vdots \\ \vdots \\ (f, \varphi_n) \end{bmatrix}$$

得

$$a_k^*=a_k=\frac{(f(x),\varphi_k(x))}{(\varphi_k(x),\varphi_k(x))}$$

因此最佳平方逼近函数为

$$S^*(x)=\sum_{k=0}^{n}\frac{(f(x),\varphi_k(x))}{(\varphi_k(x),\varphi_k(x))}\varphi_k(x)$$

平方误差为

$$\|\delta\|_2^2=\|f\|_2^2-\sum_{k=0}^{n}\left[\frac{(f(x), \varphi_k(x))}{\|\varphi_k(x)\|_2}\right]^2$$

由此得到

$$\sum_{k=0}^{n}\left[\frac{(f(x),\varphi_k(x))}{\|\varphi_k(x)\|_2}\right]^2\leqslant\|f\|_2^2 \tag{3-16}$$

即 $\sum\limits_{k=0}^{n}(a_k^*\|\varphi_k\|_2)^2\leqslant\|f\|_2^2$，它是广义的勾股定理.

若 $f(x)\in C[a, b]$，按正交函数族 $\{\varphi_k(x)\}$ 展开，得级数

$$S^*(x)=\sum_{k=0}^{\infty}a_k^*\varphi_k(x) \tag{3-17}$$

称为 $f(x)$ 的**广义傅里叶（Fourier）级数**，系数 $a_k^*$ 称为广义傅里叶系数. 它是傅里叶级数的直接推广.

下面讨论特性情况，设 $\varphi_0(x),\varphi_1(x),\cdots,\varphi_n(x)$ 为正交多项式族，有下面的收敛定理.

**定理 3.2** 设 $f\in C[a,b]$，$S^*(x)$ 是由式（3-21）给出的 $f(x)$ 的最佳平方逼近多项式，其中 $\{\varphi_k(x),\ k=0,1,\cdots,n\}$ 为正交多项式族，则有

$$\lim_{k\to\infty}\|f(x)-S^*(x)\|_2=0$$

证明略.

下面考虑 $f\in C[-1,1]$，按 Legendre 多项式 $\{P_k(x)\}_0^n$ 展开，有

$$S^*(x)=\sum_{k=0}^{n}a_k^*P_k(x)$$

其中

$$a_k^*=\frac{(f(x),\ P_k(x))}{(P_k(x),\ P_k(x))}=\frac{2k+1}{2}\int_{-1}^{1}f(x)P_k(x)\mathrm{d}x \quad (k=0,1,\cdots,n)$$

平方误差

$$\|\delta_k(x)\|_2^2=\|f\|_2^2-\sum_{j=0}^{n}a_j^*(\varphi_j,\ f)$$

$$=\int_{-1}^{1}f^2(x)\mathrm{d}x-\sum_{k=0}^{n}\frac{2}{2k+1}(a_k^*)^2$$

如果 $f(x)$ 满足光滑性条件，还可得到 $S_n^*(x)$ 一致收敛于 $f(x)$ 的结论.

**定理 3.3** 设 $f\in C^2[-1,1]$，$S^*(x)$ 如上，则对任何 $x\in[-1,1]$和 $\forall\varepsilon>0$，当 $n$ 充分大时有

$$|f(x)-S_n^*(x)|\leqslant\frac{\varepsilon}{\sqrt{n}} \tag{3-18}$$

**【例 3.2】** 求 $f(x)=e^x$ 在 $[-1,1]$ 上的三次最佳平方逼近多形式.

**【解】** 先计算 $(f(x),\ \widetilde{P}_k(x))\quad(k=0,1,2,3)$

$$(f(x),\ P_0(x))=\int_{-1}^{1}e^x\mathrm{d}x=e-\frac{1}{e}\approx 2.3504$$

$$(f(x),\ P_1(x))=\int_{-1}^{1}xe^x\mathrm{d}x=2e^{-1}\approx 0.7358$$

$$(f(x),\ P_2(x))=\int_{-1}^{1}\left(\frac{3}{2}x^2-\frac{1}{2}\right)e^x\,dx=e-\frac{7}{e}\approx 0.1431$$

$$(f(x),\ P_3(x))=\int_{-1}^{1}\left(\frac{5}{2}x^3-\frac{3}{2}x\right)e^x\,dx=\frac{37}{e}-5e\approx 0.02013$$

于是

$a_0^*=(f(x),P_0(x))/2=1.1752, a_1^*=3(f(x),P_1(x))/2=1.1036$

$a_2^*=5(f(x),P_2(x))/2=0.3578, a_3^*=7(f(x),P_3(x))/2=0.07046$

因此

$$S_3^*(x)=0.9963+0.9979x+0.5367x^2+0.1761x^3$$

均方误差

$$\|\delta_3(x)\|_2=\|e^x-S_3^*(x)\|_2=\sqrt{\int_{-1}^{1}e^{2x}\,dx-\sum_{k=0}^{3}\frac{2}{2k+1}a_k^{*2}}\leqslant 0.0084$$

最大误差

$$\|\delta_3(x)\|_\infty=\|e^x-S_3^*(x)\|_\infty\leqslant 0.0112$$

## 3.3 曲线拟合的最小二乘法

在生产实际和科学实验中有很多函数，它们的解析表达式是不知道的，仅能通过实验观察的方法测得一系列节点上的值 $y_i$. 即得到一组数据或者说得到平面上一组点（$x_i,y_i$）（$i=0,1,\cdots,m$）. 现在的问题是寻求 $f(x)$ 的近似表达式 $y=\varphi(x)$，用几何语言来说就是寻求一条曲线 $y=\varphi(x)$ 来拟合（平滑）这 $m$ 个点，简言之求曲线拟合.

一般给定数据点（$x_i,y_i$）的数量较大，且准确程度不一定高，甚至于个别点有很大的误差，形象地称之为“噪声”. 若用插值法求之，欲使 $y=\varphi(x)$ 满足插值条件，势必将“噪声”带进近似函数 $y=\varphi(x)$，因而不能较好地描绘 $y=f(x)$. 曲线拟合是求近似函数的又一类数值方法. 它不要求函数在节点处与函数同值，即不要求近似曲线过已知点，只要求它尽可能反映给定数据点的基本趋势，在某种意义下“逼近”函数. 下面我们先举例说明.

**【例 3.3】** 给定一组数据如下.

| $x_i$ | 2 | 4 | 6 | 8 |
|---|---|---|---|---|
| $y_i$ | 1.1 | 2.8 | 4.9 | 7.2 |

求 $x$，$y$ 的函数关系.

**【解】** 先作草图. 如图 3-2 所示，这些点的分布接近一条直线，因

**人物介绍**

**让·巴普蒂斯·约瑟夫·傅里叶**（Jean Baptiste Joseph Fourier，1768—1830），法国著名数学家、物理学家，生于法国中部欧塞尔一个裁缝家庭，8 岁时沦为孤儿，就读于地方军校，1795 年任巴黎综合工科大学助教，1798 年随拿破仑军队远征埃及，受到拿破仑器重，回国后被任命为格伦诺布尔省省长. 提出傅里叶级数，并将其应用于热传导理论与振动理论，傅里叶变换也以他命名. 他被归功为温室效应的发现者小行星 10101 号是傅里叶星，他是名字被刻在埃菲尔铁塔的七十二位法国科学家与工程师其中一位.

此可设想 $y$ 为 $x$ 的一次函数. 设

$$y=a_1x+a_0 \tag{3-19}$$

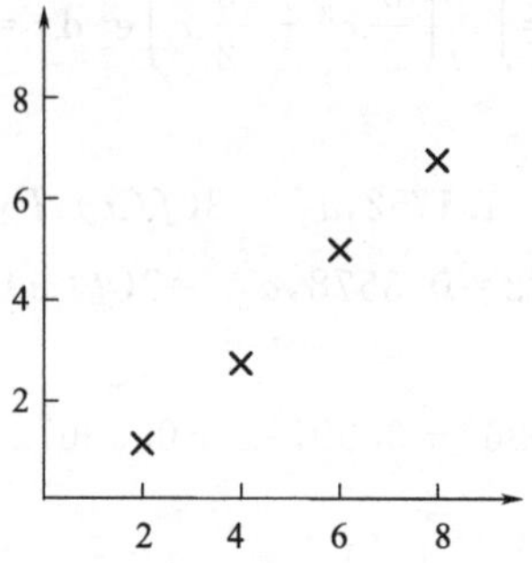


图 3-2　例 3.3 图

从图 3-2 不难看出，无论 $a_0$，$a_1$ 取何值，直线都不可能同时过全部数据点. 怎样选取 $a_0$，$a_1$，才能使直线式(3-19)“最好”地反映数据点的基本趋势？首先要建立好的标准.

假设 $a_0$，$a_1$ 已确定，$y_i^*=a_1x_i+a_0(i=1,\cdots,4)$ 为由近似函数求得的近似值，它与观测值 $y_i$ 之差

$$\delta_i=y_i-y_i^*=y_i-a_1x_i-a_0(i=1,2,3,4)$$

称为残差. 显然，残差的大小可作为衡量近似函数好坏的标准. 常用的准则有以下三种：

① 使残差的绝对值之和最小，即 $\min\sum_i|\delta_i|$；

② 使残差的最大绝对值最小，即 $\min\max_i|\delta_i|$；

③ 使残差的平方和最小，即 $\min\sum_i\delta_i^2$.

准则①的提出很自然也合理，但实际使用不方便. 按准则②来求近似函数的方法称为函数的最佳一致逼近. 按准则③确定参数，求得近似函数的方法称为最佳平方逼近，也称曲线拟合（或数据拟合）的最小二乘法. 它的计算比较简便，是实践中常用的一种函数比较方法.

### 3.3.1　最小二乘原理

根据给定的实验数据组（$x_i,y_i$）（$i=0,1,\cdots,m$），选取近似函数形式，设 $\varphi_0,\varphi_1,\cdots,\varphi_n$ 为 $C[a,b]$ 上的线性无关族，令 $\Phi=\text{span}$

$\{\varphi_0,\varphi_1,\cdots,\varphi_n\}$. 求函数 $S^*(x)=\sum_{i=0}^{n}a_i^*\varphi_i(x)\in\Phi$，使得

$$\sum_{i=0}^{m}\delta_i^2=\sum_{i=0}^{m}[y_i-S^*(x_i)]^2=\min_{S(x)\in\Phi}\sum_{i=0}^{m}[y_i-S(x_i)]^2$$

为最小. 这种求近似函数的方法称为数据拟合的最小二乘法，$S^*(x)$ 称为这组数据的最小二乘解.

用最小二乘法求拟合曲线时，最困难和关键的问题是确定 $S^*(x)$ 的形式，这不单纯是数学问题，还与所研究问题的运动规律及所得观察数据（$x_i$，$y_i$）有关. 通常是通过观察数据画出草图，并结合实际问题的运动规律，确定 $S^*(x)$ 的形式.

此外，在实际问题中，由于各点的观测数据精度不同，常常引入加权方差，即确定参数的准则为使得 $\sum_{i=0}^{m}\omega_i\delta_i^2$ 最小，其中 $\omega_i$（$i=0$，1，…，$m$）为加权系数（可以是实验次数或 $y_i$ 的可信程度等）.

### 3.3.2 法方程

在指定的函数类 $\Phi$ 中求拟合已知数据的最小二乘解 $S^*(x)=\sum_{j=0}^{n}a_j\varphi_j(x)\in\Phi$ 的关键在于确定系数 $a_k^*$ $(k=0,1,\cdots,n)$. 它可转化为多元函数

$$I(a_0,a_1,\cdots,a_n)=\sum_{i=0}^{m}\omega_i[y_i-\sum_{j=0}^{n}a_j\varphi_j(x_i)]^2$$

极小值问题. 由极值的必要条件 $\frac{\partial I}{\partial a_k}=0$（$k=0,1,\cdots,n$），得方程组

$$\sum_{i=0}^{m}\omega_i[\sum_{j=0}^{n}a_j\varphi_j(x_i)-y_i]\varphi_k(x_i)=0(k=0,1,\cdots,n)$$

即

$$\sum_{j=0}^{n}a_j\sum_{i=0}^{m}\omega_i\varphi_j(x_i)\varphi_k(x_i)=\sum_{i=0}^{m}\omega_i y_i\varphi_k(x_i)$$

若记 $(\varphi_j,\varphi_k)=\sum_{i=0}^{m}\omega_i\varphi_j(x_i)\varphi_k(x_i)$，$(y,\varphi_k)=\sum_{i=0}^{m}\omega_i y_i\varphi_k(x_i)\equiv d_k$，$k=0,1,\cdots,n$，法方程组为

$$\boldsymbol{Ga}=\boldsymbol{d} \tag{3-20}$$

其中

$$\boldsymbol{a}=\begin{bmatrix}a_0\\a_1\\\vdots\\a_n\end{bmatrix},\ \boldsymbol{d}=\begin{bmatrix}(f,\ \varphi_0)\\(f,\ \varphi_1)\\\vdots\\(f,\ \varphi_n)\end{bmatrix}$$

$$\boldsymbol{G}=\begin{bmatrix}(\varphi_0,\ \varphi_0) & (\varphi_0,\ \varphi_1) & \cdots & (\varphi_0,\varphi_n)\\(\varphi_1,\ \varphi_0) & (\varphi_1,\ \varphi_1) & \cdots & (\varphi_1,\varphi_n)\\\vdots & \vdots & \vdots & \vdots\\(\varphi_n,\ \varphi_0) & (\varphi_n,\ \varphi_1) & \cdots & (\varphi_n,\ \varphi_n)\end{bmatrix}$$

必须指出的是：由函数族的线性无关性，不能保证以上矩阵非奇异，请读者举例说明．为保证 $\boldsymbol{G}$ 非奇异，必须附加另外的条件．

**定义 3.5** 设 $\varphi_0,\varphi_1,\cdots,\varphi_n\in C[a,\ b]$ 的任意线性组合在点集 $X=\{x_i,i=0,1,\cdots,m\}$（$m\geqslant n$）上至多有 $n$ 个不同的零点，则称 $\varphi_0,\varphi_1,\cdots,\varphi_n$ 在点集 $X=\{x_i,i=0,1,\cdots,m\}$ 上满足哈尔（Haar）条件．

显然 $1,x,\cdots,x^n$ 在任意 $m(m\geqslant n)$ 个点上满足哈尔条件．

可以证明，$\varphi_0,\varphi_1,\cdots,\varphi_n$ 在点集 $X=\{x_i,i=0,1,\cdots,m\}$ 上满足哈尔（Haar）条件，则法方程（3-20）的系数矩阵 $\boldsymbol{G}$ 非奇异，于是方程（3-20）存在唯一的解 $\{a_k^*\}_{k=0}^n$，从而可获得最小二乘拟合函数 $S^*(x)=\sum_{j=0}^{n}a_j^*\varphi_j(x)$．可以证明，这样得到的 $S^*(x)$ 的确是最小二乘解．

### 3.3.3 常用的拟合方法

（1）多项式拟合

数据是（$x_i,y_i$）（$i=0,1,\cdots,m$），$\omega_i=1$，$\varphi_i(x)=x^i(i=0,1,\cdots,n)$．法方程为

$$\sum_{i=0}^{n}\Big(\sum_{k=0}^{m}a_kx_i^{k+j}\Big)=\sum_{i=0}^{n}y_ix_i^j\quad(j=0,1,\cdots,n)$$

即

$$\begin{cases}(m+1)a_0+a_1\sum\limits_{i=0}^{m}x_i+a_2\sum\limits_{i=0}^{m}x_i^2+\cdots+a_n\sum\limits_{i=0}^{m}x_i^n=\sum\limits_{i=0}^{m}y_i\\a_0\sum\limits_{i=0}^{m}x_i+a_1\sum\limits_{i=0}^{m}x_i^2+a_2\sum\limits_{i=0}^{m}x_i^3+\cdots+a_n\sum\limits_{i=0}^{m}x_i^{n+1}=\sum\limits_{i=0}^{m}y_ix_i\\\cdots\\a_0\sum\limits_{i=0}^{m}x_i^n+a_1\sum\limits_{i=0}^{m}x_i^{n+1}+a_2\sum\limits_{i=0}^{n}x_i^{n+2}+\cdots+a_n\sum\limits_{i=0}^{m}x_i^{2n}=\sum\limits_{i=0}^{n}y_ix_i^n\end{cases}$$

**【例 3.4】** 求数据表的最小二乘二次拟合多项式.

| $i$ | 1 | 2 | 3 | 4 | 5 | 6 | 7 | 8 | 9 |
|---|---|---|---|---|---|---|---|---|---|
| $x_i$ | −1 | −0.75 | −0.5 | −0.25 | 0 | 0.25 | 0.5 | 0.75 | 1 |
| $y_i$ | −0.2209 | 0.3295 | 0.8826 | 1.4329 | 2.0003 | 2.5645 | 3.1334 | 3.7601 | 4.2836 |

**【解】** 设二次拟合多项式为 $P_2(x)=a_0+a_1x+a_2x^2$，将数据代入正则方程组，可得

$$\begin{cases}9a_0+0+3.75a_2=18.1660\\0+3.75a_1+0=8.4857\\3.75a_0+0+2.7656a_2=7.6169\end{cases}$$

其解为

$$a_0=2.0019, a_1=2.2629, a_2=0.0397$$

所以此数据组的最小二乘二次拟合多项式为

$$P_2(x)=2.0019+2.2629x+0.0397x^2$$

Matlab 求解

方法一：

```
>>x=[-1 -0.75 -0.5 -0.25 0 0.25 0.5 0.75 1]';
>>y=[-0.2209 0.3295 0.8826 1.4329 2.0003 2.5645 3.1334 3.7601 4.2836]';
>>A=[ones(9,1)  x x.^2];
>>z=A\y
z=
   2.0019
   2.2629
   0.0397
```

方法二：

```
>>p=polyfit (x, y, 2)    %x 和 y 是要拟合的数据，2 是要拟合的多项式次数，p 是拟合多项式的向量表示
p=
      0.0397      2.2629      2.0019
```

理论分析和大量数值实验表明，多项式拟合次数很大时，属于“病态问题”.

(2) 通过变换将非线性拟合转化为线性拟合问题

我们的基本思路是：通过作变换，将非线性拟合问题转化为线性拟合问题求解，然后经反变换求出非线性拟合函数. 仅以指数函数为例说

明，如果数据组（$x_i$，$y_i$）　（$i=0$，2，…，$m$）的分布近似指数曲线，则可考虑用指数函数 $y=be^{ax}$ 去拟合数据，按最小二乘原理，$a$，$b$ 的选取使得 $F(a, b)=\sum_{i=0}^{m}(y_i-be^{ax_i})^2$ 为最小. 由此导出的正则方程组是关于参数 $a$，$b$ 的非线性方程组，称其为非线性最小二乘问题.

作变换：$z=\ln y$，则有

$$z=a_0+a_1x$$

其中 $a_0=\ln b$，$a_1=a$. 上式右端是线性函数. 当函数 $z$ 求出后，则 $y=e^z=e^{a_0}e^{a_1x}$

函数 $y$ 的数据组（$x_i$，$y_i$）（$i=0$，1，…，$m$）经变换后，对应函数 $z$ 的数据组为（$x_i$，$z_i$）＝（$x_i$，$\ln y_i$）（$i=0$，1，…，$m$）.

**【例 3.5】** 设一发射源的发射强度公式形如 $I=I_0e^{-\alpha t}$，现测得 $I$ 与 $t$ 的数据列于下表.

| $t_i$ | 0.2 | 0.3 | 0.4 | 0.5 | 0.6 | 0.7 | 0.8 |
|---|---|---|---|---|---|---|---|
| $I_i$ | 3.16 | 2.38 | 1.75 | 1.34 | 1.00 | 0.74 | 0.56 |

**【解】** 先求如下数据表

| $t_i$ | 0.2 | 0.3 | 0.4 | 0.5 | 0.6 | 0.7 | 0.8 |
|---|---|---|---|---|---|---|---|
| $\ln I_i$ | 1.1506 | 0.8671 | 0.5596 | 0.2927 | 0.0000 | −0.3011 | −0.5798 |

的最小拟合直线. 将此表数据代入正则方程组，可得

$$\begin{cases}7a_0+3.5a_1=1.9891\\3.5a_0+2.03a_1=0.1858\end{cases}$$

其解为 $a_0=1.73$，$a_1=-2.89$. 所以

$$I_0=e^{a_0}=5.64, \alpha=-a_1=2.89$$

发射强度公式近似为 $I=5.64e^{-2.89t}$、

Matlab 求解过程如下.

方法一：

```
>>t=[0.2 0.3 0.4 0.5 0.6 0.7 0.8]';
>>I=[3.16 2.38 1.75 1.34 1 0.74 0.56]';
>>f=inline('a(1) * exp(-a(2) * t)','a','t')
f=
    Inline function:
    f(a,t)= a(1) * exp(-a(2) * t)
>>[p,res]=lsqcurvefit(f,[0,0],t,I)
```

Optimization terminated: first-order optimality less than OPTIONS. TolFun, and no negative/zero curvature detected in trust region model.

```
p=
    5.6361    2.8906
res=
    8.9397e-004
```

函数说明：

[p,res]=lsqcurvefit(fun,a0,x,y)

其中，fun为原型函数的Matlab表示，可以是M-文件或inline() 函数；

a0为最优化的初值；x和y为原始输入输出数据向量；

res为在此待定系数下的目标函数的值，即残差的平方和.

方法二：

```
>>[q,b]=nlinfit(t,I,f,[1,1])   %语法与lsqcurvefit类似，只是参数的顺序上有些差异，不再赘述
q=
    5.6361    2.8906
b=
    -0.0016
    0.0121
    -0.0235
    0.0117
    0.0052
    -0.0051
    0.0019
>>res=sum(b.^2)
res=
    8.9397e-004
```

(3) 用正交多项式作最小二乘拟合

当$n\geqslant 3$时，最小二乘法的正则方程组一般是病态的，$n$越大病态情形越严重. 为了避免求解病态方程组，我们引入点集上的正交函数族.

在离散情形，我们定义函数$f(x)$与$g(x)$的内积为

$$(\varphi_j,\ \varphi_k)=\sum_{i=0}^{m}\omega_i\varphi_j(x_i)\varphi_k(x_i)$$

在连续情形，则定义函数$f(x)$与$g(x)$的内积为

$$(f,g)=\int_a^b\omega(x)f(x)g(x)\mathrm{d}x \tag{3-21}$$

**注 3.1**：① 大量的案例研究表明，绝对不能仅凭个别统计量来判断拟合结果的优劣，最好绘制拟合函数的图形以评估结果. 如果结题过程中使用了变换的话，那么一般也应该检查未变换的模型和数据的图形.

② 虽然某些数据经过变换之后可以得到一个令人满意的拟合结果，但是结果变回原始坐标系之后不一定是合理的. 原因是，虽然变换后数据的残差平方达到了最小值，但这并不能保证未变换数据的残差平方也达到最小值. 由于实际计算时，人们主要关心的是问题的简化，就把两者较小的差别忽略了.

③ 鉴于注②所述，有些学者认为，与其进行线性化处理，不如直接用非线性函数拟合数据，直接对未变换的残差平方进行最小化处理.

容易验证以上两种均定义了内积空间.

注 3.2：对离散情形，说 $f(x)\neq 0$ 是指 $f(x)$ 在点 $x_0,x_1,\cdots,x_m$ 不全为零.

**定义 3.6** （点集上的正交函数族）若函数族 $\varphi_0,\varphi_1,\cdots,\varphi_n$ 在点集 $X=\{x_i,\ i=0,1,\cdots,m\}$ 上满足

$$(\varphi_j,\ \varphi_k)=\sum_{i=0}^{m}\omega(x_i)\varphi_j(x_i)\varphi_k(x_i)=\begin{cases}0, & j\neq k\\ A_k>0, & j=k\end{cases}$$

则称 $\varphi_0,\varphi_1,\cdots,\varphi_n$ 为带权 $\omega(x)$ 关于点集 $X$ 的正交函数族.

如果 $\varphi_0,\varphi_1,\cdots,\varphi_n$ 为点集 $X$ 上的正交函数族，则法方程为

$$\boldsymbol{Ga}=\boldsymbol{d}$$

其中

$$\boldsymbol{a}=\begin{bmatrix}a_0\\ \vdots\\ a_n\end{bmatrix},\ \boldsymbol{d}=\begin{bmatrix}(f,\ \varphi_0)\\ \vdots\\ (f,\ \varphi_n)\end{bmatrix},\ \boldsymbol{G}=\begin{bmatrix}(\varphi_0,\ \varphi_0) & & 0\\ & \ddots & \\ 0 & & (\varphi_n,\ \varphi_n)\end{bmatrix}$$

因此拟合函数为

$$S^*(x)=\sum_{k=0}^{n}a_k^*\varphi_k(x) \tag{3-22}$$

其中

$$a_k^*=\frac{(f,\varphi_k)}{(\varphi_k,\varphi_k)}=\frac{\sum\limits_{i=0}^{m}\omega(x_i)f(x_i)\varphi_k(x_i)}{\sum\limits_{i=0}^{m}\omega(x_i)\varphi_k^2(x_i)}\quad (k=0,1,\cdots,n) \tag{3-23}$$

平方误差为

$$\begin{aligned}\|\delta\|_2^2&=(f-\sum_{k=0}^{n}a_k^*\varphi_k,\ f-\sum_{k=0}^{n}a_k^*\varphi_k)\\&=\|f\|_2^2-2\sum_{k=0}^{n}a_k^*(f,\ \varphi_k)+\sum_{k=0}^{n}A_k(a_k^*)^2\\&=\|f\|_2^2-\sum_{k=0}^{n}A_k(a_k^*)^2\end{aligned} \tag{3-24}$$

通过 Schmidt 方法，可构造下列多项式系（$n\leqslant m$）

$$\begin{cases}P_0(x)=1\\ P_1(x)=x-\alpha_1\\ P_{k+1}(x)=(x-\alpha_{k+1})P_k(x)-\beta_kP_{k-1}(x)\quad (k=1,\cdots,n-1)\end{cases} \tag{3-25}$$

是以 $\omega_i(i=0,1,\cdots,m)$ 为权关于点集 $\{x_0,x_1,\cdots,x_m\}$ 的正交函数族，其中

$$\begin{cases} \alpha_{k+1}=\dfrac{(xP_k,\ P_k)}{(P_k,\ P_k)}=\dfrac{\sum\limits_{i=0}^{m}\omega(x_i)x_iP_k^2(x_i)}{\sum\limits_{i=0}^{m}\omega(x_i)P_k^2(x_i)} \quad (k=0,1,\cdots,n-1) \\ \beta_k=\dfrac{(P_k,\ P_k)}{(P_{k-1},\ P_{k-1})}=\dfrac{\sum\limits_{i=0}^{m}\omega(x_i)P_k^2(x_i)}{\sum\limits_{i=0}^{m}\omega(x_i)P_{k-1}^2(x_i)} \quad (k=1,\cdots,n-1) \end{cases} \tag{3-26}$$

利用关于点集的正交函数族求数据组的最小二乘拟合多项式的过程是：

① 利用式（3-25）和式（3-26）构造正交函数族$\{\varphi_0(x),\varphi_1(x),\cdots,\varphi_n(x)\}$；

② 按式（3-23）计算出正则方程组（3-20）的解；

③ 按式（3-22）写出最小二乘 $n$ 次拟合多项式.

**【例 3.6】** 利用正交函数族求例 3.4 所给数据表的最小二乘二次拟合多项式.

**【解】** 按式(3-25) 和式(3-26) 计算，得

$$\varphi_0(x)=1,\ \alpha_1=\frac{(x\varphi_0,\ \varphi_0)}{(\varphi_0,\ \varphi_0)}=\frac{\sum\limits_{i=0}^{8}x_i}{\sum\limits_{i=0}^{8}1}=\frac{0}{9}=0;$$

$$\varphi_1(x)=x,\ \alpha_2=\frac{(x\varphi_1,\ \varphi_1)}{(\varphi_1,\ \varphi_1)}=\frac{\sum\limits_{i=0}^{8}x_i^3}{\sum\limits_{i=0}^{8}x_i^2}=0$$

$$\beta_1=\frac{(\varphi_1,\ \varphi_1)}{(\varphi_0,\ \varphi_0)}=\frac{\sum\limits_{i=0}^{8}x_i^2}{\sum\limits_{i=0}^{8}1}=\frac{3.75}{9}=0.41667,\ \varphi_2(x)=x^2-0.41667$$

由式(3-23)，得

$$a_0^*=\frac{(y,\ \varphi_0)}{(\varphi_0,\ \varphi_0)}=\frac{\sum\limits_{i=0}^{8}y_i}{\sum\limits_{i=0}^{8}1}=2.0184444$$

**注 3.3**：① 条件 $n\leqslant m$ 保证 $\sum\limits_{i=0}^{m}\omega(x_i)P_k^2(x_i)>0$，$k=0,1,\cdots,n$. 因为分母中的 $P_k(x)$ 最高是 $n$ 次多项式，最多有 $n$ 个根.

② 关于点集 $X=\{x_i,\ i=0,1,\cdots,m\}$ 的正交多项式族是一个有穷的序列 1，$P_1(x),\cdots,P_m(x)$. 事实上，如果 $m+1$ 个非零向量

$$\boldsymbol{V}_i=(P_i(x_0),P_i(x_1),\cdots,P_i(x_m))^{\mathrm{T}},i=0,1,\cdots,m$$

互相正交，那么 $\boldsymbol{V}_0,\boldsymbol{V}_1,\cdots,\boldsymbol{V}_m$ 是 $m+1$ 维空间的基向量，因此任何一个与它们都正交的向量必然是零向量，即

$$P_{m+1}(x_i)=0,i=0,1,\cdots,m$$

于是

$$\sum_{i=0}^{m}\omega(x_i)P_{m+1}^2(x_i)=0.$$

这就意味着多项式 $P_{m+1}(x)$ 不再满足正交性.

$$a_1^* = \frac{(y, \varphi_1)}{(\varphi_1, \varphi_1)} = \frac{\sum_{i=0}^{8} y_i x_i}{\sum_{i=0}^{8} x_i^2} = 2.2628666$$

$$a_2^* = \frac{(y, \varphi_2)}{(\varphi_2, \varphi_2)} = \frac{\sum_{i=0}^{8} y_i (x_i^2 - 0.41667)}{\sum_{i=0}^{8} (x_i^2 - 0.41667)^2} = 0.0396553$$

将其代入式(3-22)，得最小二乘二次拟合多项式为

$$\begin{aligned}\varphi(x) &= a_0^* \varphi_0(x) + a_1^* \varphi_1(x) + a_2^* \varphi_2(x) \\ &= 2.0184444 + 2.2628666x + 0.0396553(x^2 - 0.41667) \\ &= 2.00192 + 2.2628666x + 0.0396553x^2\end{aligned}$$

## 3.4 最佳平方三角逼近与快速傅里叶变换

前面的讨论重点放在了多项式上，现在我们转入另一类函数，这一类函数在工程应用中具有非常重要的地位. 它们就是三角函数族：1，$\cos x$，$\sin x$，…，$\cos kx$，$\sin kx$，….

工程师经常处理一些振荡或振动的系统，与期望的一样，对这样的问题建模时，三角函数扮演了一个非常重要的角色，本节的内容为工程应用提供了一个使用三角级数的系统框架. 傅里叶分析的特点之一是，它同时处理时域和频域.

### 3.4.1 最佳平方三角逼近与三角插值

设 $f(x)$ 是以 $2\pi$ 为周期的平方可积函数，用在 $[0, 2\pi]$ 上的正交函数族

$$1, \cos x, \sin x, \cdots, \cos kx, \sin kx, \cdots$$

所构成的三角级数对 $f(x)$ 进行最佳平方逼近. 逼近多项式是

$$S_n(x) = \frac{1}{2}a_0 + \sum_{k=1}^{n}(a_k \cos kx + b_k \sin kx)$$

其中

$$a_k = \frac{1}{\pi}\int_0^{2\pi} f(x)\cos kx \mathrm{d}x \quad (k = 0,1,\cdots,n);$$

$$b_k = \frac{1}{\pi}\int_0^{2\pi} f(x)\sin kx \mathrm{d}x \quad (k = 1,\cdots,n).$$

$a_k$，$b_k$ 称为傅里叶系数. 如果 $f'(x)$ 在 $[0, 2\pi]$ 上分段连续，那么当 $n\to\infty$ 时，三角级数

$$S(x)=\frac{1}{2}a_0+\sum_{k=1}^{\infty}(a_k\cos kx+b_k\sin kx)$$

一致收敛到 $f(x)$.

对于最佳平方三角逼近多项式 $S_n(x)$ 满足

$$\|f(x)-S_n(x)\|_2^2=\|f(x)\|_2^2-\|S_n(x)\|_2^2$$

事实上，由于$(f(x)-S_n(x),\ S_n(x))=0$，即$(f(x),S_n(x))=(S_n(x),S_n(x))$，所以

$$\begin{aligned}(f(x)-S_n(x),f(x)-S_n(x))&=(f(x),f(x))-2(f(x),\\&\quad S_n(x))+(S_n(x),S_n(x))\\&=(f(x),f(x))-(S_n(x),S_n(x))\end{aligned}$$

故

$$\|S_n(x)\|_2^2\leqslant\|f(x)\|_2^2$$

即贝塞尔不等式

$$\frac{1}{2}a_0^2+\sum_{k=1}^{n}(a_k^2+b_k^2)\leqslant\frac{1}{\pi}\int_0^{2\pi}[f(x)]^2\mathrm{d}x$$

当 $f(x)$只在给定的离散点集$\left\{x_j=\frac{2\pi}{N}j,\ j=0,\ 1,\ \cdots,\ N-1\right\}$上已知时，则可类似得到离散点集正交性与相应的离散傅里叶系数. 为方便起见，下面只给出奇数个点的情形. 令

$$x_j=\frac{2\pi j}{2m+1}\quad(j=0,1,\cdots,2m)$$

可以证明对任何 $0\leqslant k,\ l\leqslant m$ 成立

$$\begin{cases}(\sin lx,\sin kx)=\displaystyle\sum_{j=0}^{2m}\sin lx_j\sin kx_j=\begin{cases}0,l\neq k,l=k=0\\\dfrac{2m+1}{2},l=k\neq0\end{cases}\\(\cos lx,\cos kx)=\displaystyle\sum_{j=0}^{2m}\cos lx_j\cos kx_j=\begin{cases}0,l\neq k\\\dfrac{2m+1}{2},l=k\neq0\\2m+1,l=k=0\end{cases}\\(\cos lx,\sin kx)=\displaystyle\sum_{j=0}^{2m}\cos lx_j\sin kx_j=0,0\leqslant k,j\leqslant m\end{cases}$$

这表明函数族$\{1,\cos x,\sin x,\cdots,\cos mx,\sin mx\}$在点集$\left\{x_j=\frac{2\pi j}{2m+1},\right.$ $\left.j=0,1,\cdots,2m\right\}$上正交. 若令 $f_j=f(x_j)(j=0,1,\cdots,2m)$，则 $f(x)$的最小二乘三角逼近为

$$S_n(x)=\frac{1}{2}a_0+\sum_{k=1}^{n}(a_k\cos kx+b_k\ \sin skx),\quad n<m$$

其中

$$a_k=\frac{2}{2m+1}\sum_{j=0}^{2m}f_j\cos\frac{2\pi jk}{2m+1}\quad (k=0,1,\cdots,n)$$

$$b_k=\frac{2}{2m+1}\sum_{j=0}^{2m}f_j\sin\frac{2\pi jk}{2m+1}\quad (k=1,\cdots,n)$$

当 $n=m$ 时，可证明：$S_n(x_j)=f_j(j=0,1,\cdots,2m)$. 于是

$$S_m(x)=\frac{1}{2}a_0+\sum_{k=1}^{m}(a_k\cos kx+b_k\ \sin kx)$$

就是三角插值多项式.

更一般情形，设 $f(x)$ 是以 $2\pi$ 为周期的复函数，给定 $N$ 个等分点 $x_j=\frac{2\pi j}{N}$ $(j=0,1,\cdots,N-1)$ 上的值 $f_j=f\left(\frac{2\pi}{N}j\right)$. $e^{ijx}=\cos(jx)+i\sin(jx)$，$i=\sqrt{-1}$，函数族$\{1,e^{ix},\cdots,e^{i(N-1)x}\}$关于点集 $\{x_k\}_{k=0}^{N-1}$ 正交，即

$$(e^{ilx},\ e^{isx})=\sum_{k=0}^{N-1}e^{il\frac{2\pi}{N}k}e^{-is\frac{2\pi}{N}k}=\sum_{k=0}^{N-1}e^{i(l-s)\frac{2\pi}{N}k}=\begin{cases}0,\ l\neq s\\ N,\ l=s\end{cases}$$ [1]

事实上，令 $r=e^{i(l-s)\frac{2\pi}{N}}$，若 $0\leqslant l$，$s\leqslant N-1$，则有

$$0\leqslant l\leqslant N-1,\quad -(N-1)\leqslant -s\leqslant 0$$

于是

$$-(N-1)\leqslant l-s\leqslant N-1$$

即

$$-1<-\frac{N-1}{N}\leqslant\frac{l-s}{N}\leqslant\frac{N-1}{N}<1$$

若 $l-s\neq 0$，则 $r\neq 1$，从而

$$r^N=e^{i(l-s)2\pi}=1$$

于是

$$(e^{ilx},e^{isx})=\sum_{k=0}^{N-1}r^k=\frac{1-r^N}{1-r}=0$$

若 $l=s$，则 $r=1$，于是

$$(e^{ilx},e^{isx})=\sum_{k=0}^{N-1}r^k=N$$

[1] 这里的内积是复内积，即 $(x,\ y)=y^{H}x$

即函数族$\{1, e^{ix}, \cdots, e^{i(N-1)x}\}$关于点集 $\{x_k\}_{k=0}^{N-1}$正交.

因此，$f(x)$ 在 $N$ 个点 $x_j=\dfrac{2\pi j}{N}$ $(j=0,1,\cdots,N-1)$ 上的最小二乘傅里叶逼近是

$$S(x)=\sum_{k=0}^{n-1}c_k e^{ikx}, n\leqslant N$$

其中

$$c_k=\frac{1}{N}\sum_{j=0}^{N-1}f_j e^{-ikj\frac{2\pi}{N}}\quad(k=0,1,\cdots,n-1)\tag{3-27}$$

特别地，当 $n=N$，则 $S(x)$为 $f(x)$ 在点 $x_j(j=0,1,\cdots,N-1)$ 的插值函数，即 $S(x_j)=f(x_j)$，于是有

$$f_j=\sum_{k=0}^{N-1}c_k e^{ik\frac{2\pi}{N}j}\quad(j=0,1,\cdots,N-1)\tag{3-28}$$

称由$\{f_j\}$求$\{c_k\}$的过程为 $f(x)$的离散傅里叶变换；称由$\{c_k\}$求$\{f_j\}$的过程为离散傅里叶反变换.

注 3.4：①离散傅里叶变换：测定复杂波形的离散个点上的值，经变换后就可将复杂波形分解为具有不同频率的许多简谐波，并确定其谱（振幅），从而确定哪些波起主要作用，哪些波起次要作用.

② 离散傅里叶反变换：通过简谐波的频谱（振幅）还原，或者说合成原波形.

## * 3.4.2 快速傅里叶变换（FFT）

由式(3-27) 和式(3-28) 计算傅里叶系数 $a_k$，$b_k$都可归结为计算

$$c_j=\sum_{k=0}^{N-1}x_k\omega^{kj}\quad(j=0,1,\cdots,N-1)$$

式中，$\omega=e^{-i\frac{2\pi}{N}}$（正变换）或 $\omega=e^{i\frac{2\pi}{N}}$（反变换）；$\{x_k\}$ $(k=0,1,\cdots,N-1)$ 是已知复数序列.

分析计算量：直接计算 $c_j$，需要 $N$ 次复数乘法和 $N-1$ 次复数加法，称为 $N$ 次操作，计算全部 $c_j$，共需要 $N^2$次操作. 当 $N$ 较大且处理数据很多时，即使用高速的电子计算机，很多实际问题仍然无法计算，直到 20 世纪 60 年代中期产生了 FFT 算法，大大提高了运算速度，才使傅里叶变换得以广泛应用.

分析现象：实际上，不管 $kj$ 如何，利用周期性只有 $N$ 个不同的 $\omega^0,\omega^1,\cdots,\omega^{N-1}$. 特别当 $N=2^p$ 时，只有 $N/2$ 个不同的值.

原始思想：等式 $ab+ac=a(b+c)$ 将两次乘法变成一次乘法. 即将相同的进行合并.

手段：利用同余关系 $m=qN+r$，$r$ 称为$m$ 的 $N$ 同余数. 以 $m\overset{N}{\equiv}r$ 表示. 显然 $\omega^m=\omega^r$，因此我们可用 $\omega^r$ 代替 $\omega^m$. 下面我们以 $N=2^3$ 为例，说明 FFT 的计算方法.

$$c_j = \sum_{k=0}^{7} x_k \omega^{kj} \quad (j=0,1,\cdots,7) \tag{3-29}$$

将 $k$，$j$ 用二进制表示为：

$$k = k_2 2^2 + k_1 2 + k_0 2^0 = (k_2 k_1 k_0), j = j_2 2^2 + j_1 2 + j_0 2^0 = (j_2 j_1 j_0)$$

其中 $k_r$，$j_r(r=0, 1, 2)$ 只能取 0 或 1. 按照这样的表示法，$c_j$，$x_k$ 可表示为

$$c_j = c(j_2 j_1 j_0), x_k = x(k_2 k_1 k_0)$$

式（3-29）可表示为

$$\begin{aligned} c(j_2 j_1 j_0) &= \sum_{k_0=0}^{1} \sum_{k_1=0}^{1} \sum_{k_2=0}^{1} x(k_2 k_1 k_0) \omega^{(k_2 k_1 k_0)(j_2 2^2 + j_1 2 + j_0 2^0)} \\ &= \sum_{k_0=0}^{1} \left\{ \sum_{k_1=0}^{1} \left[ \sum_{k_2=0}^{1} x(k_2 k_1 k_0) \omega^{j_0 (k_2 k_1 k_0)} \right] \omega^{j_1 (k_1 k_0 0)} \right\} \omega^{j_2 (k_0 00)} \end{aligned} \tag{3-30}$$

若引入记号

$$\begin{cases} A_0(k_2 k_1 k_0) = x(k_2 k_1 k_0) \\ A_1(k_1 k_0 j_0) = \sum\limits_{k_2=0}^{1} A_0(k_2 k_1 k_0) \omega^{j_0 (k_2 k_1 k_0)} \\ A_2(k_0 j_1 j_0) = \sum\limits_{k_1=0}^{1} A_1(k_1 k_0 j_0) \omega^{j_1 (k_1 k_0 0)} \\ A_3(j_2 j_1 j_0) = \sum\limits_{k_0=0}^{1} A_2(k_0 j_1 j_0) \omega^{j^2 (k_0 00)} \end{cases} \tag{3-31}$$

则式(3-30) 变成

$$c(j_2 j_1 j_0) = A_3(j_2 j_1 j_0)$$

说明：利用 $N$ 同余数可把计算 $c_j$ 分为 $p$ 步，每计算一个 $A_q$ 只需用 2 次复数乘法，计算一个 $c_j$ 用 $2p$ 次复数乘法，计算全部 $c_j$ 共用 $2pN$ 次复数乘法. 若注意 $\omega^{j_0 2^{p-1}} = \omega^{j_0 N/2} = (-1)^{j_0}$，式（3-31）还可进一步简化为

$$\begin{aligned} A_1(k_1 k_0 j_0) &= \sum_{k_2=0}^{1} A_0(k_2 k_1 k_0) \omega^{j_0 (k_2 k_1 k_0)} \\ &= A_0(0 k_1 k_0) \omega^{j_0 (0 k_1 k_0)} + A_0(1 k_1 k_0) \omega^{j_0 2^2} \omega^{j_0 (0 k_1 k_0)} \\ &= [A_0(0 k_1 k_0) + (-1)^{j_0} A_0(1 k_1 k_0)] \omega^{j_0 (0 k_1 k_0)} \end{aligned}$$

$$A_1(k_1 k_0 0) = A_0(0 k_1 k_0) + A_0(1 k_1 k_0)$$

$$A_1(k_1 k_0 1) = [A_0(0 k_1 k_0) - A_0(1 k_1 k_0)] \omega^{(0 k_1 k_0)}$$

将这表达式中二进制表示还原为十进制表示：$k = (0 k_1 k_0) = k_1 2^1 + k_0 2^0$，即 $k = 0, 1, 2, 3$，得

$$\begin{cases}A_1(2k)=A_0(k)+A_0(k+2^2)\\A_1(2k+1)=[A_0(k)-A_0(k+2^2)]\omega^k(k=0,\ 1,\ 2,\ 3)\end{cases}\tag{3-32}$$

同样式(3-31)中的 $A_2$ 也可简化为

$$A_2(k_0j_1j_0)=[A_1(0k_0j_0)+(-1)^{j_1}A_1(1k_0j_0)]\omega^{j_1(0k^00)}$$

即

$$A_2(k_00j_0)=A_1(0k_0j_0)+A_1(1k_0j_0)$$

$$A_2(k_01j_0)=[A_1(0k_0j_0)-A_1(1k_0j_0)]\omega^{(0k_00)}$$

把二进制表示还原为十进制表示，得

$$\begin{cases}A^2(k2^2+j)=A^1(2k+j)+A^1(2k+j+2^2)\\A^2(k2^2+j+2)=[A_1(2k+j)-A_1(2k+j+2^2)]\omega^{2k}(k=0,1;\ j=0,1)\end{cases}\tag{3-33}$$

同理式(3-31)中 $A_3$ 可简化为

$$A_3(j_2j_1j_0)=A_2(0j_1j_0)+(-1)^{j_2}A_2(1j_1j_0)$$

即

$$A_3(0j_1j_0)=A_2(0j_1j_0)+A_2(1j_1j_0)$$

$$A_3(1j_1j_0)=A_2(0j_1j_0)-A_2(1j_1j_0)$$

表示为十进制，有

$$\begin{cases}A_3(j)=A_2(j)+A_2(j+2^2)\\A_3(j+2^2)=A_2(j)-A_2(j+2^2)(j=0,1,2,3)\end{cases}\tag{3-34}$$

根据式(3-32)～式(3-34)，由 $A_0(k)=x(k)=x_k(k=0,\ 1,\ \cdots,\ 7)$ 逐次计算到 $A_3(j)=c_j(j=0,1,\cdots,7)$.

上面推导的 $N=2^3$ 的计算公式可类似地推广到 $2^p$ 的情形，根据式(3-32)～式(3-34)，一般情况的 FFT 计算公式如下.

$$\begin{cases}A_q(k2^q+j)\ =A_{q-1}(k2^{q-1}+j)\ +A_{q-1}(k2^{q-1}+j+2^{p-1})\\A_q(k2^q+j+2^{q-1})\ =[A_{q-1}(k2^{q-1}+j)\ -A_{q-1}(k2^{q-1}+j+2^{p-1})]\omega^{k2^{q-1}}\end{cases}$$

其中 $q=1,\cdots,p$；$k=0,1,\cdots,2^{p-q}-1$；$j=0,1,\cdots,2^{q-1}-1$. $A_q$ 括号内的数代表它的位置，在计算机中代表存放数的地址.

分析计算量：除最后一步，无需乘法外，每步计算（$q=1,\ \cdots,\ p-1$）需要 $N/2$ 次乘法，所以全部计算需要（$p-1$）$N/2$ 次复数乘法.

**【例 3.7】** 设 $f(x)=x^4-3x^3+2x^2-\tan x(x-2)$，给定数据 $\{x_j,\ f(x_j)\}_{j=0}^{7}$，$x_j=\dfrac{j}{4}$，$\{x_j,\ f(x_j)\}_{j=0}^{8}$，$x_j=\dfrac{j}{9}$，和 $\{x_j,\ f(x_j)\}_{j=0}^{8}$，$x_j=\dfrac{j}{4}$ 分别确定三角插值多项式.

**【解】** ① 这是带有偶数个点的情况，前文没有详细描述构造过程．通过变换 $y=\pi x$ 将区间 $[0,\ 2]$ 变成 $[0,\ 2\pi]$，以数据 $\left\{y_j,\ f\left(\frac{y_j}{\pi}\right)\right\}_{j=0}^{7}$ 确定 8 个参数的三角多项式

$$S(y)=\frac{1}{2}a_0+\sum_{k=1}^{3}(a_k\cos ky+b_k\sin ky)+a_4\cos 4y\ .$$

下面是利用 Matlab 函数 ifft 实现的过程．

```
>>x=0:7;x=x/4
x=0      0.2500     0.5000     0.7500     1.0000     1.2500     1.5000
    1.7500
>>y=pi*x
y=0      0.7854     1.5708     2.3562     3.1416     3.9270     4.7124
    5.4978
>>f1=x.^4-3*x.^3+2*x.^2-tan(x.*(x-2))
f1=0      0.5498     1.1191     1.5379     1.5574     1.0691     0.3691
    -0.1065
>>c=2*ifft(f1)
c=1.5240-0.7718+0.3864i  0.0173+0.0469i  -0.0069+0.0114i
  -0.0012-0.0069-0.0114i  0.0173-0.0469i  -0.7718  -0.3864i
>>a=real(c)
a=1.5240   -0.7718    0.0173   -0.0069   -0.0012   -0.0069
  0.0173   -0.7718
>>b=imag(c)
b=0     0.3864    0.0469    0.0114     0    -0.0114   -0.0469
  -0.3864
>>s1=a(1)/2+a(2)*cos(y)+b(2)*sin(y)+a(3)*cos(2*y)+b(3)*
sin(2*y)++a(4)*cos(3*y)+b(4)*sin(3*y)+a(5)*cos(4*y)/2
s1=-0.0000    0.5498    1.1191    1.5379    1.5574    1.0691
    0.3691   -0.1065
```

与 f1 完全一样，即满足插值条件．最后得到

$$S(y)=\frac{a_1}{2}+a_2\cos(y)+b_2\sin(y)+a_3\cos(2y)+b_3\sin(2y)+a_4\cos(3y)+b_4\sin(3y)+\frac{a_5}{2}\cos(4y)$$

$=0.761979+0.771841\cos(y)-0.386347\sin(y)+0.017304\cos(2y)+0.046875\sin(2y)+0.006863\cos(3y)-0.011374$

$\sin(3y)-0.000579\cos(4y)$

在 [0, 2] 上的三角插值多项式为

$$P(x)=S(\pi x)$$

图 3-3 给出了 $y=f(x)$ 和 $y=P(x)$ 的图像，通过如下命令得到：

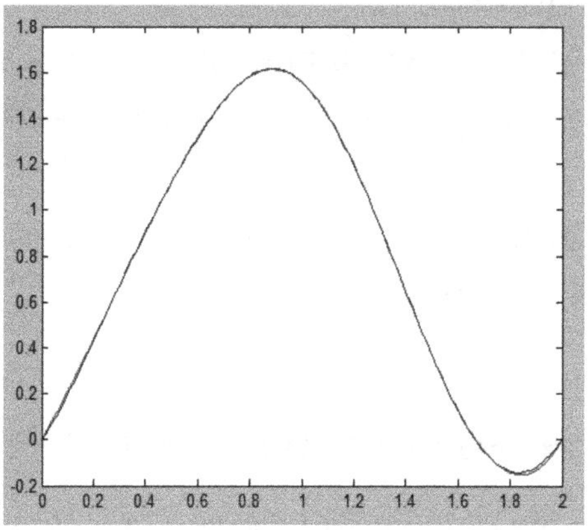


图 3-3　拟合曲线和原曲线的比较

```
>>x=0:0.01:2;f=x.^4-3*x.^3+2*x.^2-tan(x.*(x-2));
>>p=a(1)/2+a(2)*cos(pi*x)+b(2)*sin(pi*x)
     +a(3)*cos(2*pi*x)+b(3)*sin(2*pi*x)
     +a(4)*cos(3*pi*x)+b(4)*sin(3*pi*x)
     +a(5)*cos(4*pi*x)/2;
>>plot(x,f1,'r',x,p,'b')
```

② 这是和前文讲述一样的情况 $n=m=4$.

通过变换 $y=2\pi x$ 将区间 $[0, 1]$ 变成 $[0, 2\pi]$，以数据 $\left\{y_j, f\left(\frac{y_j}{2\pi}\right)\right\}_{j=0}^{8}$ 确定带有 9 个参数的三角插值多项式. 过程如下.

```
>>x=0:8;x=x/9;y=2*pi*x
>>f2=x.^4-3*x.^3+2*x.^2-tan(x.*(x-2))
f2=0      0.2337      0.4853      0.7442      0.9983      1.2329
    1.4293      1.5645      1.6135
>>c=2*ifft(f2)
c=1.8448   -0.3139   -0.5829i   -0.2184   -0.2186i   -0.1979
   -0.1030i   -0.1922   -0.0312i   -0.1922+0.0312i   -0.1979
   +0.1030i   -0.2184+0.2186i   -0.3139+0.5829i
>>a=real(c)
```

```
a=1.8448  -0.3139  -0.2184  -0.1979  -0.1922  -0.1922
  -0.1979  -0.2184  -0.3139
>>b=imag(c)
b=0  -0.5829  -0.2186  -0.1030  -0.0312  0.0312  0.1030
    0.2186  0.5829
>>s1=a(1)/2+a(2)*cos(y)+b(2)*sin(y)+a(3)*cos(2*y)+b(3)*
sin(2*y)++a(4)*cos(3*y)+b(4)*sin(3*y)+a(5)*cos(4*y)+
b(5)*sin(4*y)
s1=0.0000  0.2337  0.4853  0.7442  0.9983  1.2329
1.4293  1.5645  1.6135
```

最后得到：

$$\begin{aligned}S(y)=&\frac{a_1}{2}+a_2\cos(y)+b_2\sin(y)+a_3\cos(2y)+b_3\sin(2y)+\\&a_4\cos(3y)+b_4\sin(3y)+a_5\cos(4y)+b_5\sin(4y)\\=&0.9224-0.3139\cos(y)-0.5829\sin(y)-0.2184\cos(2y)\\&-0.2186\sin(2y)-0.1979\cos(3y)-0.1030\sin(3y)-\\&0.1922\cos(4y)-0.0312\sin(4y)\end{aligned}$$

在 [0，1] 上的三角插值多项式为

$$P(x)=S(2\pi x).$$

③ 请读者自己完成.

在 Matlab 中，FFT($f$) 是一个内部函数，其值是向量 $f$ 的离散傅里叶系数的 $N$ 倍，在数字信号处理、全息技术、光谱和声谱分析等领域称该值为向量 $f$ 的离散谱 $C$. IFFT($C$) 是一个内部函数，是离散傅里叶变换的逆变换. 上例中仅仅是利用它们处理三角插值，这绝非是它们的主要作用. 关于利用 FFT 预测太阳活动周期的例子在 Matlab 可通过>>demo 进入帮助系统查看，图 3-4 里面还有更多曲线拟合的例子，如美国人口预测、谱分析等，鉴于版面有限，我们不再列举.

## 3.5 Matlab 曲线拟合工具箱介绍

Matlab 曲线拟合工具箱的调用命令为 cftool，下面我们以例 3.7 为例介绍其应用.

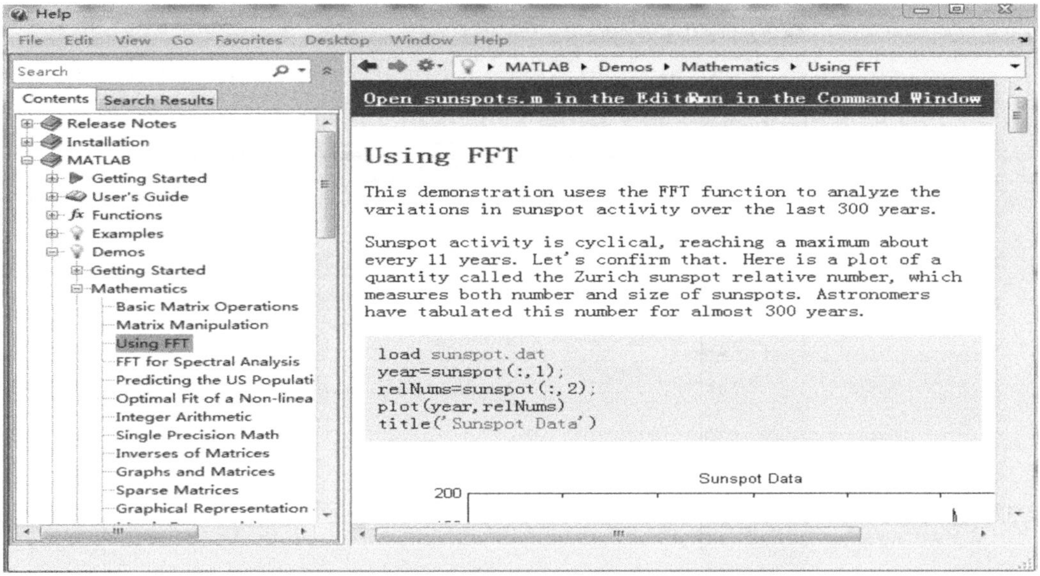


图 3-4　Matlab 中的 FFT 演示

```
>>x=0:7;x=x/4
    x=0      0.2500     0.5000     0.7500     1.0000     1.2500
1.5000     1.7500
>>y=pi * x
y=0     0.7854     1.5708     2.3562     3.1416     3.9270     4.7124
    5.4978
>>f1=x.^4-3 * x.^3+2 * x.^2-tan(x. * (x-2))
f1=0      0.5498     1.1191     1.5379     1.5574     1.0691     0.3691
  -0.1065
>>cftool
```

弹出界面如图 3-5 所示.

首先输入要拟合的数据，点“Date”按钮，弹出图中选择输入数据的横坐标为“y”，纵坐标为“f1”，结果如图 3-6 所示，先后单击按钮“Creat data set”和“Close”结束数据输入并在坐标中生成点，如图 3-7 所示.

现在进行拟合，先后点击点击按钮“Fitting”和“New fit”弹出图 3-8，其中拟合类型中有 10 类函数可选，还有一种自定义函数“Custom Equations”. 我们随便选择一种拟合函数：多项式类中的 7 次多项式，因为数据点有 8 个，所以这应该是插值. 点击按钮“Apply”得到

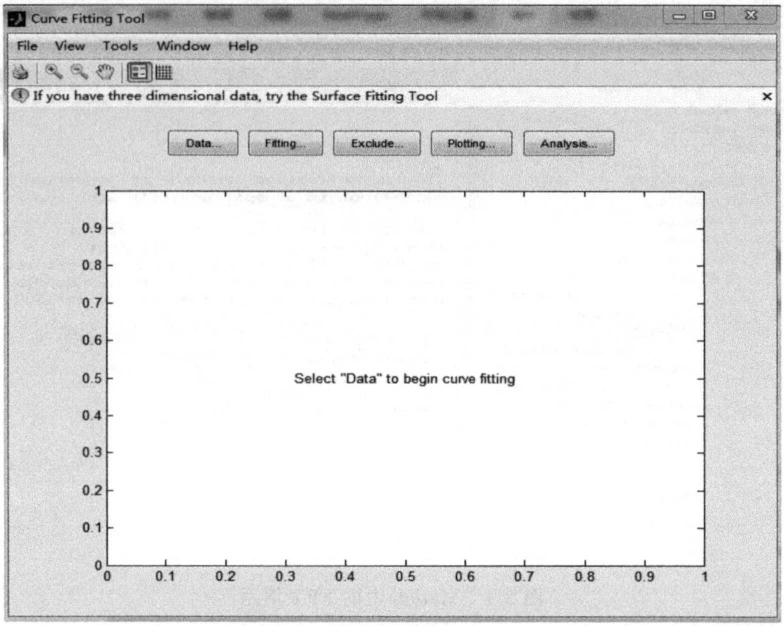


图 3-5 Matlab 拟合工具箱界面

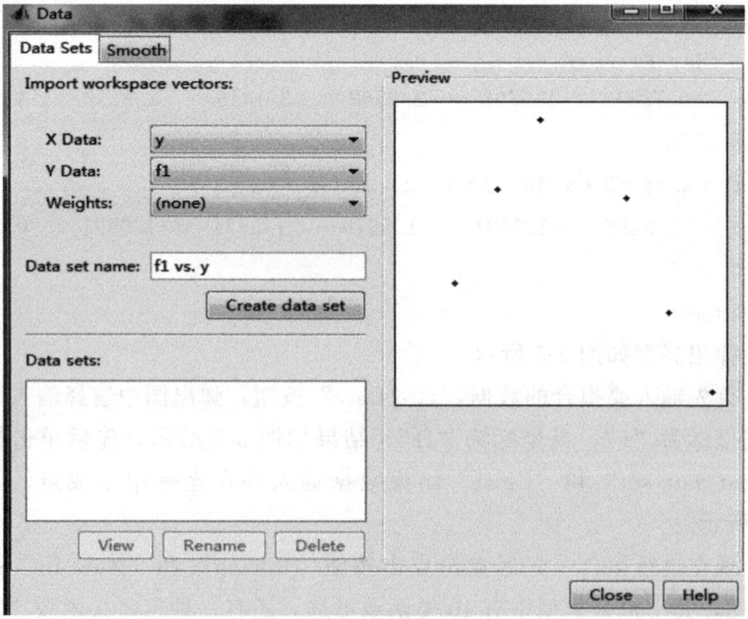


图 3-6 导入数据界面

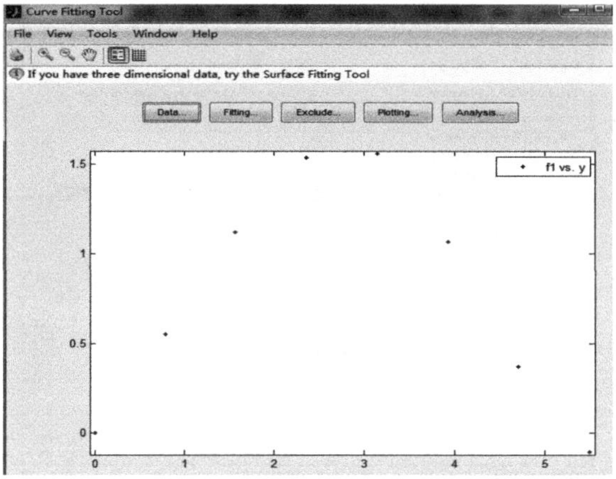


图 3-7　数据生成图形界面

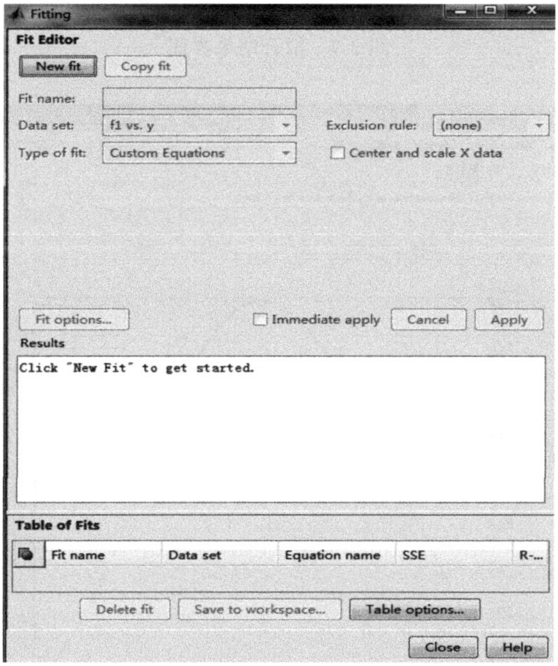


图 3-8　拟合方式选择界面

结果如图 3-9 所示，图形化表示如图 3-10 所示.

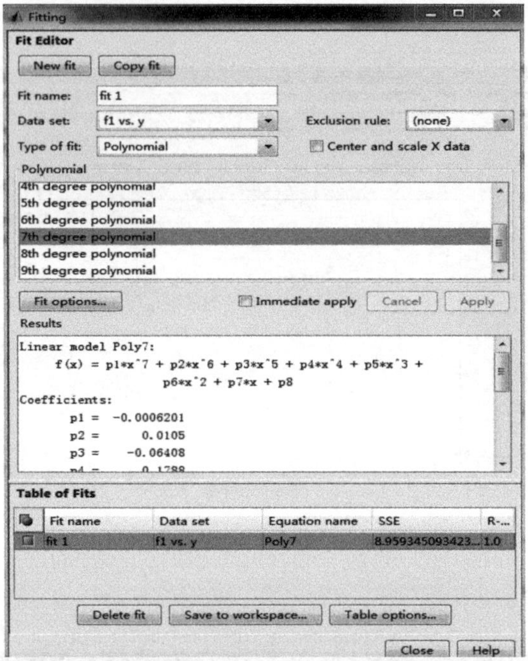


图 3-9　拟合结果界面

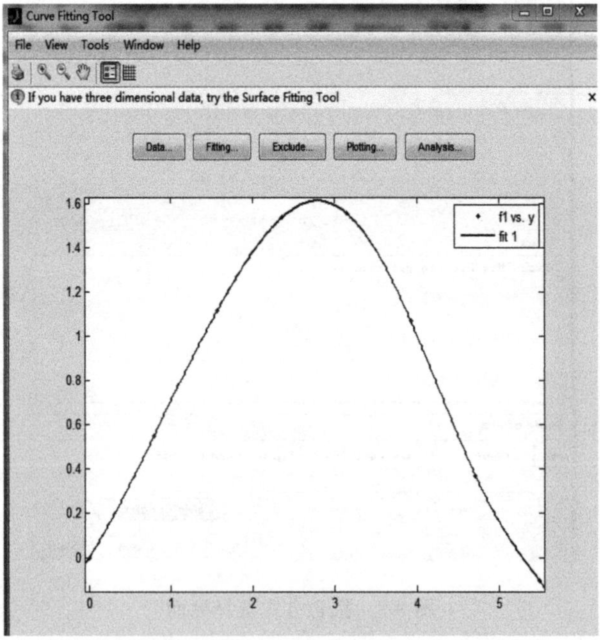


图 3-10　拟合结果的图形化表示

```
Linear model Poly7:
    f(x)=p1*x^7+p2*x^6+p3*x^5+p4*x^4+p5*x^3+
          p6*x^2+p7*x+p8
Coefficients:
    p1=-0.0006201,    p2=      0.0105
    p3=-0.06408,      p4=      0.1788
    p5=-0.2996,       p6=      0.3034
    p7=  0.5813,      p8=-1.571e-014
Goodness of fit:
SSE:8.959e-027
R-square:1
Adjusted R-square:NaN
RMSE:NaN
```

图 3-11　拟合结果的数据表示

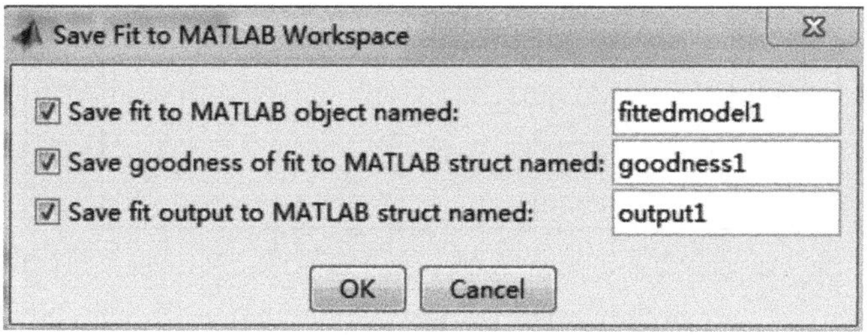


图 3-12　拟合结果保存界面

图 3-9 的结果“Results”如图 3-11 所示，其中有些内容是一看就懂的，对可能有困难的指标我们暂时不做说明. 那么如何计算拟合函数在其他点出的值呢? 我们单击图中的“Save to workspace”弹出图 3-12，点击“OK”. 下面计算的是拟合函数在 1 和 0.7854 出的函数值，后者就是“f1”中的一个值.

| | |
|---|---|
| >>fittedmodel1(1)<br>ans=<br>　　0.7096 | >>fittedmodel1(0.7854)<br>ans=<br>　　0.5498 |

下面我们选择多项式类中的 5 次多项式进行拟合，结果如图 3-13 和图 3-14 所示.

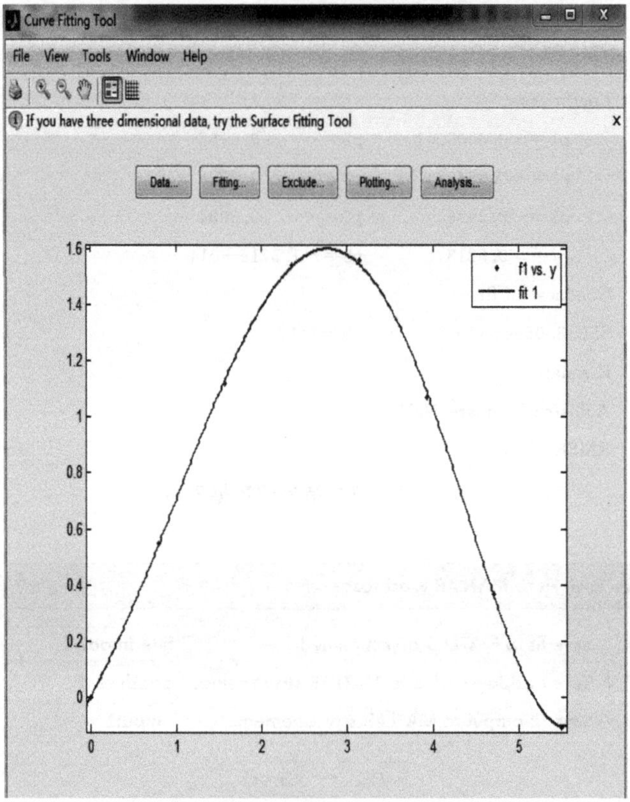


图 3-13　5 次多项式拟合结果图示

Linear model Poly5：

f(x)＝p1 * x^5＋p2 * x^4＋p3 * x^3＋p4 * x^2＋p5 * x＋p6

Coefficients(with 95％ confidence bounds)：

p1＝　　0.00306　(－0.001717,0.007837)

p2＝　　－0.02065　(－0.08657,0.04527)

p3＝　　－0.03171　(－0.3527,0.2893)

p4＝　　0.1823　(－0.4675,0.8321)

p5＝　　0.5729　(0.0922,1.054)

p6＝　　0.001663　(－0.09345,0.09678)

Goodness of fit：

SSE：0.0009814

R-square：0.9997

Adjusted R-square：0.9989

RMSE：0.02215

图 3-14　5 次多项式拟合结果

| | |
|---|---|
| confidence bounds | 置信区间，p1＝0.00306（－0.001717，0.007837）——p1 的真实值以 95% 的概率落在区间（－0.001717，0.007837）中. |
| Goodness of fit | 拟合优度. |
| SSE | 误差平方和，即拟合函数和原函数在节点处的函数值差的平方和，此例中指 $\|f(y)-f1\|^2=0.0009814$，一般来说这个指标越接近 0，拟合越好. |
| R-square | 决定系数，表示拟合得有多成功，一般来说这个指标越接近于 1，拟合越好. |
| Adjusted R-square | 自由度调整的决定系数，一般来说这个指标越接近于 1，拟合越好. |
| RMSE | 均方根误差，一般来说这个指标越接近 0，拟合越好. |

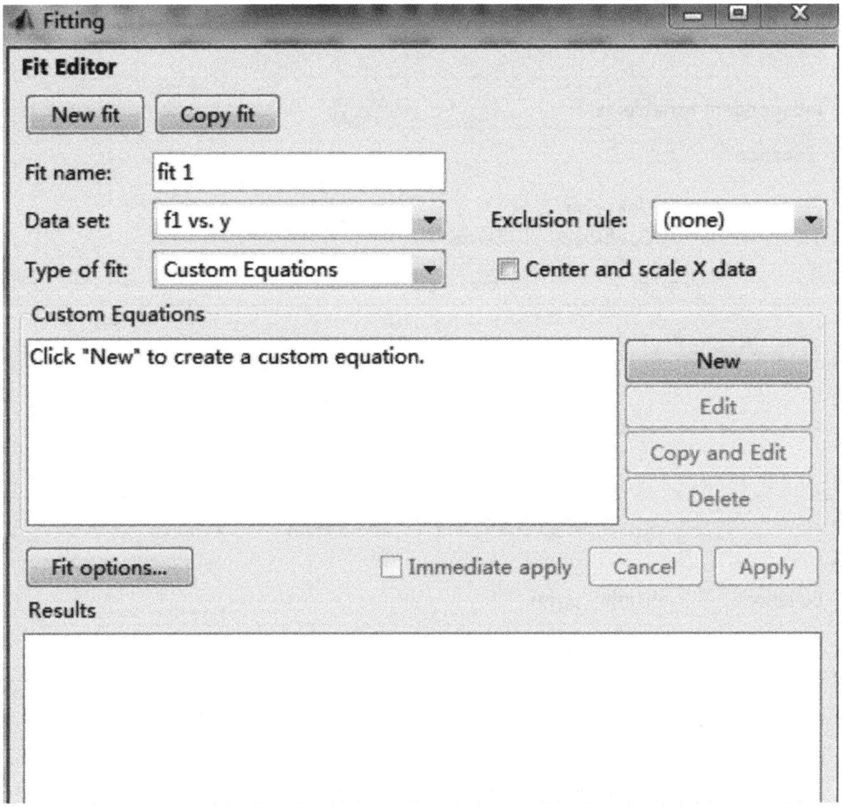


图 3-15　自定义函数选择界面

注意：置信水平 95%以及各个参数的范围都是可以设置的，具体我们不再展开演示.

最后我们演示 3.4 节例 3.7①的实现.

因为我们的拟合函数是

$$S(y)=\frac{1}{2}a_0+\sum_{k=1}^{3}(a_k\cos ky+b_k\sin ky)+a_4\cos 4y$$

在给定的函数类型中没有和它一样的，所以我们选择自定义，先后点击按钮“Custom Equations”和“New”，如图 3-15 所示，弹出图 3-16，点击选项卡“General Equations”弹出图 3-17，填上我们的拟合函数，如图 3-18 所示.

点击“OK”，在 Fitting 窗口点击“Apply”，结果如图 3-19 和图 3-20 所示，结果和例 3.7 一模一样.

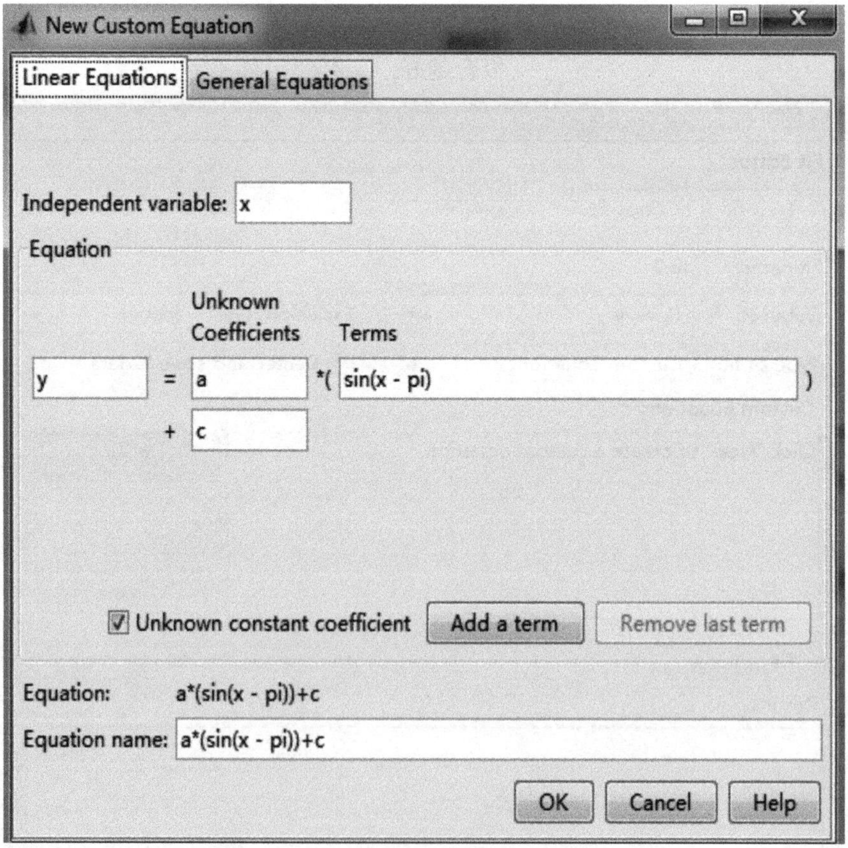


图 3-16　自定义函数默认界面（线性）

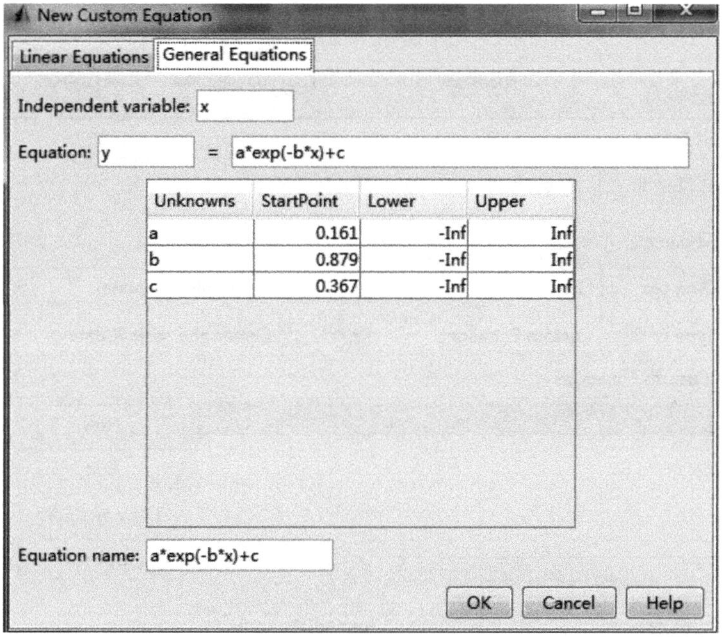


图 3-17　自定义一般函数界面

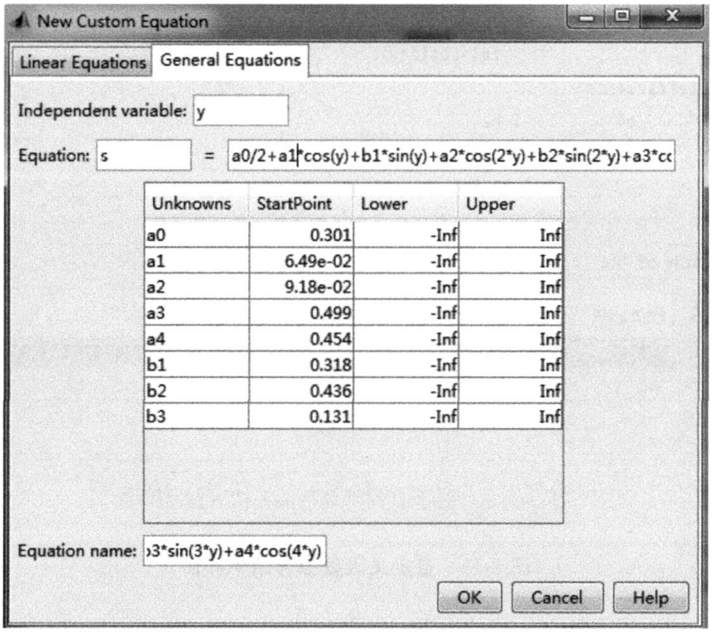


图 3-18　一般函数输入界面

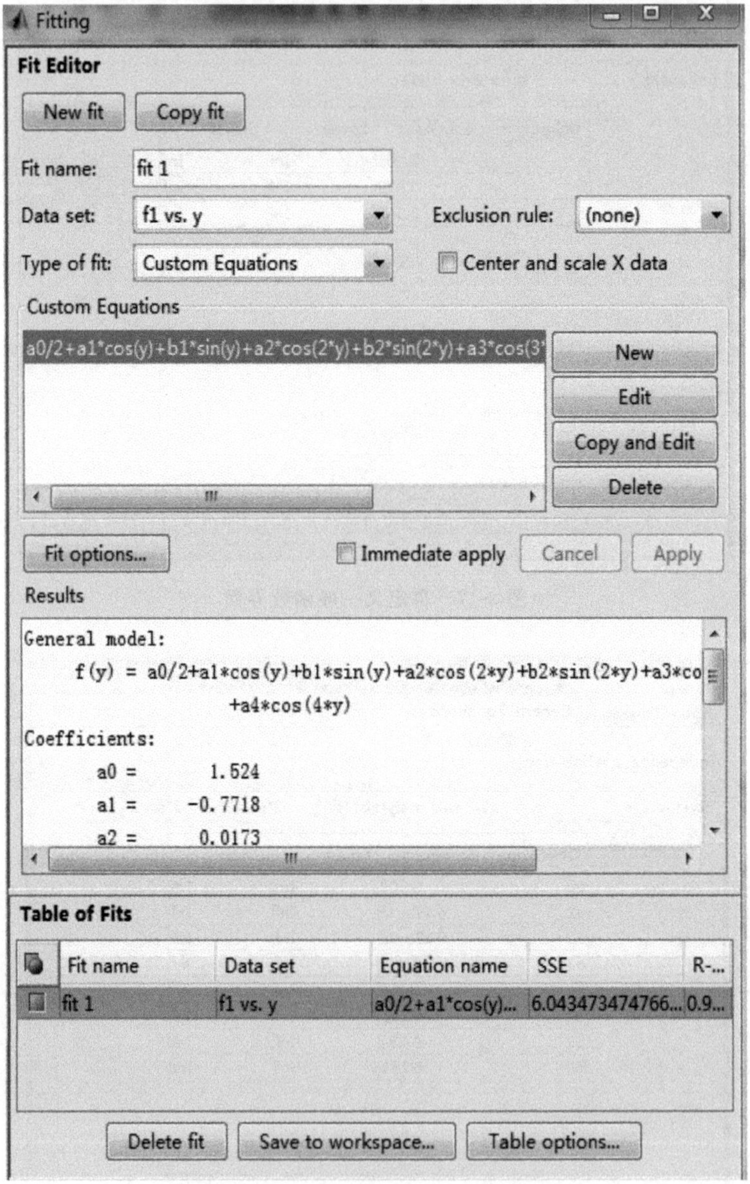


图 3-19　自定义函数拟合结果界面

```
General model:
f(y)=a0/2+a1*cos(y)+b1*sin(y)+a2*cos(2*y)
       +b2*sin(2*y)+a3*cos(3*y)+b3*sin(3*y)
       +a4*cos(4*y)
Coefficients:
a0=       1.524
a1=      -0.7718
a2=       0.0173
a3=      -0.006863
a4=      -0.0005785
b1=       0.3864
b2=       0.04687
b3=       0.01137

Goodness of fit:
  SSE:6.043e-016
  R-square:1
  Adjusted R-square:NaN
  RMSE:NaN
```

图 3-20　自定义函数拟合结果数据

## 习题 3

3-1　对权函数 $\rho(x)=1-x^2$，区间$[-1,\ 1]$，试求首项系数为 1 的正交多项式 $\varphi_n(x)$，$n=0,1,2,3$.

3-2　$f(x)=|x|$，在 $[-1,\ 1]$ 上求关于 $\Phi=\text{span}\{1,x^2,x^4\}$ 的最佳平方逼近多项式.

3-3　$f(x)=\sin\dfrac{\pi}{2}x$，在 $[-1,\ 1]$ 上按勒让德多项式展开求三次最佳平方逼近多项式.

3-4　对彗星 1968Tentax 的移动在某个坐标系下有如下观察数据.

| $r$ | 2.70 | 2.00 | 1.61 | 1.20 | 1.02 |
|---|---|---|---|---|---|
| $\varphi$ | 48° | 67° | 83° | 108° | 126° |

假设忽略来自行星的干扰，坐标应满足

$$r=\frac{p}{1-e\cos\varphi}$$

其中 $p$ 为参数，$e$ 为偏心率. 用最小二乘法拟合 $p$ 和 $e$，并计算均方误差.

# 第 4 章

# 数值微积分

微积分是一门描述变化的数学学科，包括微分（differentiate）和积分（integrate）. 因为工程中经常会出现变化的系统和过程，所以微积分是从事工程研究必不可少的工具. 大学一年级的微积分中就要求学会计算微积分，并指出了它在很多领域的应用.

求微分和积分的函数一般具有以下三种形式：

① 简单的连续函数，如多项式、三角函数和指数函数等；

② 很难或者完全无法直接微分或积分的复杂连续函数；

③ 列表型函数，即仅给出一系列离散点及其上的函数值，比如实验数据等.

第一类函数的微分或积分完全可以通过解析方法求得. 对第二类函数，解析的方法通常是行不通的，有时根本无法得到结果，这种情况下，与第三类函数一样，必须使用近似的数值计算方法.

## 4.1 数值积分的基本概念

### 4.1.1 数值求积分的基本思想

根据以上所述，数值求积公式应该避免用原函数表示，而由被积函数的值决定. 由积分中值定理：对 $f(x)\in C[a,b]$，存在 $\xi\in[a,b]$，有

$$\int_a^b f(x)\mathrm{d}x=(b-a)f(\xi)$$

表明，定积分所表示的曲边梯形的面积等于底为 $b-a$ 而高为 $f(\xi)$ 的矩形面积（图 4-1）. 问题在于点 $\xi$ 的具体位置一般是不知道的，因而难以准确算出 $f(\xi)$. 我们将 $f(\xi)$ 称为区间 $[a,b]$ 上的平均高度. 这样，只要对平均高度 $f(\xi)$ 提供一种算法，相应地便获得一种数值求积

分方法.

如果我们用两端的算术平均作为平均高度 $f(\xi)$ 的近似值，这样导出的求积公式

$$T=\frac{b-a}{2}[f(a)+f(b)] \tag{4-1}$$

便是我们所熟悉的梯形公式（图 4-2）. 而如果改用区间中点 $c=\frac{a+b}{2}$ 的"高度" $f(c)$ 近似地取代平均高度 $f(\xi)$，则可导出所谓中矩形公式（简称矩形公式）

$$R=(b-a)f\left(\frac{a+b}{2}\right) \tag{4-2}$$

如果我们取左端点和右端点的函数值作为平均高度，得到的公式分别称为左矩形公式和右矩形公式.

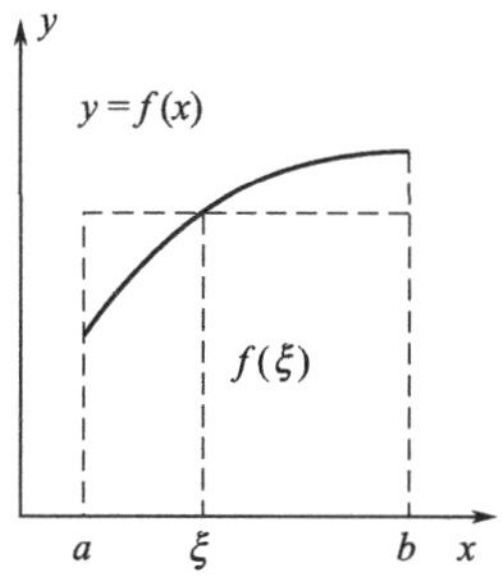


图 4-1 积分中值定理图示

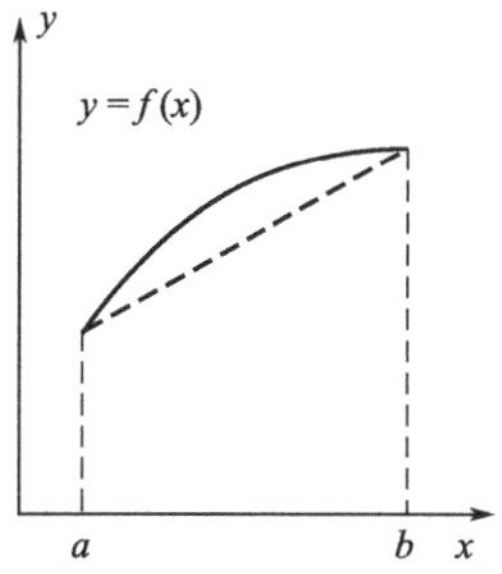


图 4-2 梯形公式图

更一般地，我们可以在区间 $[a, b]$ 上适当选取某些节点 $x_k$，然后用 $f(x_k)$ 加权平均得到平均高度 $f(\xi)$ 的近似值，这样构造出的求积公式具有下列形式：

$$\int_a^b f(x)\mathrm{d}x \approx \sum_{k=0}^{n} A_k f(x_k) \tag{4-3}$$

其中，$x_k$称为求积节点；$A_k$称为求积系数，亦称伴随节点 $x_k$ 的权. 权 $A_k$仅仅与节点$x_k$的选取有关，而不依赖于被积函数 $f(x)$ 的具体形式.

这类由积分区间上的某些点处的函数值的线性组合作为定积分的近似值的求积公式通常称为机械求积公式，它避免了牛顿-莱布尼茨(Newton-Leibnitz) 公式寻求原函数的困难. 对于求积公式（4-3），关键在于确定节点$\{x_k\}$和相应的系数$\{A_k\}$.

## 4.1.2 代数精度的概念

截断误差是一个与被积函数密切相关的标量函数，因此无法直接用来描述求积公式本身的好坏. 通常我们还需引进代数精度的概念. 由 Weierstrass 定理可知，对闭区间上任意的连续函数，都可用多项式一致逼近. 一般说来，多项式的次数越高，逼近程度越好. 这样，如果求积公式对 $m$ 阶多项式精确成立，那么求积公式的误差仅来源于 $m$ 阶多项式对连续函数的逼近误差. 因此自然有如下的定义.

**定义 4.1** 如果某个求积公式对于次数不超过 $m$ 的多项式均准确地成立，但对于$m+1$次多项式就不准确成立，则称该求积公式具有 $m$ 次代数精度.

【例 4.1】 确定求积公式

$$\int_0^1 f(x)\mathrm{d}x \approx Af(0)+Bf(x_1)+Cf(1)$$

中的待定参数 $A$，$B$，$C$，$x_1$，使其代数精度尽可能高，并指出其代数精度.

【解】 设 $f(x)=1$ 时，左 $=\int_0^1 f(x)\mathrm{d}x=1$，右 $=A+B+C$，左 $=$ 右得 $A+B+C=1$；

$f(x)=x$ 时，左 $=\int_0^1 f(x)\mathrm{d}x=\frac{1}{2}$，右 $=Bx_1+C$，左 $=$ 右得 $Bx_1+C=\frac{1}{2}$；

$f(x)=x^2$ 时，左 $=\int_0^1 f(x)\mathrm{d}x=\frac{1}{3}$，右 $=Bx_1{}^2+C$，左 $=$ 右得 $Bx_1{}^2+C=\frac{1}{3}$；

$f(x)=x^3$ 时，左 $=\int_0^1 f(x)\mathrm{d}x=\frac{1}{4}$，右 $=Bx_1{}^3+C$，左 $=$ 右得 $Bx_1{}^3+C=\frac{1}{4}$.

联立上述四个方程，解得

$$A=\frac{1}{6},\ B=\frac{2}{3},\ C=\frac{1}{6},\ x_1=\frac{1}{2}$$

$f(x)=x^4$ 时，左 $=\int_0^1 f(x)\mathrm{d}x=\frac{1}{5}$，右 $=Bx_1{}^4+C=\frac{4}{25}$，左 $\neq$ 右，所以，该求积公式的代数精度是 3.

### 4.1.3 插值型的求积公式

最直接自然的一种想法是用 $f(x)$ 在 $[a，b]$ 上的插值多项式 $\varphi_n(x)$ 代替 $f(x)$，由于代数多项式的原函数是容易求出的，我们以 $\varphi_n(x)$ 在 $[a，b]$ 上的积分值作为所求积分 $I(f)$ 的近似值，即

$$I(f)\approx\int_a^b \varphi_n(x)\mathrm{d}x$$

这样得到的求积分公式称为插值型求积公式. 通常采用拉格朗日（Lagrange）插值.

设 $[a，b]$ 上有 $n+1$ 个互异节点 $x_0,x_1,\cdots,x_n$，$f(x)$ 的 $n$ 次 Lagrange 插值多项式为

$$L_n(x)=\sum_{k=0}^{n} l_k(x)f(x_k)$$

其中 $l_k(x)=\prod_{\substack{j=0\\j\neq k}}^{n}\frac{x-x_j}{x_k-x_j}$，插值型求积公式为

$$I(f)\approx\int_a^b L_n(x)\mathrm{d}x=\sum_{k=0}^{n}A_k f(x_k) \tag{4-4}$$

其中 $A_k=\int_a^b l_k(x)\mathrm{d}x$，$k=0,1,\cdots,n$. 可以看出，$\{A_k\}$仅由积分区间 $[a,b]$ 与插值节点$\{x_k\}$确定，与被积函数 $f(x)$ 的形式无关. 求积公式（4-4）的截断误差为

$$R_n(f)=\int_a^b f(x)\mathrm{d}x-\int_a^b L_n(x)\mathrm{d}x=\int_a^b \frac{f^{(n+1)}(\xi)}{(n+1)!}\omega_{n+1}(x)\mathrm{d}x \tag{4-5}$$

**定义 4.2** 求积公式

$$\int_a^b f(x)\mathrm{d}x\approx\sum_{k=0}^{n}A_k f(x_k)$$

如其系数 $A_k=\int_a^b l_k(x)\mathrm{d}x$，则称此求积公式为插值型求积公式.

**定理 4.1** 形如式(4-3) 的求积公式至少有 $n$ 次代数精度的充分必要条件是它是插值型的.

**证明** 如果求积公式(4-3) 是插值型的，由式(4-5) 可知，对于次数不超过 $n$ 的多项式 $f(x)$，其余项 $R[f]$ 等于零，因而这时求积公式至少具有 $n$ 次代数精度.

反之，如果求积公式(4-3) 至少具有 $n$ 次代数精度，那么对于插值基函数 $l_k(x)$ 应准确成立，并注意到 $l_k(x_j)=\delta_{jk}$，即有

$$\int_a^b l_k(x)\mathrm{d}x=\sum_{j=0}^{n}A_j l_k(x_j)=A_k$$

所以求积公式(4-3) 是插值型的.

### 4.1.4 求积公式的收敛性与稳定性

关于求积公式的收敛性我们给出如下定义.

**定义 4.3** 在求积公式(4-3) 中，若

$$\lim_{\substack{n\to\infty\\h\to 0}}\sum_{k=0}^{n}A_k f(x_k)=\int_a^b f(x)\mathrm{d}x$$

其中 $h=\max\limits_{1\leqslant i\leqslant n}(x_i-x_{i-1})$，则称求积公式（4-3）是收敛的.

后面我们会通过截断误差分析具体的求积公式的收敛性. 这里先讨论求积公式的数值稳定性问题. 通常函数 $f(x)$ 在节点 $x_k$ 处的准确值是很难求出的，假设计算 $f(x_k)$ 可能产生误差 $\delta_k$，实际得到 $\widetilde{f}_k$，即 $f(x_k)=\widetilde{f}_k+\delta_k$，记

$$I_n(f)=\sum_{k=0}^{n}A_k f(x_k),I_n(\widetilde{f})=\sum_{k=0}^{n}A_k\widetilde{f}_k$$

如果对任给正数 $\varepsilon>0$，只要误差 $|\delta_k|$ 充分小就有

$$|I_n(f)-I_n(\widetilde{f})|=\left|\sum_{k=0}^{n}A_k\,[f(x_k)-\widetilde{f}_k]\right|\leqslant\varepsilon \tag{4-6}$$

它表明求积公式（4-3）计算是稳定的，由此给出如下结论.

**定义 4.4** 对任给 $\varepsilon>0$，若存在 $\delta>0$，只要 $|f(x_k)-\widetilde{f}_k|\leqslant\delta$ $(k=0,1,\cdots,n)$ 就有式(4-6) 成立，则称求积公式(4-3) 是稳定的.

**定理 4.2** 若求积公式（4-3）中系数 $A_k>0$ $(k=0,1,\cdots,n)$，则此求积公式是稳定的；若 $A_k$ 有正有负，计算可能不稳定.

### 4.1.5 积分的 Matlab 符号计算

当然与数值计算对应的还有符号计算，Matlab 关于定积分和不定积分的符号计算主要通过函数 int 进行，对定积分 $I=\int_a^b f(x)\mathrm{d}x$，具体调用格式如下.

$$A=\mathrm{int}(f,x,a,b),$$

如果没有对定积分 $a$，$b$，则计算不定积分. 比如计算定积分 $\int_a^b (x^4-c)\mathrm{d}x$，过程如下.

```
>>syms a b c x;A=int(x^4-c,x,a,b)
A=
a*(c-a^4/5)-b*(c-b^4/5)    %这是Matlab的表达方式,按行给出的,
不符合我们的阅读习惯.
>> latex(A)                %将上述结果转成latex格式
ans=
a\,\left(c-\frac{a^4}{5}\right)-b\,\left(c-\frac{b^4}{5}\right)
```

复制 latex 格式到数学公式编辑器 Mathtype，立刻得到如下我们希望的形式

$$a\left(c-\frac{a^4}{5}\right)-b\left(c-\frac{b^4}{5}\right)$$

## 4.2 Newton-Cotes 公式

牛顿-柯特斯（Newton-Cotes）公式是一种常用的数值积分公式，它的基本策略就是用另一个易于积分的近似函数替换被积函数或表格型数据，是一种插值型公式. Newton-Cotes 公式分为闭型（closed forms）和开型（open forms）两类. 在积分过程中，如果积分区间两端的数据点是已知的，则称为闭型积分. 反之，如果积分区间超出了数据范围，则称为开型积分. 开型公式一般不用于定积分，但可用于计算广义积分和常微分方程的求解. 本章的重点是闭型求积公式，开型公式及其应用可参考相关资料.

### 4.2.1 Cotes 系数

将积分区间 $[a, b]$ 划分为 $n$ 等分，步长 $h=\dfrac{b-a}{n}$，等距节点 $x_k=a+kh$，$k=0,1,\cdots,n$. 此时求积公式（4-4）中的积分系数可得到简化

$$A_k=\int_a^b l_k(x)\mathrm{d}x=\int_a^b\prod_{\substack{j=0\\j\neq k}}^n\frac{x-x_j}{x_k-x_j}\mathrm{d}x=\int_a^b\prod_{\substack{j=0\\j\neq k}}^n\frac{x-a-jh}{(k-j)h}\mathrm{d}x$$

作变换 $x=a+th$，则有

$$A_k=\int_0^n\prod_{\substack{j=0\\j\neq k}}^n\frac{(t-j)h}{(k-j)h}h\,\mathrm{d}t=\frac{(-1)^{n-k}h}{k!(n-k)!}\int_0^n\prod_{\substack{j=0\\j\neq k}}^n(t-j)\mathrm{d}t$$

$$=\frac{(-1)^{n-k}(b-a)}{k!(n-k)!n}\int_0^n\prod_{\substack{j=0\\j\neq k}}^n(t-j)\mathrm{d}t$$

令

$$C_k^{(n)}=\frac{(-1)^{n-k}}{k!(n-k)!n}\int_0^n\prod_{\substack{j=0\\j\neq k}}^n(t-j)\mathrm{d}t$$

则 $A_k=(b-a)C_k^{(n)}$，求积公式（4-4）可简化为

$$I(f)\approx(b-a)\sum_{k=0}^n C_k^{(n)}f(x_k) \tag{4-7}$$

称为 $n$ 阶牛顿-柯特斯（Newton-Cotes）公式，简记为 N-C 公式，$\{C_k^{(n)}\}$称为 Cotes 系数.

由 $C_k^{(n)}$ 的表达式可看出，它不但与被积函数无关，而且与积分区间也无关. 因此可将 Cotes 系数事先列成表格供查用（表 4-1).

N-C 公式的截断误差为

表 4-1 Cotes 系数表

| $n$ | $C_k^{(n)}$ | | | | | | | | |
|---|---|---|---|---|---|---|---|---|---|
| 1 | $\frac{1}{2}$ | $\frac{1}{2}$ | | | | | | | |
| 2 | $\frac{1}{6}$ | $\frac{4}{6}$ | $\frac{1}{6}$ | | | | | | |
| 3 | $\frac{1}{8}$ | $\frac{3}{8}$ | $\frac{3}{8}$ | $\frac{1}{8}$ | | | | | |
| 4 | $\frac{7}{90}$ | $\frac{16}{45}$ | $\frac{2}{15}$ | $\frac{16}{45}$ | $\frac{7}{90}$ | | | | |
| 5 | $\frac{19}{288}$ | $\frac{25}{96}$ | $\frac{25}{144}$ | $\frac{25}{144}$ | $\frac{25}{96}$ | $\frac{19}{288}$ | | | |
| 6 | $\frac{41}{840}$ | $\frac{9}{35}$ | $\frac{9}{280}$ | $\frac{34}{105}$ | $\frac{9}{280}$ | $\frac{9}{35}$ | $\frac{41}{840}$ | | |
| 7 | $\frac{751}{17280}$ | $\frac{3577}{17280}$ | $\frac{1323}{17280}$ | $\frac{2989}{17280}$ | $\frac{2989}{17280}$ | $\frac{1323}{17280}$ | $\frac{3577}{17280}$ | $\frac{751}{17280}$ | |
| 8 | $\frac{989}{28350}$ | $\frac{5888}{28350}$ | $\frac{-928}{28350}$ | $\frac{10496}{28350}$ | $\frac{-4540}{28350}$ | $\frac{10496}{28350}$ | $\frac{-928}{28350}$ | $\frac{5888}{28350}$ | $\frac{989}{28350}$ |

$$R_n(f)=\int_a^b \frac{f^{(n+1)}(\xi)}{(n+1)!}\prod_{j=0}^{n}(x-x_j)\mathrm{d}x$$

$$=\frac{h^{n+2}}{(n+1)!}\int_0^n f^{(n+1)}(\xi)\prod_{j=0}^{n}(t-j)\mathrm{d}t \tag{4-8}$$

$n=1$ 时

$$I(f)=(b-a)\left[\frac{1}{2}f(a)+\frac{1}{2}f(b)\right]=\frac{b-a}{2}[f(a)+f(b)] \tag{4-9}$$

式(4-9) 为梯形公式 (trapezoidal rule).

$n=2$ 时

$$I(f)=(b-a)\left[\frac{1}{6}f(a)+\frac{4}{6}f(\frac{a+b}{2})+\frac{1}{6}f(b)\right]$$

$$=\frac{b-a}{6}\left[f(a)+4f(\frac{a+b}{2})+f(b)\right] \tag{4-10}$$

式(4-10) 为辛普生 1/3 公式 (Simpson’s 1/3 rule), 或简称辛普生公式.

$n=3$ 时, 得到的公式称为辛普生 3/8 公式 (Simpson’s 3/8 rule), 需要四个节点, 适应于子区间数目为奇数的情形.

$n=4$ 时

$$I(f)=\frac{b-a}{90}\times$$

$$\left[7f(a)+32f\left(a+\frac{b-a}{4}\right)+12f\left(\frac{b+a}{2}\right)+32f\left(a+\frac{3(b-a)}{4}\right)+7f(b)\right] \tag{4-11}$$

为 Cotes 公式.

从表 4-1 可看出，当 $n=8$ 时出现了负系数，由定理 4.2 可知，实际计算中将使舍入误差增大，并且往往难以估计. 从而 Newton-Cotes 公式的收敛性和稳定性得不到保证，因此实际计算中不用高阶 Newton-Cotes 公式.

### 4.2.2 偶阶求积公式的代数精度

作为插值型的求积公式，$n$ 阶的牛顿-柯特斯公式至少具有 $n$ 次的代数精度. 求积公式的代数精度能否进一步提高呢？我们不加证明地给出如下结论.

**定理 4.3** 当阶为偶数时，N-C 公式（4-7）至少具有 $n+1$ 次代数精度.

请有兴趣的读者自己证明.

### 4.2.3 几种低阶求积公式的余项

梯形求积公式的余项为

$$R_T=I-T=\int_a^b \frac{f''(\xi)}{2!}(x-a)(x-b)\mathrm{d}x$$

由于 $(x-a)(x-b)$ 在 $[a, b]$ 上不变号，利用积分中值定理有

$$R_T=\frac{f''(\eta)}{2}\int_a^b (x-a)(x-b)\mathrm{d}x=-\frac{f''(\eta)}{12}(b-a)^3,\ \eta\in(a, b) \tag{4-12}$$

Simpson 公式的余项为

$$R_S=I-S=\int_a^b f(x)\mathrm{d}x-\frac{b-a}{6}[f(a)+4f(c)+f(b)]$$

这里 $c=\dfrac{a+b}{2}$. 构造次数不超过 3 的多项式 $H(x)$，使满足

$$H(a)=f(a), H(c)=f(c), H'(c)=f'(c), H(b)=f(b)$$

由于 Simpson 公式具有三次代数精度，它对于这样构造的三次式 $H(x)$ 是准确的，即

$$\int_a^b H(x)\mathrm{d}x=\frac{b-a}{6}[H(a)+4H(c)+H(b)]$$

所以

$$R_S = \int_a^b [f(x) - H(x)]\,\mathrm{d}x$$

由 Hermite 插值余项公式可知

$$f(x)-H(x)=\frac{1}{4!}f^{(4)}(\xi)(x-a)(x-c)^2(x-b)$$

因 $(x-a)(x-c)^2\ (x-b)$ 在 $[a,\ b]$ 上保号，应用积分中值定理有

$$\begin{aligned} R_s &= \frac{1}{4!}f^{(4)}(\eta)\int_a^b (x-a)(x-c)^2(x-b)\,\mathrm{d}x \\ &= -\frac{b-a}{180}\left(\frac{b-a}{2}\right)^4 f^{(4)}(\eta),\ \eta \in (a,b) \end{aligned} \tag{4-13}$$

## 4.3 复化求积公式

前面导出的误差估计式表明，用 N-C 公式计算积分近似值时，步长越小，截断误差越小. 但缩小步长等于增加节点数，亦即提高插值多项式的次数，Runge 现象表明，这样并不一定能提高精度. 理论上已经证明，当 $n\to\infty$ 时，N-C 公式所求得的近似值不一定收敛于积分的准确值，而且随着 $n$ 的增大，N-C 公式是不稳定的. 因此，实际中不采用高阶 N-C 公式，为提高计算精度，可采用化整为零的策略，将积分区间分成若干小区间，在每个小区间上用低阶的求积公式，由此导出复化求积公式.

### 4.3.1 复化梯形公式

将区间 $[a,\ b]$ 划分为 $n$ 等分，分点 $x_k=a+kh$，$h=\frac{b-a}{n}$，$k=0,1,\cdots,n$，在每个区间 $[x_k,\ x_{k+1}]$ $(k=0,1,\cdots,n-1)$ 上采用梯形公式，则得

$$\begin{aligned} I &= \int_a^b f(x)\,\mathrm{d}x = \sum_{k=0}^{n-1}\int_{x_k}^{x_{k+1}} f(x)\,\mathrm{d}x \\ &= \frac{h}{2}\sum_{k=0}^{n-1}[f(x_k)+f(x_{k+1})] + R_n(f) \end{aligned} \tag{4-14}$$

记

$$T_n = \frac{h}{2}\sum_{k=0}^{n-1}[f(x_k)+f(x_{k+1})] = \frac{h}{2}\left[f(a)+2\sum_{k=1}^{n-1}f(x_k)+f(b)\right] \tag{4-15}$$

称为复化（composite）梯形公式或多应用型（multiple-application）梯形公式，其余项为

$$R_n(f)=I-T_n=-\frac{h^3}{12}\sum_{k=0}^{n-1}f''(\eta_k)$$

$$=-\frac{(b-a)h^2}{12}\frac{1}{n}\sum_{k=0}^{n-1}f''(\eta_k),\ \eta_k\in(x_k,x_{k+1})$$

由于 $f(x)\in C^2[a,b]$，且

$$\min_{0\leqslant k\leqslant n-1}f''(\eta_k)\leqslant\frac{1}{n}\sum_{k=0}^{n-1}f''(\eta_k)\leqslant\max_{0\leqslant k\leqslant n-1}f''(\eta_k)$$

所以存在 $\eta\in(a,b)$ 使

$$f''(\eta)=\frac{1}{n}\sum_{k=0}^{n-1}f''(\eta_k)$$

于是复化梯形公式余项为

$$R_n(f)=-\frac{(b-a)}{12}h^2f''(\eta) \tag{4-16}$$

从式（4-16）可以看出，余项误差是 $h^2$ 阶，所以当 $f(x)\in C^2[a,b]$，有

$$\lim_{n\to\infty}T_n=\int_a^b f(x)\mathrm{d}x,$$

即复化梯形公式是收敛的. 事实上，只要 $f(x)\in C[a,b]$，则可得收敛性，因为由式（4-15）得

$$T_n=\frac{1}{2}\left[\frac{b-a}{n}\sum_{k=0}^{n-1}f(x_k)+\frac{b-a}{n}\sum_{k=1}^{n}f(x_k)\right]\to\int_a^b f(x)\mathrm{d}x\ (n\to\infty)$$

所以复化梯形公式（4-15）收敛. 此外，$T_n$ 的求积系数为正，由定理4.2知复化梯形公式是稳定的.

实践证明，对于个别比较光滑的函数，复化梯形公式的计算结果完全可以达到工程应用的精度要求；如果精度要求较高，复化梯形公式的计算量将非常大，虽然对于一次应用来说，这可以忽略不计，但如果需要大量计算积分或者需要花大量时间计算被积函数值的情况下，就将显得十分重要，必须采用更高效的方法；最后，舍入误差会阻扰我们得到精确解，这是因为机器本身的精度以及简单算法的大运算量所引起的误差积累.

## 4.3.2 复化辛普生公式

将区间 $[a,b]$ 划分为 $n$ 等分，在每个区间 $[x_k,x_{k+1}]$ 上采用辛普生公式，记 $x_{k+1/2}=x_k+\frac{1}{2}h$ 则得

$$I=\int_a^b f(x)\mathrm{d}x=\sum_{k=0}^{n-1}\int_{x_k}^{x_{k+1}}f(x)\mathrm{d}x$$

$$=\frac{h}{6}\sum_{k=0}^{n-1}[f(x_k)+4f(x_{k+1/2})+f(x_{k+1})]+R_n(f) \tag{4-17}$$

记

$$S_n=\frac{h}{6}\left[f(a)+4\sum_{k=0}^{n-1}f(x_{k+1/2})+2\sum_{k=1}^{n-1}f(x_k)+f(b)\right] \tag{4-18}$$

称为复化辛普生1/3公式，其余项由式（4-13）得

$$R_n(f)=I-S_n=-\frac{1}{180}\left(\frac{h}{2}\right)^4 h\sum_{k=0}^{n-1} f^{(4)}(\eta_k),\ \eta_k\in(x_k,x_{k+1})$$

于是当 $f(x)\in C^4[a,b]$ 时，与复化梯形公式相似有

$$R_n(f)=I-S_n=-\frac{b-a}{180}\left(\frac{h}{2}\right)^4 f^{(4)}(\eta),\ \eta\in(a,b) \tag{4-19}$$

可以看出误差阶是 $h^4$，收敛性是显然的. 事实上，只要 $f(x)\in C[a,b]$，则有

$$S_n=\frac{1}{6}\left[4\frac{b-a}{n}\sum_{k=0}^{n-1} f(x_{k+1/2})+\frac{b-a}{n}\sum_{k=0}^{n-1} f(x_k)+\frac{b-a}{n}\sum_{k=1}^{n} f(x_k)\right]$$
$$\to\int_a^b f(x)\mathrm{d}x\ (n\to\infty)$$

此外，由于 $S_n$ 中求积系数均为正数，故知复化辛普生求积公式计算稳定.

**【例 4.2】** 根据函数表 4-2，用复化梯形公式和复化辛普生 1/3 公式计算 $I=\int_0^1\frac{\sin x}{x}\mathrm{d}x$ 的近似值，并估计误差.

**表 4-2 例 4.2 数据表**

| $k$ | $x_k$ | $f(x_k)=\frac{\sin x_k}{x_k}$ | $k$ | $x_k$ | $f(x_k)=\frac{\sin x_k}{x_k}$ |
|---|---|---|---|---|---|
| 0 | 0 | 1 | 5 | 5/8 | 0.9361556 |
| 1 | 1/8 | 0.9973978 | 6 | 3/4 | 0.9088516 |
| 2 | 1/4 | 0.9896158 | 7 | 7/8 | 0.8771925 |
| 3 | 3/8 | 0.9767267 | 8 | 1 | 0.8414709 |
| 4 | 1/2 | 0.9588510 | | | |

**【解】** 由复化梯形公式

$$I\approx\frac{1}{16}\left[f(0)+f(1)+2\sum_{k=1}^{7} f\left(\frac{k}{8}\right)\right]=0.945691$$

Matlab 实现

```
>> format long
>> x=[0 1/8 1/4 3/8 1/2 5/8 3/4 7/8 1];
>> y=[1.9973978.9896158.9767267.9588510.9361556.9088516.
      8771925.8414709];
>> trapz(x,y)    % x可以不等距，Matlab只有这一个计算只知离散点
                   处的函数值而不知道函数表达式的数值积分函数
ans=
  0.945690806250000
```

由复化辛普生 1/3 公式

$$I \approx \frac{1}{16}\left[f(0)+f(1)+2\sum_{k=1}^{3} f\left(\frac{k}{4}\right)+4\sum_{k=1}^{4} f\left(\frac{2k-1}{8}\right)\right]=0.946084$$

与准确值 $I=0.9460831\cdots$比较，显然用复化 Simpson1/3 公式计算精度较高.

为了利用余项公式估计误差，要求 $f(x)=\frac{\sin x}{x}$的高阶导数，由于

$$f(x)=\frac{\sin x}{x}=\int_0^1 \cos(xt)\mathrm{d}t$$

所以有

$$f^{(k)}(x)=\int_0^1 \frac{\mathrm{d}^k}{\mathrm{d}x^k}\cos(xt)\mathrm{d}t=\int_0^1 t^k\cos(xt+\frac{k\pi}{2})\mathrm{d}t$$

于是

$$\max_{0\leqslant x\leqslant 1}|f^{(k)}(x)|=\int_0^1\left|t^k\cos(xt+\frac{k\pi}{2})\right|\mathrm{d}t\leqslant\int_0^1 t^k\mathrm{d}t=\frac{1}{k+1}$$

由复化梯形误差公式（4-16）得

$$|R_8(f)|=|I-T_8|\leqslant\frac{h^2}{12}\max_{0\leqslant x\leqslant 1}|f''(x)|\leqslant\frac{1}{12}\left(\frac{1}{8}\right)^2\frac{1}{3}=0.000434$$

由复化辛普生 1/3 误差公式（4-19）得

$$|R_4(f)|=|I-S_4|\leqslant\frac{1}{180}\left(\frac{1}{8}\right)^4\frac{1}{5}=0.271\times 10^{-6}$$

**【例 4.3】** 若用复化求积分公式计算积分

$$I=\int_0^1 \mathrm{e}^{-x}\mathrm{d}x$$

的近似值，要求计算结果有四位有效数字，$n$ 应取多大?

**【解】** 因为当 $0\leqslant x\leqslant 1$ 时，有

$$0.3\leqslant \mathrm{e}^{-1}\leqslant \mathrm{e}^{-x}\leqslant 1$$

于是

$$0.3<\int_0^1 \mathrm{e}^{-x}\mathrm{d}x<1$$

要求计算结果有四位有效数字，即要求误差不超过$\frac{1}{2}\times 10^{-4}$. 又因为

$$|f^{(k)}(x)|=\mathrm{e}^{-x}\leqslant 1 \qquad x\in[0,1]$$

由式（4-16）得

$$|R_T|=\frac{1}{12}h^2|f''(\xi)|\leqslant\frac{h^2}{12}=\frac{1}{2}\times 10^{-4}$$

即 $n^2\geqslant\frac{1}{6}\times 10^4$，开方得 $n\geqslant 40.8$. 因此若用复化梯形公式求积分，$n$

应等于 41 才能达到精度.

若用复化辛普生 1/3 公式，由式（4-19）

$$|R_S|=\frac{1}{180}\left(\frac{h}{2}\right)^4|f^{(4)}(\xi)|\leqslant\frac{h^4}{180\times16}=\frac{1}{180\times16}\left(\frac{1}{n}\right)^4\leqslant\frac{1}{2}\times10^{-4}$$

即得 $n\geqslant1.62$. 故应取 $n=2$.

复化辛普生 1/3 公式可以得到非常精确的结果，在很多应用中都优于梯形公式. 然而，该公式也存在一定的局限性：它要求区间等分，并且只适用于偶数个子区间-奇数个求积节点的情形. 对于奇数个子区间-偶数个求积节点的情形，可以使用复化辛普生 3/8 公式，请读者自己推导.

前面给出的数值积分公式都是针对等距节点的，在很多实际情况中，节点不一定等距，此时，一种处理方法是在每个子区间上应用梯形公式，然后再求和. 注意，当相邻的子区间宽度相等时，使用辛普生法则通常会提高精度.

到此为止，对于大部分工程问题，这些方法的精度已经足够. 如果要求更高的精度而且被积函数已知，下面的龙贝格求积公式和高斯求积公式提供了更吸引人的可行选择.

## 4.4 龙贝格求积公式

龙贝格求积公式是一种计算函数积分的高效数值方法. 该方法基于逐次梯形法则，从这个意义上来说，它类似于上面讲的方法，但是，经过数学上的处理，龙贝格求积公式只需花费更少的计算就可以得到更精确的结果.

### 4.4.1 梯形公式的逐次分半算法

如前所述，复化求积公式的截断误差随着步长的缩小而减少，而且如果被积函数的高阶导数容易计算和估计时，由给定的精度可以预先确定步长，不过这样做常常是很困难的，一般不值得推崇. 实际计算时，我们总是从某个步长出发计算近似值，若精度不够可将步长逐次分半以提高近似值，直到求得满足精度要求的近似值.

设将区间 $[a, b]$ 分为 $n$ 等分，共有 $n+1$ 个分点，如果将求积区间再二分一次，则分点增至 $2n+1$ 个，我们将二分前后两个积分值联系起来加以考虑. 注意到每个子区间 $[x_k, x_{k+1}]$ 经过二分只增加了一个分点 $x_{k+\frac{1}{2}}=\frac{1}{2}(x_k+x_{k+1})$，用复化梯形公式求得该子区间上的积

分值为

$$\frac{h}{4}[f(x_k)+2f(x_{k+1/2})+f(x_{k+1})]$$

注意，这里 $h=\dfrac{b-a}{n}$ 代表二分前的步长，将每个子区间上的积分值相加得

$$T_{2n}=\frac{h}{4}\sum_{k=0}^{n-1}[f(x_k)+f(x_{k+1})]+\frac{h}{2}\sum_{k=0}^{n-1}f(x_{k+1/2})$$

即

$$T_{2n}=\frac{1}{2}T_n+\frac{h}{2}\sum_{k=0}^{n-1}f(x_{k+1/2}) \tag{4-20}$$

这表明，将步长由 $h$ 缩小为 $\dfrac{h}{2}$ 时，$T_{2n}$ 等于 $T_n$ 的一半再加新增加节点处的函数值乘以当前步长.

由复化梯形公式的误差公式（4-16）可知

$$I-T_n=-\frac{1}{12}(b-a)h^2f''(\eta_1),\eta_1\in(a,b)$$

所以

$$I-T_{2n}=-\frac{1}{12}(b-a)\left(\frac{h}{2}\right)^2f''(\eta_2),\eta_2\in(a,b)$$

若 $f''(\eta_1)\approx f''(\eta_2)$，则有

$$I-T_{2n}\approx\frac{1}{4}(I-T_n) \text{ 和 } I-T_{2n}\approx\frac{1}{3}(T_{2n}-T_n)$$

由上式可知，只要以步长 $h$ 和 $\dfrac{h}{2}$ 的积分计算值 $T_n$ 和 $T_{2n}$ 充分接近，就能保证最后一次计算值 $T_{2n}$ 与积分精确值的误差很小，且误差约为 $\dfrac{1}{3}(T_{2n}-T_n)$，所以可以以 $|T_{2n}-T_n|<\varepsilon$ 作为梯形公式逐步分半算法的停止准则.

## 4.4.2 李查逊（Richardson）外推法

假设用某种数值方法求量 $I$ 的近似值，一般地，近似值是步长 $h$ 的函数，记为 $I_1(h)$，相应的误差为

$$I-I_1(h)=\alpha_1h^{p_1}+\alpha_2h^{p_2}+\cdots+\alpha_kh^{p_k}+\cdots \tag{4-21}$$

其中 $\alpha_i(i=1,2,\cdots)$，$0<p_1<p_2<\cdots<p_k<\cdots$ 是与 $h$ 无关的常数. 若用 $\alpha h$ 代替式(4-21) 中的 $h$，则得

$$I-I_1(\alpha h)=\alpha_1(\alpha h)^{p_1}+\alpha_2(\alpha h)^{p_2}+\cdots+\alpha_k(\alpha h)^{p_k}+\cdots$$

$$=\alpha_1\alpha^{p_1}h^{p_1}+\alpha_2\alpha^{p_2}h^{p_2}+\cdots+\alpha_k\alpha^{p_k}h^{p_k}+\cdots \tag{4-22}$$

式(4-22)减去式(4-21) 乘以 $\alpha^{p_1}$，得

$$I-I_1(\alpha h)-\alpha^{p_1}[I-I_1(h)]$$

$$=\alpha_2(\alpha^{p_2}-\alpha^{p_1})h^{p_2}+\alpha_3(\alpha^{p_3}-\alpha^{p_1})h^{p_3}+\cdots+\alpha_k(\alpha^{p_k}-\alpha^{p_1})h^{p_k}+\cdots$$

取 $\alpha$ 满足 $|\alpha|\neq 1$，以 $1-\alpha^{p_1}$ 除上式两端，得

$$I-\frac{I_1(\alpha h)-\alpha^{p_1}I_1(h)}{1-\alpha^{p_1}}=b_2h^{p_2}+b_3h^{p_3}+\cdots+b_kh^{p_k}+\cdots \tag{4-23}$$

其中 $b_i=\alpha_2(\alpha^{p_i}-\alpha^{p_1})/(1-\alpha^{p_1})(i=2,3,\cdots)$ 仍与 $h$ 无关. 令

$$I_2(h)=\frac{I_1(\alpha h)-\alpha^{p_1}I_1(h)}{1-\alpha^{p_1}}$$

由式 (4-23)，以 $I_2(h)$ 作为 $I$ 的近似值，其误差至少为 $O(h^{p_2})$，因此 $I_2(h)$ 收敛于 $I$ 的速度比 $I_1(h)$ 快. 不断重复以上作法，可以得到一个函数序列

$$I_m(h)=\frac{I_{m-1}(\alpha h)-\alpha^{p_{m-1}}I_{m-1}(h)}{1-\alpha^{p_{m-1}}},m=2,3,\cdots \tag{4-24}$$

以 $I_m(h)$ 近似 $I$，误差为 $I-I_m(h)=O(h^{p_m})$. 随着 $m$ 的增大，收敛速度越来越快，这就是 Richardson 外推法.

### 4.4.3 龙贝格求积公式

由前面知道，复化梯形公式的截断误差为 $O(h^2)$. 进一步分析，我们有如下欧拉-麦克劳林（Euler-Maclaurin）公式.

**定理 4.4** 设 $f(x)\in C^{\infty}[a, b]$，则有

$$I-T(h)=\alpha_1h^2+\alpha_2h^4+\cdots+\alpha_kh^{2k}+\cdots$$

其中系数 $\alpha_k(k=1,2,\cdots)$ 与 $h$ 无关.

把李查逊外推法与欧拉-麦克劳林公式相结合，可以得到求积公式的外推算法. 特别地，在外推算法式(4-24) 中，取 $\alpha=\frac{1}{2}$，$p_k=2k$，并记 $T_0(h)=T(h)$，则有

$$T_m(h)=\frac{4^mT_{m-1}\left(\frac{h}{2}\right)-T_{m-1}(h)}{4^m-1},m=1,2,\cdots \tag{4-25}$$

经过 $m(m=1,2,\cdots)$ 次加速后，余项便取下列形式：

$$T_m(h)=I+\delta_1h^{2(m+1)}+\delta_2h^{2(m+2)}+\cdots \tag{4-26}$$

上述处理方法通常称为李查逊（Richardson）外推加速方法.

为研究龙贝格（Romberg）求积方法的机器实现，引入记号以 $T_0^{(k)}$ 表示二分 $k$ 次后求得的梯形值，且以 $T_m^{(k)}$ 表示序列 $\{T_0^{(k)}\}$ 的 $m$ 次

加速值，则依以上递推公式得到

$$T_m^{(k)}=\frac{4^m}{4^m-1}T_{m-1}^{(k+1)}-\frac{1}{4^m-1}T_{m-1}^{(k)},k=1,2,\cdots$$

称为龙贝格（Romberg）求积算法.

可以证明

$$\lim_{k\to\infty}T_m^{(k)}=I,\lim_{m\to\infty}T_m^{(0)}=I$$

可以以 $|T_k^{(0)}-T_{k-1}^{(0)}|<\varepsilon$ 作为停止准则.

Romberg 公式的计算过程见表 4-3.

**表 4-3　Romberg 公式的计算过程**

| $k$ | $h$ | $T_0^{(k)}$ | | $T_1^{(k)}$ | | $T_2^{(k)}$ | | $T_3^{(k)}$ | | $T_4^{(k)}$ | $\cdots$ |
|---|---|---|---|---|---|---|---|---|---|---|---|
| 0 | $b-a$ | $T_0^{(0)}$ | | | | | | | | | |
| | | $\downarrow$ | | | | | | | | | |
| 1 | $\frac{b-a}{2}$ | $T_0^{(1)}$ | $\to$ | $T_1^{(0)}$ | | | | | | | |
| 2 | $\frac{b-a}{4}$ | $T_0^{(2)}$ | $\to$ | $T_1^{(1)}$ | $\to$ | $T_2^{(0)}$ | | | | | |
| 3 | $\frac{b-a}{8}$ | $T_0^{(3)}$ | $\to$ | $T_1^{(2)}$ | $\to$ | $T_2^{(1)}$ | $\to$ | $T_3^{(0)}$ | | | |
| 4 | $\frac{b-a}{16}$ | $T_0^{(4)}$ | $\to$ | $T_1^{(3)}$ | $\to$ | $T_2^{(2)}$ | $\to$ | $T_3^{(1)}$ | $\to$ | $T_4^{(0)}$ | |
| $\vdots$ | $\vdots$ | $\vdots$ | | $\vdots$ | | $\vdots$ | | $\vdots$ | | $\vdots$ | $\ddots$ |

**【例 4. 4】** 用 Romberg 算法计算积分 $I=\int_0^1 x^{3/2}\mathrm{d}x$ .

**【解】** 利用逐次分半算法式(4-20) 和 Romberg 算法式(4-25)，计算结果见表 4-4.

$$T_0^{(0)}=\frac{1}{2}[f(0)+f(1)]=0.500000$$

$$T_0^{(1)}=\frac{1}{2}T_0^{(0)}+0.5\times f\left(\frac{1}{2}\right)=0.426777$$

$$T_0^{(2)}=\frac{1}{2}T_0^{(1)}+0.25\times\left[f\left(\frac{1}{4}\right)+f\left(\frac{3}{4}\right)\right]=0.407018$$

$$T_0^{(3)}=\frac{1}{2}T_0^{(2)}+\frac{0.25}{2}\times\left[f\left(\frac{1}{8}\right)+f\left(\frac{3}{8}\right)+f\left(\frac{5}{8}\right)+f\left(\frac{7}{8}\right)\right]=0.401812$$

$$\vdots$$

表 4-4 例 4.4 计算过程

| $k$ | $T_0^{(k)}$ | $T_1^{(k)}$ | $T_2^{(k)}$ | $T_3^{(k)}$ | $T_4^{(k)}$ | $T_5^{(k)}$ |
|---|---|---|---|---|---|---|
| 0 | 0.500000 | | | | | |
| 1 | 0.426777 | 0.402369 | | | | |
| 2 | 0.407018 | 0.400432 | 0.400302 | | | |
| 3 | 0.401812 | 0.400077 | 0.400054 | 0.400050 | | |
| 4 | 0.400463 | 0.400014 | 0.400009 | 0.400009 | 0.400009 | |
| 5 | 0.400118 | 0.400002 | 0.400002 | 0.400002 | 0.400002 | 0.400002 |

### 4.4.4 自适应求积和 Matlab 函数

虽然前面给出的算法可以计算给定函数的积分，优点是使用等间距的节点. 但是这项限制没有考虑到有些函数会在局部区域发生相对剧烈的变化，从而需要更加精细的网格. 因此，为了达到指定的精度，尽管只有局部区域需要使用精细网格，但是也必须在整个区间上使用小步长. 自适应求积方法可以改善这种情况，它通过自动调节步长，使得剧变区域使用小步长，而在函数变化缓慢的区域使用相对较大的步长. 大多数这类方法都是仿照梯形法在龙贝格积分中的应用，我们不再展开论述.

Matlab 中的数值求积内置函数有 quad、quadl、quadgk（自适应 Gauss-Kronrod 求积）、quadv（向量值函数求积）、quad2d（计算二重积分）、dblquad（计算二重积分）和 triplequad（计算三重积分），我们仅介绍 quad 和 quadl，其他可通过帮助文件查看.

quad：自适应辛普生公式求积，对低精度或不光滑函数的效率更高.

quadl：自适应洛巴托求积（Lobatto quadrature）的算法，对于高精度和光滑函数的效率更高.

两者的语法相同，均为

q=quad(fun,a,b,tol,trace,p1,p2,…),

其中 fun 是被积函数，a 和 b 为积分限，tol 为期望的绝对误差限（默认值为 $10^{-6}$），trace 是变量，如果它不为零，则函数会显示一些额外的计算细节，p1，p2，…是用户想要输入的 fun 的参数. 值得一提的是，fun 的定义中需要使用数组运算 .*，./和 .^. 此外，如果将 tol 和 trace 赋值为空矩阵，则使用默认值.

注意事项：

① 被积函数 fun 必须是函数句柄；

② 积分限 $[a, b]$ 必须是有限的，因此不能为 inf.

可能警告：

① 'Minimum step size reached'

意味着子区间的长度与计算机舍入误差相当，无法继续计算了，原因可能是有不可积的奇点；

② 'Maximum function count exceeded'

意味着积分递归计算超过了 10000 次，原因可能是有不可积的奇点；

③ 'Infinite or Not-a-Number function value encountered'

意味着在积分计算时，区间内出现了浮点数溢出或者被零除.

我们以计算 0 到 1 上函数

$$f(x)=\frac{1}{(x-q)^2+0.01}+\frac{1}{(x-r)^2+0.04}-s$$

的积分为例. 注意，当 $q=0.3$，$r=0.9$，$s=6$ 时就是 Matlab 用于演示 quad 数值功能的内置函数 humps，该函数在相对较短的 $x$ 范围内同时展现出平滑和陡变的现象，因此对于演示和测试像 quad 和 quadl 这样的程序相当有效. 注意，humps 函数在指定区间上的积分可以通过解析方法计算出来，精确值为 29.85832539549867.

```
>> format long
>> quad(@humps,0,1)
ans=
    29.858326128427638        %具有 7 位有效数字
```

也可以这样实施

```
>> F=@(x)1./((x-0.3).^2+0.01)+1./((x-0.9).^2+0.04)-6
F=
    @(x)1./((x-0.3).^2+0.01)+1./((x-0.9).^2+0.04)-6
>> quad(F,0,1)
ans=
  29.858326128427638
>> quadl(F,0,1)
ans=
  29.858325395684275        %具有 11 位有效数字
>> quadgk(@humps,0,1)
ans=
29.858325395498650          %具有 15 位有效数字
```

值得指出的是，quadgk 是自适应 Gauss-Kronrod 数值积分，适用于高精度和振荡数值积分，支持无穷区间，并且能够处理端点包含奇点的情况，同时还支持沿着不连续函数积分，复数域线性路径的围道积分法.

下面我们采用更宽松一点的误差限来计算同样的问题，参数 q，r，s 从外界输入. 首先创建函数的 M 文件

```
function  y=myhumps(x,q,r,s)
y=1./((x-q).^2+0.01)+1./((x-r).^2+0.04)-s;
```

然后在 $10^{-4}$ 误差限下积分，即

```
>> quad(@myhumps,0,1,1e-4,[],0.3,0.9,6)
ans=
  29.858121332144918  %由于采用了较大的误差限,结果只具有5位有效数字
>> quad(@myhumps,0,1,1e-6,[],0.3,0.9,6)
ans=
  29.858326128427638   %和默认的一样
```

**【例 4.5】** 热量计算是化学和生物工程以及工程的许多其他领域中常见的问题，本例是关于这类计算的一个简单而有用的例子. 常见的一个问题是确定升高材料温度所需要的热量.

计算过程中所需要的特征量是比热容 $c$，这个参数表示单位质量的材料温度升高 1℃所需要的热量. 如果 $c$ 在考察的温度范围内为常数，需要的热量 $\Delta Q$ 由下式计算：

$$\Delta Q=mc\Delta T$$

其中，$c$ 的单位是 cal/(g·℃)；$m$ 为质量（g）；$\Delta T$ 为温度的变化(℃).

例如，质量为 20g 的水，温度由 5℃上升到 10℃所需的热量为

$$\Delta Q=mc\Delta T=20\times1\times(10-5)=100(\text{cal})$$

这里，水的比热容大约是 1cal/(g·℃). 这种计算对于 $\Delta T$ 比较小的情形是足够的. 但是，当温度变化比较大，比热容不再是常数，事实上，它是一个随温度变化的函数. 例如，材料的比热容可能会按照下列关系随温度增加

$$c(T)=0.132+1.56\times10^{-4}T+2.64\times10^{-7}T^2$$

对于这个实例，试计算 1000g 这种材料的温度由 −100℃上升到 200℃所需的热量.

**【解】** 此时，需要的热量应该由下式计算

$$\Delta Q=m\int_{-100}^{200}c(T)\,\mathrm{d}T$$

因为 $c(T)$ 是一个二次多项式，所以该积分可通过解析方法求得，得到精确值 $\Delta Q=42732\text{cal}$. 下面我们将用数值积分的方法计算 $\Delta Q$，为此，必须生成当 $T$ 区不同值时 $c$ 值的表格.

| $T$/℃ | −100 | −50 | 0 | 50 | 100 | 150 | 200 |
| --- | --- | --- | --- | --- | --- | --- | --- |
| $c$/[cal/(g·℃)] | 0.11904 | 0.12486 | 0.13200 | 0.14046 | 0.15024 | 0.16134 | 0.17376 |

使用 6 个子区间上的辛普生 1/3 公式求得这些点的积分估计值为 42.732，从而得到 $\Delta Q=42732\text{cal}$，该结果与解析解是一致的. 其实不论子区间的数目为多少，这种一致性都成立，出现这种情况是意料之中的事，因为 $c$ 是一个二次函数，而辛普生公式对次数小于或等于 3 次的多项式都是精确成立的.

表 4-5 中列出了使用梯形公式的结果. 可以看出，梯形公式也能精确地估计总热量. 不过，必须使用小步长（<10℃）才能达到 5 位有效数字的精度.

**表 4-5 不同步长的梯形公式计算结果**

| 步长/℃ | ΔQ | 误差/% |
| --- | --- | --- |
| 300 | 96048 | 125 |
| 150 | 43029 | 0.7 |
| 100 | 42864 | 0.3 |
| 50 | 42765 | 0.07 |
| 25 | 42740 | 0.018 |
| 10 | 42733.3 | <0.01 |
| 5 | 42732.3 | <0.01 |
| 1 | 43732.02 | <0.01 |
| 0.05 | 42732.00003 | <0.01 |

也可以使用 Matlab 计算

```
>> m=1000;
>> DH=m * quad(@(T) 0.132+1.56e-4 * T+2.64e-7 * T.^2,-
       100,200)
  DH=42732
```

## 4.5 高斯求积公式

等距节点的插值型求积公式，虽然计算简单，使用方便，但是这种节点等距的规定却限制了求积公式的代数精度. 试想，如果对节点不加限制，并适当选择求积系数，可能会提高求积公式的精度. 高斯(Gauss) 型求积公式的思想也正如此，即在节点数 $n$ 固定时，适当地选取节点 $\{x_k\}$ 与求积系数 $\{A_k\}$，使求积分公式具有最高精度.

设有 $n+1$ 个互异节点 $x_0,x_1,\cdots,x_n$ 的机械求积分公式

$$\int_a^b \rho(x) f(x) \mathrm{d}x \approx \sum_{k=0}^{n} A_k f(x_k) \tag{4-27}$$

具有 $m$ 次代数精度，那么有取 $f(x)=x^l$ $(l=0,1,\cdots,m)$，式 (4-27) 精确成立，即

$$\sum_{j=0}^{n} A_j (x_j)^l = \int_a^b \rho(x) x^l \mathrm{d}x (l=0,1,\cdots,m) \tag{4-28}$$

式 (4-28) 构成 $m+1$ 阶的非线性方程组，且具有 $2n+2$ 个未知数 $x_k$，$A_k(k=0,1,\cdots,n)$，所以当 $\rho(x)$ 给定后，只要 $m+1 \leqslant 2n+2$，即 $m \leqslant 2n+1$ 时，方程组有解. 这表明 $n+1$ 个节点的求积公式的代数精度可达到 $2n+1$.

另一方面，对式 (4-27)，不管如何选择 $\{x_k\}$ 与 $\{A_k\}$，最高精度不可能超过 $2n+1$. 事实上，对任意的互异节点 $\{x_k\}_{k=0}^n$，令

$$p_{2n+2}(x) = \omega_{n+1}^2(x) = (x-x_0)^2(x-x_1)^2\cdots(x-x_n)^2$$

有 $\sum\limits_{k=0}^{n} A_k P_{2n+2}(x_k) = 0$，然而 $\int_a^b \rho(x) P_{2n+1}(x) \mathrm{d}x > 0$.

**定义 4.5** 如果求积分公式 (4-27) 具有 $2n+1$ 次代数精度，则称这组节点 $\{x_k\}$ 为 Gauss 点，相应公式 (4-27) 称为带权 $\rho(x)$ 的高斯求积公式.

**【例 4.6】** 试构造下列积分的高斯求积公式：

$$\int_0^1 \sqrt{x} f(x) \mathrm{d}x \approx A_0 f(x_0) + A_1 f(x_1)$$

**【解】** 令上述公式对于 $f(x)=1$，$x$，$x^2$，$x^3$ 准确成立，得

$A_0 + A_1 = \dfrac{2}{3}$；$x_0 A_0 + x_0 A_0 = \dfrac{2}{5}$

$x_0^2 A_0 + x_1^2 A_1 = \dfrac{2}{7}$；$x_0^3 A_0 + x_1^3 A_1 = \dfrac{2}{9}$

解之得 $x_0 = 0.821162$，$x_1 = 0.289949$，$A_0 = 0.389111$，$A_1 = 0.277556$.

这样，形如上述公式的高斯公式是

$$\int_0^1 \sqrt{x} f(x) \mathrm{d}x \approx 0.389111 f(0.821162) + 0.277556 f(0.289949)$$

由于非线性方程组 (4-28) 较复杂，通常 $n \geqslant 2$ 就很难求解. 故一般不通过解方程 (4-28) 求 $x_k$ 和 $A_k(k=0,1,\cdots,n)$，而从分析高斯点的特性来构造高斯求积公式.

**定理 4.5** 插值型求积公式的节点 $a \leqslant x_0 < x_1 < \cdots < x_n \leqslant b$ 是高斯点的充分必要条件是以这些节点为零点的多项式

$$\omega_{n+1}(x)=(x-x_0)(x-x_1)\cdots(x-x_n)$$

与任何次数不超过 $n$ 的多项式 $P(x)$ 带权正交，即

$$\int_a^b \rho(x)P(x)\omega_{n+1}(x)\mathrm{d}x=0 \tag{4-29}$$

**证明** 必要性. 设 $P(x)\in H_n$，则 $P(x)\omega_{n+1}(x)\in H_{2n+1}$，因此，如果 $x_0,x_1,\cdots,x_n$ 是高斯点，则式（4-27）对于 $f(x)=P(x)\omega_{n+1}(x)$ 精确成立，即有

$$\int_a^b \rho(x)P(x)\omega_{n+1}(x)\mathrm{d}x=\sum_{k=0}^{n}A_kP(x_k)\omega_{n+1}(x_k)=0$$

故式(4-29) 成立.

再证充分性. 对于 $\forall f(x)\in H_{2n+1}$，用 $\omega_{n+1}(x)$除 $f(x)$，记商为 $P(x)$，余式为 $q(x)$，即 $f(x)=P(x)\omega_{n+1}(x)+q(x)$，其中 $P(x)$，$q(x)\in H_n$，由式(4-29) 可得

$$\int_a^b \rho(x)f(x)\mathrm{d}x=\int_a^b \rho(x)q(x)\mathrm{d}x \tag{4-30}$$

由于所给求积公式(4-27) 是插值型的，它对于 $q(x)\in H_n$ 是精确成立的，即

$$\int_a^b \rho(x)f(x)\mathrm{d}x=\sum_{k=0}^{n}A_kq(x_k)$$

再注意到 $\omega_{n+1}(x_k)=0$ $(k=0,1,\cdots,n)$，知 $q(x_k)=f(x_k)$ $(k=0,1,\cdots,n)$，从而由式(4-30) 有

$$\int_a^b \rho(x)f(x)\mathrm{d}x=\int_a^b \rho(x)q(x)\mathrm{d}x=\sum_{k=0}^{n}A_kf(x_k)$$

可见求积公式（4-27）对一切次数不超过 $2n+1$ 的多项式精确成立，因此 $x_k(k=0,1,\cdots,n)$ 为高斯点. 证毕.

定理表明在 $[a,b]$ 上关于权 $\rho(x)$ 的正交多项式系中的 $n+1$ 次多项式的零点就是求积公式（4-27）的高斯点. 因此，求高斯点等价于求 $[a,b]$ 上关于权 $\rho(x)$ 的 $n+1$ 次正交多项式的 $n+1$ 个实根. 有了求积节点 $x_k(k=0,1,\cdots,n)$ 后，可如下确定求积系数

$$\int_a^b \rho(x)l_k(x)\mathrm{d}x=\sum_{j=0}^{n}A_jl_k(x_j)=A_k$$

其中，$l_k(x)=\prod_{\substack{j=0\\ j\neq k}}^{n}\dfrac{x-x_j}{x_k-x_j}$.

下面讨论高斯求积公式的余项. 设在节点 $x_k(k=0,1,\cdots,n)$ 上 $f(x)$的 $2n+1$ 次 Hermite 插值多项式为 $H(x)$，即

$$H_{2n+1}(x_k)=f(x_k),H'_{2n+1}(x_k)=f'(x_k),k=0,1,\cdots,n$$

由 Hermite 余项公式

$$f(x)-H(x)=\frac{f^{(2n+2)}(\xi)}{(2n+2)!}\omega_{n+1}^2(x)$$

有

$$\begin{aligned}R(f)&=\int_a^b\rho(x)f(x)\mathrm{d}x-\sum_{k=0}^{n}A_kf(x_k)\\&=\int_a^b\rho(x)f(x)\mathrm{d}x-\sum_{k=0}^{n}A_kH(x_k)\\&=\int_a^b\rho(x)f(x)\mathrm{d}x-\int_a^b\rho(x)H(x)\mathrm{d}x\\&=\int_a^b\rho(x)[f(x)-H(x)]\mathrm{d}x\\&=\int_a^b\rho(x)\frac{f^{(2n+2)}(\xi)}{(2n+2)!}\omega_{n+1}^2(x)\mathrm{d}x\end{aligned}$$

**定理 4.6** 高斯求积公式的求积系数 $A_k(k=0,1,\cdots,n)$ 全是正的.

**证明** 由于具有高斯节点 $x_k$ $(k=0,1,\cdots,n)$ 的高斯求积公式具有 $2n+1$ 次代数精度，所以对于多项式 $l_k(x)=\prod\limits_{\substack{j=0\\j\neq k}}^{n}\frac{x-x_j}{x_k-x_j}$ $(k=0,1,\cdots,n)$，公式准确成立，即

$$\int_a^b\rho(x)l_k^2(x)\mathrm{d}x=\sum_{j=0}^{n}A_jl_k^2(x_j)=A_k(k=0,1,\cdots,n)$$

**推论 4.1** 高斯求积公式是稳定的.

**定理 4.7** 设 $f(x)\in C[a,b]$，高斯求积公式是收敛的，即

$$\lim_{n\to\infty}\sum_{k=0}^{n}A_kf(x_k)=\int_a^b\rho(x)f(x)\mathrm{d}x$$

利用第 3 章所学正交多项式的零点做高斯点，我们可以得到高斯-勒让德求积公式、高斯-切比雪夫求积公式和高斯-拉盖尔求积公式等，具体内容我们不再展开.

高斯求积公式精度高，稳定性好，还可以计算某些广义积分，是一类减少计算函数值的好方法.

## 4.6 数值微分

在微分学里，求函数 $f(x)$的导数 $f'(x)$一般来讲是容易办到的，

**人物介绍**

**高斯**（Johann Carl Friedrich Gauss）（1777—1855），德国著名数学家、物理学家、天文学家、大地测量学家. 1799 年高斯于黑尔姆施泰特大学因证明代数基本定理获博士学位. 从 1807 年起担任格丁根大学教授兼格丁根天文台台长直至逝世. 高斯和牛顿、阿基米德，被誉为有史以来的三大数学家. 高斯是近代数学奠基者之一，在历史上影响之大，可以和阿基米德、牛顿、欧拉并列，有“数学王子”之称. 18 岁的高斯发现了质数分布定理和最小二乘法. 通过对足够多的测量数据的处理后，可以得到一个新的、概率性质的测量结果. 在这些基础之上，高斯随后专注于曲面与曲线的计算，并成功得到高斯钟形曲线（正态分布曲线）. 其函数被命名为标准正态分布（或高斯分布），并在概率计算中大量使用. 高斯的肖像已经被印在从 1989 年至 2001 年流通的面值为 10 马克的德国纸币上.

但若所给函数 $f(x)$ 由表格给出，则 $f'(x)$ 就不那么容易了，这种对列表函数求导数通常称为数值微分. 积分是一个求和的过程，数据的扰动对最后的结果影响不大；但微分不同，它倾向于不稳定——也就是说它放大误差，所以在进行数值微分计算时尤其要小心.

### 4.6.1 利用差商求导数

最简单的数值微分公式是用差商近似代替导数.

（1）向前差商

$$f'(x_0) \approx \frac{f(x_0+h)-f(x_0)}{h} \tag{4-31}$$

（2）向后差商

$$f'(x_0) \approx \frac{f(x_0)-f(x_0-h)}{h} \tag{4-32}$$

（3）中心差商

$$f'(x_0) \approx \frac{f(x_0+h)-f(x_0-h)}{2h} \tag{4-33}$$

在几何图形上，这三种差商分别表示弦 $AB$、$AC$ 和 $BC$ 的斜率，将这三条弦同过 $A$ 点的切线 $AT$ 相比较，从图 4-3 可以看出，一般地说，以 $BC$ 的斜率更接近于切线 $AT$ 的斜率 $f'(x_0)$，因此就精度而言，式(4-33) 更为可取，称

$$G(h)=\frac{f(x_0+h)-f(x_0-h)}{2h} \tag{4-34}$$

为求 $f'(x_0)$ 的中点公式.

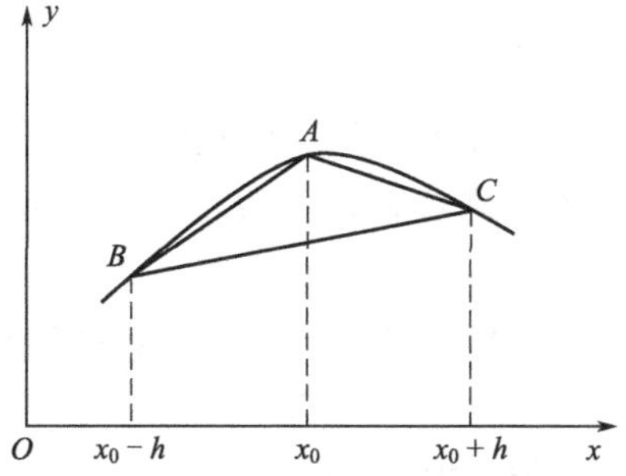


图 4-3　差商示意图

现在考察式(4-34) 计算近似导数 $f'(x_0)$ 所产生的截断误差，首先分别将 $f(x_0 \pm h)$ 在 $x_0$ 处作 Taylor 展开并代入式(4-34)，可得

$$G(h)=f'(a)+\frac{h^2}{3!}f'''(a)+\frac{h^4}{5!}f^{(5)}(a)+\cdots \tag{4-35}$$

由此可知，从截断误差的角度看，步长越小，计算越准确. 但从舍入误差的角度看，步长越小，式（4-34）的分母越小，而且分子是两个相近数相减，这都是算法设计中应该避免的.

## 4.6.2 利用插值求导数

由插值理论，如果已知 $f(x)$在离散点处的函数值 $f(x_i)$，$i=1,2,\cdots,n$，可以考虑用拉格朗日插值多项式和三次样条函数的近似 $f(x)$，从而用它们的导数和高阶导数近似 $f(x)$ 的导数和高阶导数，这类方法就是基于插值的数值求导方法.

例如，我们可以二次拉格朗日插值多项式拟合三个相邻数据点 $(x_i, f(x_i))$，$i=1,2,3$. 然后对插值多项式求导得到

$$f'(x)\approx L_2'(x)=f(x_0)\frac{2x-x_1-x_2}{(x_0-x_1)(x_0-x_2)}+$$

$$f(x_1)\frac{2x-x_0-x_2}{(x_1-x_0)(x_1-x_2)}+f(x_2)\frac{2x-x_0-x_1}{(x_2-x_0)(x_2-x_1)}$$

其中，$x$ 是需要估计导数的点，这个公式称为三点求导公式. 虽然公式比较复杂，但具有一些重要优点：第一，它可用来估计三个点所确定范围内任意位置的导数；第二，数据点本身不要求是等间距的；第三，导数估计值具有与中点公式同样的精度，事实上对于等距数据，上式在 $x=x_1$处退化为中点公式.

我们可以继续对 $L_2'(x)$ 求导获得二阶导数计算公式，比如在节点等距的情况下（设步长为 $h$），我们能得到二阶三点公式

$$f'(x_1)\approx\frac{1}{h^2}(f(x_1-h)-2f(x_1)+f(x_1+h))$$

类似地，我们可以用两个点推导出两点公式，用五个点推导出五点公式，由于高次插值的龙格现象，一般不再采用更高次数的插值求导公式.

三次样条函数 $S(x)$ 作为 $f(x)$ 的近似，我们有如下结论

$$\|f^{(k)}(x)-S^{(k)}(x)\|_\infty\leqslant C_k\|f^{(4)}\|_\infty h^{4-k},k=0,1,2$$

这里 $h$ 相邻节点间距的最大值. 从这里我们可以看出，

不但函数值很接近 $S(x)$ 和 $f(x)$ 不仅函数值接近，导数值也很接近. 具体实现过程并不是先求出 $S(x)$ 再求导，而是通过求解三转角方程组得到导数值，通过求解三弯矩方程组得到二阶导数值，具体步骤同第 2 章 2.4 节中三弯矩方程组的推导，不再赘述.

### 4.6.3 李查逊外推法

利用中点公式计算导数值时

$$f'(x) \approx G(h) = \frac{f(x+h)-f(x-h)}{2h}$$

同式（4-35）的推导，我们有

$$f'(x) = G(h) + \alpha_1 h^2 + \alpha_2 h^4 + \cdots$$

其中 $\alpha_i(i=1,2,\cdots)$ 与 $h$ 无关. 利用李查逊外推法，和龙贝格公式的推导完全相同，我们有

$$G_m(h) = \frac{4^m G_{m-1}\left(\frac{h}{2}\right) - G_{m-1}(h)}{4^m - 1}, G_0(h) \equiv G(h), m=1,2,\cdots \tag{4-36}$$

根据李查逊外推法，上述公式的误差为

$$f'(x) - G_m(h) = O(h^{2(m+1)})$$

可见，当 $m$ 较大时，计算时很精确的. 当然，考虑到舍入误差，一般 $m$ 不能取太大.

### 4.6.4 Matlab 实现

（1）符号计算

函数的导数和高阶导数，格式为：

y=diff（fun，x）　　　　　　%求导数

y=diff（fun，x，n）　　　　　%求 n 阶导数

**【例 4.7】** 函数 $f(x)=\frac{\sin x}{x^2+4x+3}$，求其二阶导数.

```
>> syms x;f=sin(x)/(x^2+4*x+3);
>> f1=diff(f,2);latex(f1)
```

将结果复制到 Mathtype 中，显示如下

$$\frac{2\sin(x)(2x+4)^2}{(x^2+4x+3)^3} - \frac{2\sin(x)}{(x^2+4x+3)^2} - \frac{\sin(x)}{x^2+4x+3} - \frac{2\cos(x)(2x+4)}{(x^2+4x+3)^2}$$

（2）数值计算

① 基于 Matlab 函数 diff 的数值微分. 如果输入一个长度为 $n$ 的一维向量，则 diff 函数会返回一个长度为 $n-1$ 的向量，其中包含原向量相邻元素的差. 如下面例子所示，这些值可以用来计算一阶导数的有限差分近似.

**【例 4.8】** 考察如何用 Matlab 函数 diff 计算函数.

$$f(x)=0.2+25x-200x^2+675x^3-900x^4+400x^5$$

在 $x$ 取 0～0.8 上的微分. 将结果与精确解 $f'(x)=25x-400x+$

$2025x^2-3600x^3+2000x^4$进行比较.

**【解】** >> f=@(x) 0.2+25 * x−200 * x. ^2+675 * x. ^3−900 * x. ^4+400 * x. ^5;

>> x=0:0.1:0.8;y=f(x);　　　　%自变量和因变量采样

>> diff(x)　　　　　　　　　　%用 diff 计算每个向量中相邻元素的差,结果和期望的一样

ans=0.1000　0.1000　0.1000　0.1000　0.1000　0.1000　0.1000　0.1000

>> d=diff(y)./diff(x)

d=10.8900　−0.0100　3.1900　8.4900　8.6900　1.3900　−11.0100　−21.3100

向量 d 现在包含相邻元素中点处的导数估计值. 鉴于此，为了绘制结果的图形，我们先创建包含每个区间中点值的向量

>> n=length(x);xm=(x(1:n−1)+x(2:n))./2

xm=0.0500　0.1500　0.2500　0.3500　0.4500　0.5500　0.6500　0.7500

最后可以用解析解计算分辨率更高的网格层上的导数值，以便将它绘制在同一张图上进行比较

>> xa=0:.01:.8;ya=25−400 * xa+2025 * xa. ^2−3600 * xa. ^3+2000 * xa. ^4;

>> plot(xm,d,'o',xa,ya)　%

如图 4-4 所示，结果令人满意.

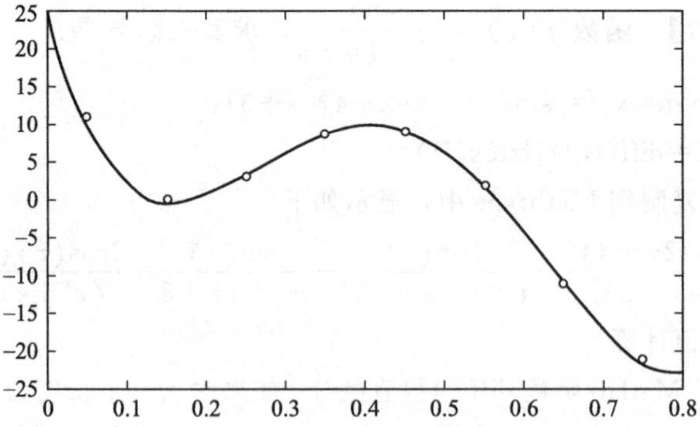


图 4-4　精确导数（实线）与基于 diff 的数值导数值（圈）比较

② 基于 Matlab 函数 gradient 的数值微分. gradient 函数同样返回差值，只不过，它采用的方式更加适合根据函数值本身，而不是用这些

值之间的间隔来计算导数. 它的简单语法是:

fx=gradient(f)

其中 f=长度为 $n$ 的一维向量, fx 是由 f 的差组成的长度为 $n$ 的向量.

和 diff 函数一样, 返回向量的第一个元素是 f 的第一和第二个值之差, 最后一个元素是 f 的最后两个值之差, 但是对于中间值, 返回的是与其相邻的两个值的中心型差分 $fx_i=(f_{i+1}-f_{i-1})/2$. 这样, 结果类似于在所有中间值处使用中心型差分, 在端点处使用向前和向后差分.

注意到, 数据点的间距被假设为 1. 如果向量表示的是等距数据, 下面的版本以间距除所有的结果, 因此返回导数的实际估计值:

fx=gradient(f,h)

其中 h=数据点之间的间距.

**【例 4.9】** 利用 gradient 计算例 4.8.

**【解】**
```
>> f=@(x) 0.2+25*x-200*x.^2+675*x.^3-900*x.^4+400*x.^5;
>> x=0:0.1:0.8;y=f(x);
>> dy=gradient(y,0.1)
dy=10.8900    5.4400    1.5900    5.8400    8.5900    5.0400
    -4.8100   -16.1600   -21.3100
>> xa=0:.01:.8;
>> ya=25-400*xa+2025*xa.^2-3600*xa.^3+2000*xa.^4;
>> plot(x,dy,'o',xa,ya)
```
如图 4-5 所示, 结果不如图 4-4 用 diff 函数得到的准确. 这是由于 gradient 使用的采样间隔 (0.2) 是 diff 使用的间隔 (0.1) 的两倍.

③ 基于样条插值的数值微分运算. 格式:

$S_d$=fnder(S,k)

该函数可以求取 S 的 k 阶导数.

格式: $S_d$=fnder(S,[$k_1$,…,$k_n$])

可以求取多变量函数的偏导数

**【例 4.10】** 考虑 $f(x)=(x^2-3x+5)e^{-5x}\sin x$ 的一些数据点, 用三次分段多项式样条函数求出该函数的导数, 并与理论推导结果比较.
```
>> syms x;f=(x^2-3*x+5)*exp(-5*x)*sin(x);
>> ezplot(diff(f),[0, 1])   %作导函数的图形
>> hold on                  %允许在当前的图形窗口中画第二个曲线
>> x=0:.12:1;y=(x.^2-3*x+5).*exp(-5*x).*sin(x);
                            %生成一些离散点
```

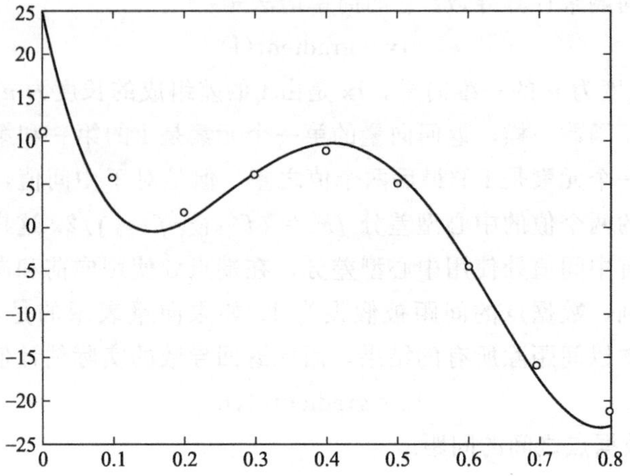


图 4-5　精确导数（实线）与基于 gradient 的数值导数值（圈）比较

```
>> sp1=csapi(x,y)            %作三次分段多项式样条函数
sp1=
      form:'pp'
    breaks:[0  0.1200  0.2400  0.3600  0.4800  0.6000  0.7200  0.8400
0.9600]
     coefs:[8x4 double]
    pieces:8
     order:4
       dim:1
>> dsp1=fnder(sp1,1)
dsp1=
      form:'pp'
    breaks:[0  0.1200  0.2400  0.3600  0.4800  0.6000  0.7200  0.8400
0.9600]
     coefs:[8x3 double]
    pieces:8
     order:3
       dim:1
>> fnplt(dsp1,'*')           %画函数图形
>> axis([0,1,-0.8,5])        %设定坐标轴范围
```

如图 4-6 所示，本例中的结果还是令人满意的. 至于如何求任一点处的导数值，可参阅第 2 章函数 scape 的介绍.

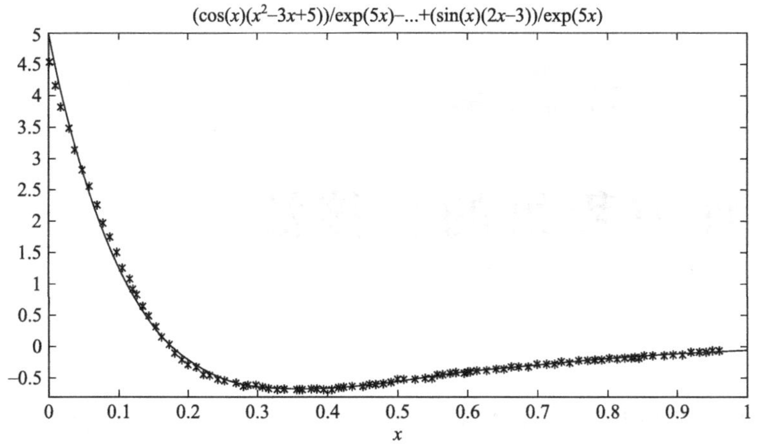


图 4-6 精确导数（实线）与基于样条插值的数值导数值（星号）比较

## 习题 4

4-1 确定下列求积公式 $\int_0^h f(x)\mathrm{d}x \approx h[f(0)+f(h)]/2+ah^2[f'(0)-f'(h)]$ 的特定参数，使其代数精度尽量高，并指明所构造出的求积公式所具有的代数精度.

4-2 若用复化梯形公式计算积分 $I=\int_0^1 \mathrm{e}^x \mathrm{d}x$ ，问区间[0，1]应分多少等份才能使截断误差不超过 $\frac{1}{2}\times 10^{-5}$？若改用复化辛普生公式，要达到同样精度区间[0，1]应分多少等份？

4-3 用龙贝格求积方法计算 $\int_0^{2\pi} x\sin x\,\mathrm{d}x$ ，使误差不超过 $10^{-5}$.

4-4 地球卫星轨道是一个椭圆，椭圆周长的计算公式是

$$S=a\int_0^{\frac{\pi}{2}}\sqrt{1-\left(\frac{c}{a}\right)^2\sin^2\theta}\,\mathrm{d}\theta$$

其中，$a$ 是椭圆的半长轴；$c$ 是地球中心与轨道中心（椭圆中心）的距离；$h$ 为近地点距离；$H$ 为远地点距离；$R=6371\text{km}$ 为地球半径. 则：

$$a=(2R+H+h)/2, c=(H-h)/2$$

我国第一颗地球卫星近地点距离 $h=439\text{km}$，远地点距离 $H=2384\text{km}$. 试求卫星轨道的周长.

# 第 5 章

# 解线性方程组的直接法

数值分析中最常见的问题是线性或非线性方程组的求解以及函数最优值的确定. 本章及下一章将讨论线性方程组

$$\boldsymbol{Ax}=\boldsymbol{b}$$

的求解，其中 $\boldsymbol{A}\in\mathscr{R}^{m\times n}$，$\boldsymbol{b}\in\mathscr{R}^{n}$. 通常情况下假定系数矩阵 $\boldsymbol{A}$ 为方阵，即 $m=n$. 线性方程组的求解在数值计算中占有极其重要的地位. 很多具体应用，如函数的最小二乘拟合、样条插值，以及工程力学中求解微分方程问题的差分方法、有限元法等都包含了解线性方程组问题.

对于 $n$ 阶线性方程组 $\boldsymbol{Ax}=\boldsymbol{b}$，若 $\det(\boldsymbol{A})\neq 0$，则方程组有唯一解，其解可由 Cramer 法则给出. 但当 $n$ 较大时，Cramer 法则计算消耗极大. 由于当前许多实际应用涉及求解大规模线性方程组，其阶数通常可以达到上万阶，传统的线性代数方法已不能满足需要，寻求有效的数值计算方法极为必要. 正是对于这类问题的处理促进了 Matlab 等科学计算软件的开创和发展.

线性方程组的类型很多，根据应用背景不同，大致可分为两类：一类是低阶稠密线性方程组，即系数矩阵阶数较低，含零元素很少；另一类是高阶稀疏线性方程组，即系数矩阵阶数较高，但零元素占比例也较高. 根据方程组的实际背景和具体类型不同，相应的求解方法也种类丰富. 对低阶稠密线性方程组，常采用直接法求解，而对高阶稀疏线性方程组，常采用迭代法求解.

直接法是通过一系列公式推导，经过有限步运算可以解析地给出方程组解的方法. 该类方法的优点是运算次数固定，其复杂度可以事先估计，其缺点是通常需要存储系数矩阵和常数项的所有元素，因而所需存储单元较多. 此外，在计算机实际计算中，由于初始数据储存精度以及计算过程中所产生的舍入误差等都对解的精确度产生影响，因此直接法实际上求出的是方程组真解的近似值. 本章将详细介绍直接法，主要包括 Gauss 消去法以及矩阵的三角分解法，相应的误差分析也将一并给出. 为方便计算，设本章讨论的线性方程组的系数矩阵为非奇异方阵.

## 5.1　Gauss 消去法

消元法是一种古老的求解线性方程组的方法，早在公元前 250 年我们的祖先已掌握了三元一次方程组的消元法. 然而随着未知数个数的增加，求解就会变得越来越困难，当问题规模 $n$ 很大时，用手工计算已经不可能，只能借助于计算机. 这里，采用易于在计算机上实现的方式来介绍这一方法.

考虑线性方程组

$$\begin{cases} a_{11}x_1+a_{12}x_2+\cdots+a_{1n}x_n=b_1 \\ a_{21}x_1+a_{22}x_2+\cdots+a_{2n}x_n=b_2 \\ \quad\cdots \qquad\qquad \cdots \\ a_{n1}x_1+a_{n2}x_2+\cdots+a_{nn}x_n=b_n \end{cases} \tag{5-1}$$

其矩阵形式为

$$\boldsymbol{A}\boldsymbol{x}=\boldsymbol{b}$$

其中

$$\boldsymbol{A}=\begin{bmatrix} a_{11} & \cdots & a_{1n} \\ \vdots & & \vdots \\ a_{n1} & \cdots & a_{nn} \end{bmatrix},\ \boldsymbol{x}=\begin{bmatrix} x_1 \\ \vdots \\ x_n \end{bmatrix},\ \boldsymbol{b}=\begin{bmatrix} b_1 \\ \vdots \\ b_n \end{bmatrix}$$

消元法的基本思想是先利用方程组的同解变形，逐步将原方程组转化为一个简单的、易于求解的特殊形式的线性方程组，然后再求解这一特殊形式的线性方程组. 其中，Gauss 消去法是最常用的一类消元法，其基本策略为先将原方程组通过一系列消元过程转化为等价的上三角方程组，再执行回代运算求出上三角方程组的解.

### 5.1.1　消元过程

消元过程即为将系数矩阵的严格下三角部分的各元素逐次通过矩阵行初等变换全部约化为零的过程，消元后将得到等价的上三角方程组. 这一任务可由中学阶段就已熟悉的加减消元实现.

为保证符号统一，记方程组（5-1）为

$$\boldsymbol{A}^{(1)}\boldsymbol{x}=\boldsymbol{b}^{(1)}$$

其中 $\boldsymbol{A}^{(1)}=(a_{ij}^{(1)})=(a_{ij}),\boldsymbol{b}^{(1)}=\boldsymbol{b}$.

消元第 1 步：将 $\boldsymbol{A}^{(1)}$ 的第一列主对角元以下的元素全约化为 0. 设 $a_{11}^{(1)} \neq 0$，计算

$$l_{i1}=a_{i1}^{(1)}/a_{11}^{(1)}(i=2,3,\cdots,n)$$

用 $-l_{i1}$ 乘式（5-1）的第 1 个方程，加到第 $i$ 个方程上，可得式（5-1）的同解方程组

$$\begin{cases} a_{11}^{(1)}x_1+a_{12}^{(1)}x_2+\cdots+a_{1n}^{(1)}x_n=b_1^{(1)} \\ \qquad\qquad a_{22}^{(2)}x_2+\cdots+a_{2n}^{(2)}x_n=b_2^{(2)} \\ \qquad\qquad\qquad \cdots \\ \qquad\qquad a_{n2}^{(2)}x_2+\cdots+a_{nn}^{(2)}x_n=b_n^{(2)} \end{cases} \tag{5-2}$$

记为 $\boldsymbol{A}^{(2)}\boldsymbol{x}=\boldsymbol{b}^{(2)}$，其中 $\boldsymbol{A}^{(2)}$，$\boldsymbol{b}^{(2)}$ 的元素由下式给出.

$$\begin{cases} a_{ij}^{(2)}=a_{ij}^{(1)}-l_{i1}a_{1j}^{(1)} \\ b_i^{(2)}=b_i^{(1)}-l_{i1}b_1^{(1)} \end{cases} \quad (i,j=2,\cdots,n)$$

类似地，第 2 步消元将 $\boldsymbol{A}^{(2)}$ 的第 2 列主对角元以下的元素逐次通过相应行初等变换全约化为 0. 假设当前已完成第 $k-1$ 步消元，得式（5-1）的同解方程组为

$$\begin{cases} a_{11}^{(1)}x_1+a_{12}^{(1)}x_2+\cdots+a_{1k}^{(1)}x_k+\cdots+a_{1n}^{(1)}x_n=b_1^{(1)} \\ \qquad\quad a_{22}^{(2)}x_2+\cdots+a_{2k}^{(2)}x_k+\cdots+a_{2n}^{(2)}x_n=b_2^{(2)} \\ \qquad\qquad\quad \ddots \qquad\qquad \vdots \\ \qquad\qquad\qquad\quad a_{kk}^{(k)}x_k+\cdots+a_{kn}^{(k)}x_n=b_k^{(k)} \\ \qquad\qquad\qquad\qquad \cdots \qquad\qquad \cdots \\ \qquad\qquad\qquad\quad a_{nk}^{(k)}x_k+\cdots+a_{nn}^{(k)}x_n=b_n^{(k)} \end{cases} \tag{5-3}$$

简记为 $\boldsymbol{A}^{(k)}\boldsymbol{x}=\boldsymbol{b}^{(k)}$.

消元第 $k$ 步：就是要将 $\boldsymbol{A}^{(k)}$ 的第 $k$ 列主对角元以下的元素全约化为 0. 设 $a_{kk}^{(k)} \neq 0$，计算

$$l_{ik}=a_{ik}^{(k)}/a_{kk}^{(k)}(i=k+1,\cdots,n)$$

用 $-l_{ik}$ 乘式（5-3）的第 $k$ 个方程加到第 $i$ 个（$i=k+1$，…，$n$）方程上，完成第 $k$ 步消元. 得同解方程组

$$\boldsymbol{A}^{(k+1)}\boldsymbol{x}=\boldsymbol{b}^{(k+1)}$$

其中 $\boldsymbol{A}^{(k+1)}$，$\boldsymbol{b}^{(k+1)}$ 元素的计算公式为

$$\begin{cases} a_{ij}^{(k+1)}=a_{ij}^{(k)}-l_{ik}a_{kj}^{(k)} \\ b_i^{(k+1)}=b_i^{(k)}-l_{ik}b_k^{(k)} \end{cases} \quad (i,j=k+1,\cdots,n)$$

完成 $n-1$ 步消元后，式（5-1）化成同解的上三角方程组

$$\begin{cases} a_{11}^{(1)}x_1+a_{12}^{(1)}x_2+a_{13}^{(1)}x_3+\cdots+a_{1n}^{(1)}x_n=b_1^{(1)} \\ \qquad a_{22}^{(2)}x_2+a_{23}^{(2)}x_3+\cdots+a_{2n}^{(2)}x_n=b_2^{(2)} \\ \qquad\qquad \ddots \\ \qquad\qquad\qquad \ddots \\ \qquad\qquad\qquad\qquad a_{nn}^{(n)}x_n=b_n^{(n)} \end{cases} \tag{5-4}$$

简记为 $\boldsymbol{A}^{(n)}\boldsymbol{x}=\boldsymbol{b}^{(n)}$.

## 5.1.2 求解上三角方程组

通过前面介绍的消元过程，可将原方程组转化为方程组（5-4）. 一般地，形如

$$\begin{cases} u_{11}x_1+u_{12}x_2+\cdots+u_{1n}x_n=y_1 \\ \qquad \cdots \\ u_{n-1,n-1}x_{n-1}+u_{n-1,n}x_n=y_{n-1} \\ \qquad\qquad u_{nn}x_n=y_n \end{cases} \tag{5-5}$$

的方程组称为上三角形方程组. 写成矩阵形式为 $\boldsymbol{Ux}=\boldsymbol{y}$. 易知，若 $\det(\boldsymbol{U})\neq 0$，即 $u_{11}\neq 0$，$u_{22}\neq 0$，…，$u_{nn}\neq 0$，则式（5-5）有唯一解

$$\begin{cases} x_n=y_n/u_{nn} \\ x_k=\left(y_k-\sum\limits_{j=k+1}^{n}u_{kj}x_j\right)\Big/u_{kk} \end{cases} \quad (k=n-1,\cdots,1)$$

我们称求解上三角方程组（5-5）的过程为回代过程. 回代过程是件容易的事，其计算量较小. 将以上求解策略应用于通过消元得到的方程组（5-4），可知，若 $a_{kk}^{(k)}\neq 0$，$k=1$，2，…，$n$，则原方程组的解为

$$\begin{cases} x_n=b_n^{(n)}/a_{nn}^{(n)} \\ x_k=\left(b_k^{(k)}-\sum\limits_{l=k+1}^{n}a_{kl}^{(k)}x_l\right)\Big/a_{kk}^{(k)} \quad (k=n-1,\cdots,1) \end{cases} \tag{5-6}$$

Gauss 消去步骤能顺利进行的条件是 $a_{kk}^{(k)}\neq 0$，$k=1,2\cdots,n$，现在的问题是矩阵 $\boldsymbol{A}$ 应具有什么性质，才能保证此条件成立. 若用 $D_i$ 表示 $\boldsymbol{A}$ 的顺序主子式，即

$$D_i=\begin{vmatrix} a_{11} & \cdots & a_{1i} \\ \vdots & & \vdots \\ a_{i1} & \cdots & a_{ii} \end{vmatrix},i=1,\cdots,n$$

则有下面定理.

**定理 5.1**　约化的主元素 $a_{ii}^{(i)}\neq 0$（$i=1,\cdots,k$）的充要条件是矩阵 $\boldsymbol{A}$ 的顺序主子式

$$D_i \neq 0, i=1,\cdots,k.$$

**证明** 先证必要性. 因主元素 $a_{ii}^{(i)} \neq 0 (i=1,\cdots,k)$，可进行 $m-1$ $(m \leqslant k)$ 步消元，每步消元过程为相应的行初等变换，其不改变顺序主子式的值，于是

$$D_m = a_{11}^{(1)} \times a_{22}^{(2)} \cdots \times a_{mm}^{(m)} \neq 0 (m \leqslant k)$$

必要性得证.

接下来，用归纳法证明充分性. $k=1$ 时命题显然成立. 假设命题对 $k-1$ 成立. 设 $D_i \neq 0$，$i=1$，…，$k$. 由归纳法假设有 $a_{ii}^{(i)} \neq 0$ $(i=1$，…，$k-1)$，Gauss 消去法可以进行 $k-1$ 步，$\mathbf{A}$ 约化为

$$\mathbf{A}^{(k)} = \begin{vmatrix} \mathbf{A}_{11}^{(k)} & \mathbf{A}_{12}^{(k)} \\ 0 & \mathbf{A}_{22}^{(k)} \end{vmatrix}$$

其中 $\mathbf{A}_{11}^{(k)}$ 是对角元为 $a_{11}^{(1)}$，$a_{12}^{(2)}$，…，$a_{k-1,k-1}^{(k-1)}$ 的上三角阵. 因 $\mathbf{A}^{(k)}$ 是通过 $k-1$ 步消去法得到的，每步消元过程不改变顺序主子式的值，所以 $\mathbf{A}$ 的 $k$ 阶顺序主子式等于 $\mathbf{A}^{(k)}$ 的，即

$$D_k = \det\begin{bmatrix} \mathbf{A}_{11}^{(k)} & * \\ 0 & a_{kk}^{(k)} \end{bmatrix} = a_{11}^{(1)} \times a_{22}^{(2)} \cdots \times a_{k-1,k-1}^{(k-1)} \times a_{kk}^{(k)}$$

由 $D_k \neq 0$ 知 $a_{kk}^{(k)} \neq 0$，充分性得证.

### 5.1.3 计算消耗

接下来，我们详细分析 Gauss 消去法的计算消耗. 由于在计算机中乘积运算的执行时间远超加法运算，在此主要考虑乘积运算消耗，具体包括如下两部分.

(1) 消元过程的计算量

第 $k(k=1,\cdots,n-1)$ 步消元过程：计算乘子 $l_{ik} = a_{ik}^{(k)} / a_{kk}^{(k)}$，$i=k+1,\cdots,n$ 需作 $n-k$ 次除法运算；第 $k$ 行乘 $-l_{ik}$ 加到第 $i$ 行，需要乘法和减法各 $n+1-k$ 次（第 $k$ 列元素无需计算），共 $n-k$ 行 $(i=k+1,\cdots,n)$，所以需要乘法 $(n-k)(n+1-k)$ 次，故消元过程中的乘、除法运算量为

$$\sum_{k=1}^{n-1}[(n-k)+(n-k)(n-k+1)] = \frac{n}{2}(n-1) + \frac{n}{3}(n^2-1)$$

(2) 回代过程的计算量

计算 $x_k = \left(b_k^{(k)} - \sum_{l=k+1}^{n} a_{kl}^{(k)} x_l\right) / a_{kk}^{(k)}$ $(k=n-1,\cdots,1)$ 需要 $(n-k+1)$ 次乘除法，整个回代过程的运算量为：

$$\sum_{k=1}^{n-1}(n-k+1)=\frac{n}{2}(n+1)$$

综上所述，Gauss 消去法的总运算量为

$$\frac{n}{3}(n^2-1)+\frac{n}{2}(n-1)+\frac{n}{2}(n+1)=\frac{n^3}{3}+n^2-\frac{n}{3}$$

接下来，通过一个数值例子揭示 Gauss 消去法的求解过程.

**【例 5.1】** 用 Gauss 消去法求解方程组

$$\begin{cases}2x_1+3x_2+4x_3=6 & \text{(5-7a)}\\ 3x_1+5x_2+2x_3=5 & \text{(5-7b)}\\ 4x_1+3x_2+30x_3=32 & \text{(5-7c)}\end{cases}$$

**【解】** 把方程（5-7a）乘$\left(-\frac{3}{2}\right)$后加到方程（5-7b）上去，把方程（5-7a）乘$\left(-\frac{4}{2}\right)$后加到方程（5-7c）上去，即可消去方程（5-7b）、方程（5-7c）中的 $x_1$，得同解方程组

$$\begin{cases}2x_1+3x_2+4x_3=6 & \text{(5-8a)}\\ 0.5x_2-4x_3=-4 & \text{(5-8b)}\\ -3x_2+22x_3=20 & \text{(5-8c)}\end{cases}$$

将方程（5-8b）乘$\left(\frac{3}{0.5}\right)$后加于方程（5-8c），得同解方程组：

$$\begin{cases}2x_1+3x_2+4x_3=6 & \text{(5-9a)}\\ 0.5x_2-4x_3=-4 & \text{(5-9b)}\\ -2x_3=-4 & \text{(5-9c)}\end{cases}$$

由回代公式（5-6）解得：$x_3=2$，$x_2=8$，$x_1=-13$.

### 5.1.4 Matlab 函数

在 Matlab 中，一般采用矩阵形式存储并求解线性方程组. 设待求线性方程组为 $\boldsymbol{Ax}=\boldsymbol{b}$，其中系数矩阵 $\boldsymbol{A}$ 非奇异，则可通过以下两种方式求解向量 $\boldsymbol{x}$.

（1）输入 x=inv(A) * b. 其运算步骤为先调用函数 inv(A) 求出 $\boldsymbol{A}$ 的逆矩阵，再求出解向量. 尽管这种方式可求出方程组的解，但注意到矩阵求逆的计算量远大于 Gauss 消去法，且数值稳定性较差. 因此，该方法计算效率较低，且当系数矩阵病态时求解精度较低，不推荐采用这种方式.

（2）利用 Matlab 矩阵左除运算：x=A \ b. 该方式会调用一个非常复杂的求解算法，总的来说，Matlab 会先判断系数矩阵的结构，然

后选择一种最优的方法求解. 其相对于前一种解法，既可以很好地保证计算的精度，又能大量地节省计算时间.

此外，Matlab 还提供了若干矩阵相关的命令，常用的如下.

```
>> ones([3 3])      % 生成一个规模为3×3的全1矩阵.
>> size(ans)        % 矩阵ans的规模.
>> zeros(4,5)       % 生成一个规模为4×5的全零矩阵.
>> diag([1 2 3])    % 生成一个对角元依次为1、2、3的三阶对角阵.
>> rand([4 4])      % 生成一个规模为4×4的各元素独立且服从均匀分布的随机阵.
>> rref(C)          % 求解矩阵C经Gauss消去得到的行阶梯形矩阵.
```

现以例 5.1 为例说明.

```
>> A=[2,3,4;3,5,2;4,3,30];  b=[6;5;32];
>> R=rref([A,b])      % 求出增广矩阵[A,b]经Gauss消去得到的行阶梯形矩阵
```

$$R=\begin{bmatrix}2 & 3 & 4 & 6\\ 0 & 0.5 & -4 & -4\\ 0 & 0 & -2 & -4\end{bmatrix}$$

```
>> x1=inv(A) * b
x1=2
   8
   -13
>> x2=A\b
X2=2
   8
   -13
```

通过对比发现，分别通过两种方法求出的解向量 $\boldsymbol{x}_1$ 和 $\boldsymbol{x}_2$ 完全一致，从而验证了命令的正确性. 在实际应用中，尤其是对大规模线性方程组，后一种求解方法，即矩阵左除运算命令的执行效率和求解精度远远优于第一种方法.

## 5.2 Gauss 列主元消去法

前述的消去过程中，未知量是按其出现于方程组中的自然顺序消去的，所以又叫顺序消去法. 实际上已经发现顺序消去法有很大的缺点. 设用作除数的 $a_{kk}^{(k-1)}$ 为主元素，首先，消元过程中可能出现 $a_{kk}^{(k-1)}$ 为零的情况，此时消元过程也无法进行下去；其次，如果主元素 $a_{kk}^{(k-1)}$ 很小，由于舍入误差和有效位数消失等因素，其本身常常有较大的相对误差，用其作除数，会导致其他元素数量级的严重增长和舍入误差的扩散，使得所求的解误差过大，以致失真.

我们来看一个例子.

**【例 5.2】** 设计算机在计算过程中保留两位有效数字，求解下列方程组

$$\begin{cases}1.0\times10^{-4}x_1+1.00x_2=1.00\\1.00x_1+1.00x_2=2.00\end{cases}$$

**【解】** 不难推导，该方程组的精确解为

$$x_1=\frac{10000}{9999}\approx1.00010$$

$$x_2=\frac{9998}{9999}\approx0.99990$$

但若在计算过程中保留两位有效数字，则 Gauss 消去法第一步以 $1.0\times10^{-4}$ 为主元，从第二个方程中消 $x_1$ 后可得

$$-1.0\times10^{-4}x_2=-1.0\times10^{-4},\quad x_2=1.00$$

回代可得 $x_1=0.00$.

显然，这不是方程组的解. 造成这个现象的原因是：第一步主元素太小，使得消元后所得的三角形方程组很不准确所致. 如果我们选第二个方程中 $x_1$ 的系数 1.00 为主元素来消去第一个方程中的 $x_1$，则得出如下方程式

$$1.0\times10^{4}x_2=1.0\times10^{4},\quad x_2=1.00$$

回代可得 $x_1=1.00$，这是真解的三位正确舍入值.

从上述例子中可以看出，小主元可能带来严重的后果，因而在消元过程中适当选取主元素是十分必要的. 误差分析的理论和计算实践均表明：Gauss 消去法在系数矩阵 $\mathbf{A}$ 为对称正定时，可以保证此过程对舍入误差的数值稳定性，对一般的矩阵则必须引入选取主元素的技巧，方能得到满意的结果. 一般地，可通过改变方程组中方程的次序或改动变量次序，选择绝对值大的元素做主元，可减少舍入误差，提高计算精度.

在列主元消去法中，未知数仍然是顺序地消去的，但是把各方程中要消去的那个未知数的系数按绝对值最大值作为主元素，然后用顺序消去法的公式求解. 具体地，在第 $k$ 步消元时，在 $\mathbf{A}^{(k)}$ 的第 $k$ 列元素 $a_{ik}^{(k)}$ $(i\geqslant k)$ 中选取绝对值最大者作为主元，并将其对换到 $(k,k)$ 位置上，然后再进行消元计算.

用方程组 (5-1) 的增广矩阵

$$[\boldsymbol{A},\boldsymbol{b}]=\begin{bmatrix} a_{11} & a_{12} & \cdots & a_{1n} & b_1 \\ a_{21} & a_{22} & \cdots & a_{2n} & b_2 \\ \vdots & \vdots & \cdots & \vdots & \vdots \\ a_{n1} & a_{n2} & \cdots & a_{nn} & b_n \end{bmatrix} \tag{5-10}$$

表示它，并直接在增广矩阵上进行计算. 具体步骤如下.

消元第 1 步：在上述矩阵的第一列中选取绝对值最大的，比如 $a_{i_1 1}$，其满足 $|a_{i_1 1}|=\max\limits_{1\leqslant i\leqslant n}|a_{i1}|$. 将（5-10）中第一行与第 $i_1$ 行互换. 为方便起见，记行互换后的增广矩阵为 $[\boldsymbol{A}^{(1)}, \boldsymbol{b}^{(1)}]$，然后进行第一次消元，得矩阵

$$[\boldsymbol{A}^{(2)},\boldsymbol{b}^{(2)}]=\begin{bmatrix} a_{11}^{(1)} & a_{12}^{(1)} & \cdots & a_{1n}^{(1)} & b_1^{(1)} \\ 0 & a_{22}^{(2)} & \cdots & a_{2n}^{(2)} & b_2^{(2)} \\ & \cdots & & \cdots & \\ 0 & a_{n2}^{(2)} & \cdots & a_{nn}^{(2)} & b_n^{(2)} \end{bmatrix}$$

假设当前已完成 $k-1$ 步的主元素消去法，约化为

$$\begin{bmatrix} a_{11}^{(1)} & \cdots & a_{1k}^{(1)} & \cdots & a_{1n}^{(1)} & b_1^{(1)} \\ & \ddots & \vdots & & \vdots & \vdots \\ & & a_{kk}^{(k)} & \cdots & a_{kn}^{(k)} & b_k^{(k)} \\ & & \vdots & & \vdots & \vdots \\ & & a_{nk}^{(k)} & \cdots & a_{nn}^{(k)} & b_n^{(k)} \end{bmatrix}$$

消元第 $k$ 步：在矩阵 $[\boldsymbol{A}^{(k)}, \boldsymbol{b}^{(k)}]$ 的第 $k$ 列中选主元，如 $a_{i_k k}^{(k)}$，使 $|a_{i_k k}^{(k)}|=\max\limits_{k\leqslant i\leqslant n}|a_{ik}^{(k)}|$. 将 $[\boldsymbol{A}^{(k)}, \boldsymbol{b}^{(k)}]$ 的第 $k$ 行与第 $i_k$ 行互换，进行第 $k$ 次消元. 经过 $n-1$ 步，增广矩阵（5-10）被化成上三角形

$$\begin{bmatrix} a_{11}^{(1)} & a_{12}^{(1)} & \cdots & a_{1n}^{(1)} & b_1^{(1)} \\ & a_{22}^{(2)} & \cdots & a_{2n}^{(2)} & b_2^{(2)} \\ & & \ddots & \vdots & \vdots \\ & & & a_{nn}^{(n)} & b_n^{(n)} \end{bmatrix}$$

**【例 5.3】** 用列主元 Gauss 消去法求解方程

$$\begin{cases} 2x_1-x_2+3x_3=1 \\ 4x_1+2x_2+5x_3=4 \\ x_1+2x_2=7 \end{cases}$$

**【解】** 先将上方程组的系数矩阵及右端向量构成如下增广矩阵

$$\begin{bmatrix} 2 & -1 & 3 & 1 \\ 4^* & 2 & 5 & 4 \\ 1 & 2 & 0 & 7 \end{bmatrix}$$

在列主元消去法中，第 1 步将增广矩阵第 1 列第 2 行的分量 4 选为主元素，并把主元素所在的行定为主元行，然后将主元行换到第一行得到

$$\begin{bmatrix} 4 & 2 & 5 & 4 \\ 2 & -1 & 3 & 1 \\ 1 & 2 & 0 & 7 \end{bmatrix} \xrightarrow{\text{第一步消元}} \begin{bmatrix} 1 & 0.5 & 1.25 & 1 \\ 0 & -2^* & 0.5 & -1 \\ 0 & 1.5 & -1.25 & 6 \end{bmatrix} \xrightarrow{\text{第二步消元}}$$

$$\begin{bmatrix} 1 & 0.5 & 1.25 & 1 \\ 0 & 1 & -0.25 & 0.5 \\ 0 & 0 & -0.875 & 5.25 \end{bmatrix} \xrightarrow{\text{第三步消元}} \begin{bmatrix} 1 & 0.5 & 1.25 & 1 \\ 0 & 1 & -0.25 & 0.5 \\ 0 & 0 & 1 & -6 \end{bmatrix}$$

消元后得到如下三角方程组

$$\begin{cases} x_1+0.5x_2+1.25x_3=1 \\ \qquad\quad x_2-0.25x_3=0.5 \\ \qquad\qquad\qquad x_3=-6 \end{cases}$$

回代，得

$$\begin{cases} x_1=9 \\ x_2=-1 \\ x_{-3}=-6 \end{cases}$$

除列主元消去法外，还有一类被称为全主元 Gauss 消去法的求解方法. 该方法在第 $k$ 步消元时，在 $\boldsymbol{A}^{(k)}$ 的右下方 $(n\text{-}k+1)$ 阶子矩阵的所有元素 $a_{ik}^{(k)}$ $(i, j\geqslant k)$ 中，选取绝对值最大者作为主元，并将其对换到 $(k, k)$ 位置上，再进行消元计算. 与列主元消去法相比，全主元消去法每步消元过程所选主元的范围更大，且对控制舍入误差更有效，求解结果更加可靠. 特别地，全主元消去法的适用范围也比列主元消去法更广：在第 $k$ 步消元时，全主元消去法在只有当 $\boldsymbol{A}^{(k)}$ 的右下方 $(n-k+1)$ 阶子矩阵的所有元素 $a_{ik}^{(k)}$ $(i, j\geqslant k)$ 都为零时才会失效. 易知，此时系数矩阵的秩小于 $n$，方程组无解或有无穷多解.

**注 5.1**：在第 $k$ 步消元时，在 $\boldsymbol{A}^{(k)}$ 的第 $k$ 列元素 $a_{ik}^{(k)}$ $(i\geqslant k)$ 中选取绝对值最大者作主元. 若所有的 $a_{ik}^{(k)}$，$i=k$，$k+1$，…，$n$，的值均为零，则算法失效.

尽管如此，注意到全主元法在计算过程中，需同时作行与列的互换，因而程序比较复杂，计算时间较长. 列主元法的精度虽稍低于全主元法，但其计算简单，工作量大为减少，且计算经验与理论分析均表明，它与全主元法同样具有良好的数值稳定性，故列主元法是求解中小型稠密线性方程组的最好方法之一.

## 5.3 矩阵的三角分解及其在解方程组中的应用

### 5.3.1 Gauss 消元过程的矩阵形式

前两节介绍的 Gauss 消去法的消元过程是对方程组（5-1）的增广矩阵 $[\boldsymbol{A}, \boldsymbol{b}]$ 进行一系列初等变换，将系数矩阵 $\boldsymbol{A}$ 化成上三角形矩阵的过程. 这等价于用一系列行初等矩阵左乘增广矩阵，因此消元过程可以通过矩阵运算来表示. 第一次消元等价于用初等矩阵

$$\boldsymbol{L}_1=\begin{bmatrix} 1 & & & & \\ -l_{21} & 1 & & & \\ \vdots & 0 & \ddots & & \\ \vdots & \vdots & \cdots & 1 & \\ -l_{n1} & 0 & \cdots & 0 & 1 \end{bmatrix}$$

左乘矩阵 $\boldsymbol{A}^{(1)}=\boldsymbol{A}$，其中 $l_{i1}=a_{i1}^{(1)}/a_{11}^{(1)}$ $(i=2,3,\cdots,n)$，即

$$\boldsymbol{A}^{(2)}=\boldsymbol{L}_1\boldsymbol{A}^{(1)}$$

一般地，第 $k$ 次消元等价于用初等矩阵

$$\boldsymbol{L}_k=\begin{bmatrix} 1 & & & & & \\ & \ddots & & & & \\ & & 1 & & & \\ 0 & & -l_{k+1,k} & 1 & & \\ & & \vdots & & \ddots & \\ & & -l_{n,k} & 0 & & 1 \end{bmatrix}$$

左乘矩阵 $\boldsymbol{A}^{(k)}$，其中 $l_{ik}=a_{ik}^{(k)}/a_{kk}^{(k)}$ $(i=k+1,\cdots,n)$，经过 $n-1$ 次消元后得到

$$\boldsymbol{L}_{n-1}\boldsymbol{L}_{n-2}\cdots\boldsymbol{L}_1[\boldsymbol{A}^{(1)},\boldsymbol{b}^{(1)}]=[\boldsymbol{A}^{(n)},\boldsymbol{b}^{(n)}]$$

即

$$\boldsymbol{L}_{n-1}\boldsymbol{L}_{n-2}\cdots\boldsymbol{L}_1\boldsymbol{A}^{(1)}=\boldsymbol{A}^{(n)}$$

$$\boldsymbol{L}_{n-1}\boldsymbol{L}_{n-2}\cdots\boldsymbol{L}_1\boldsymbol{b}^{(1)}=\boldsymbol{b}^{(n)}$$

将上三角矩阵 $\boldsymbol{A}^{(n)}$ 记为 $\boldsymbol{U}$，得到

$$\boldsymbol{A}=\boldsymbol{L}_1^{-1}\boldsymbol{L}_2^{-1}\cdots\boldsymbol{L}_{n-1}^{-1}\boldsymbol{U}=\boldsymbol{L}\boldsymbol{U}$$

其中

$$\boldsymbol{L}=\boldsymbol{L}_1^{-1}\boldsymbol{L}_2^{-1}\cdots\boldsymbol{L}_{n-1}^{-1}=\begin{bmatrix} 1 & & & & \\ l_{21} & 1 & & & \\ \vdots & l_{32} & \ddots & & \\ \vdots & \vdots & \cdots & 1 & \\ l_{n1} & l_{n2} & \cdots & l_{n,n-1} & 1 \end{bmatrix}$$

为单位下三角阵.

这说明，消元过程实际上是把系数矩阵 $\boldsymbol{A}$ 分解为单位下三角阵与上三角矩阵的乘积的过程. 这种分解称为 Doolittle 分解，也称为 LU 分解.

**定理 5.2** 设 $\boldsymbol{A}$ 为 $n$ 阶方阵，如果 $\boldsymbol{A}$ 的顺序主子式 $\boldsymbol{D}_i \neq 0$ $(i=1,\cdots,n-1)$，则存在单位下三角阵 $\boldsymbol{L}$ 和上三角阵 $\boldsymbol{U}$，使 $\boldsymbol{A}=\boldsymbol{LU}$，且该分解唯一.

**证明** 由定理 5.1，若 $\boldsymbol{A}$ 的顺序主子式 $\boldsymbol{D}_i \neq 0$ $(i=1,\cdots,n-1)$，则 Gauss 消去过程中约化的主元素 $a_{ii}^{(i)} \neq 0$ $(i=1,\cdots,n-1)$，从而保证 Gauss 消去可顺利执行，从而可由前述分析构造出 $\boldsymbol{A}$ 的一个 LU 分解.

下面仅就 $\boldsymbol{A}$ 为非奇异矩阵的假定下证明分解的唯一性，对于奇异情形留作练习. 设 $\boldsymbol{A}$ 有两个分解式

$$\boldsymbol{A}=\boldsymbol{LU}=\boldsymbol{L}_1\boldsymbol{U}_1$$

式中，$\boldsymbol{L}$，$\boldsymbol{L}_1$ 都是单位下三角阵；$\boldsymbol{U}$，$\boldsymbol{U}_1$ 都是上三角阵. 因 $\boldsymbol{A}$ 非奇异，所以 $\boldsymbol{L}$，$\boldsymbol{L}_1$，$\boldsymbol{U}$，$\boldsymbol{U}_1$ 都可逆. 于是

$$\boldsymbol{L}_1^{-1}\boldsymbol{L}=\boldsymbol{U}_1\boldsymbol{U}^{-1}$$

上式左边为单位下三角阵，右边为上三角阵，所以

$$\boldsymbol{L}_1^{-1}\boldsymbol{L}=\boldsymbol{U}_1\boldsymbol{U}^{-1}=\boldsymbol{I}$$

即有 $\boldsymbol{L}_1=\boldsymbol{L}$，$\boldsymbol{U}_1=\boldsymbol{U}$，唯一性得证.

对于列主元消去法对应的三角分解，我们有如下结果.

**定理 5.3** （列主元三角分解定理）如果 $\boldsymbol{A}$ 为非奇异矩阵，则存在排列矩阵 $\boldsymbol{P}$，使

$$\boldsymbol{PA}=\boldsymbol{LU}$$

式中，$\boldsymbol{L}$ 为单位下三角矩阵；$\boldsymbol{U}$ 为上三角矩阵.

### 5.3.2 矩阵的直接三角分解法

前文介绍的 Gauss 消去法是求解线性方程组的一种有效算法. 不过，若需要同时求解大量系数矩阵相同而右端向量不同的方程组，那么这种方法的效率很低. Gauss 消去法包括 Gauss 消元和回代两个阶段，其计算量主要消耗在 Gauss 消元阶段. 特别是当方程组的阶数增大时，这种情况更加明显.

LU 分解能够将时间开销较大的矩阵消元部分与关于右端项的操作分离开来. 所以，一旦系数矩阵被“分解”，就可以高效地求解多个不同右端项的情况. 本节将不采用 Gauss 消去的步骤，而是利用三角矩阵的结构特征直接构造 LU 分解. 设 $\boldsymbol{A}=\boldsymbol{LU}$ 为如下形式

$$\begin{bmatrix} a_{11} & a_{12} & \cdots & a_{1n} \\ a_{21} & a_{22} & \cdots & a_{2n} \\ \vdots & \vdots & \ddots & \vdots \\ a_{n1} & a_{n2} & \cdots & a_{nn} \end{bmatrix} = \begin{bmatrix} 1 & & & \\ l_{21} & 1 & & \\ \vdots & \vdots & \ddots & \\ l_{n1} & l_{n2} & \cdots & 1 \end{bmatrix} \begin{bmatrix} u_{11} & u_{12} & \cdots & u_{1n} \\ & u_{22} & \cdots & u_{2n} \\ & & \ddots & \vdots \\ & & & u_{nn} \end{bmatrix}$$

由矩阵的乘法规则，得

$$a_{1j} = u_{1j} \qquad (j=1,2,\cdots,n)$$

从而得到 $\boldsymbol{U}$ 的第一行元素；由 $a_{i1} = l_{i1} u_{11}$ 得

$$l_{i1} = \frac{a_{i1}}{u_{11}} \qquad (i=1,2,\cdots,n)$$

即 $\boldsymbol{L}$ 的第一列元素. 设当前已经求出 $\boldsymbol{U}$ 的第 1 行至第 $r-1$ 行元素，$\boldsymbol{L}$ 的第 1 列至第 $r-1$ 列元素，由矩阵乘法可得

$$a_{ri} = \sum_{k=1}^{n} l_{rk} u_{ki} = \sum_{k=1}^{r-1} l_{rk} u_{ki} + u_{ri} \qquad (l_{rk}=0, r<k)$$

$$a_{ir} = \sum_{k=1}^{n} l_{ik} u_{kr} = \sum_{k=1}^{r-1} l_{ik} u_{kr} + k_{ir} u_{rr}$$

即可计算出 $\boldsymbol{U}$ 的第 $r$ 行以及 $\boldsymbol{L}$ 的第 $r$ 列所有元素.

因此，矩阵 $\boldsymbol{L}$ 及 $\boldsymbol{U}$ 的所有元素可按如下步骤依次求出.

(1) 计算 $\boldsymbol{U}$ 的第 1 行，$\boldsymbol{L}$ 的第 1 列

$$\begin{aligned} u_{1j} &= a_{1j} \qquad (j=1,2,\cdots,n) \\ l_{i1} &= a_{i1}/u_{11} \qquad (i=2,\cdots,n) \end{aligned} \tag{5-11}$$

(2) 计算 $\boldsymbol{U}$ 的第 $r$ 行，$\boldsymbol{L}$ 的第 $r$ 列 $(r=2,\cdots,n)$

$$u_{rj} = a_{rj} - \sum_{k=1}^{r-1} l_{rk} u_{kj} \qquad (j=r,r+1,\cdots,n),$$

$$l_{ir} = (a_{ir} - \sum_{k=1}^{r-1} l_{ik} u_{kr})/u_{rr} \quad (i=r+1,\cdots,n, r\neq n) \tag{5-12}$$

如果线性方程组 $\boldsymbol{A}x=\boldsymbol{b}$ 的系数矩阵已进行三角分解，$\boldsymbol{A}=\boldsymbol{LU}$，则解方程组 $\boldsymbol{A}x=\boldsymbol{b}$ 等价于求解两个三角形方程组 $\boldsymbol{Ly}=\boldsymbol{b}$，$\boldsymbol{U}x=\boldsymbol{y}$，可通过执行两次回代运算得到方程组的解，步骤如下.

(1) 求解下三角方程组 $\boldsymbol{Ly}=\boldsymbol{b}$

$$\boldsymbol{Ly} = \begin{bmatrix} 1 & & & \\ l_{21} & \ddots & & \\ \vdots & & 1 & \\ l_{n1} & \cdots & l_{nn-1} & 1 \end{bmatrix} \begin{bmatrix} y_1 \\ \vdots \\ \vdots \\ y_n \end{bmatrix} = \begin{bmatrix} b_1 \\ \vdots \\ \vdots \\ b_n \end{bmatrix}$$

得解
$$\begin{cases} y_1 = b_1 \\ y_k = b_k - \sum\limits_{j=1}^{k-1} l_{kj} y_j \quad (k=2,3,\cdots,n) \end{cases}$$

(2) 求解上三角方程组 $\boldsymbol{Ux}=\boldsymbol{y}$

$$\begin{bmatrix} u_{11} & u_{12} & \cdots & u_{1n} \\ & u_{22} & \cdots & u_{2n} \\ & & \ddots & \vdots \\ & & & u_{nn} \end{bmatrix} \begin{bmatrix} x_1 \\ x_2 \\ \vdots \\ x_n \end{bmatrix} = \begin{bmatrix} y_1 \\ y_2 \\ \vdots \\ y_n \end{bmatrix}$$

得解

$$\begin{cases} x_n = y_n / u_{nn} \\ x_k = (y_k - \sum\limits_{j=k+1}^{n} u_{kj} x_j) / u_{kk} \quad (k=n-1,n-2,\cdots,1) \end{cases}$$

**【例 5.4】** 求矩阵

$$\boldsymbol{A} = \begin{bmatrix} 2 & 2 & 3 \\ 4 & 7 & 7 \\ -2 & 4 & 5 \end{bmatrix}$$

的三角分解.

**【解】** 按式(5-11)、式(5-12)，求得

$$u_{11}=a_{11}=2, u_{12}=a_{12}=2, u_{13}=a_{13}=3$$
$$l_{21}=a_{21}/u_{11}=4/2=2, l_{31}=a_{31}/u_{11}=-2/2=-1$$
$$u_{22}=a_{22}-l_{21}u_{12}=7-2\times 2=3$$
$$u_{23}=a_{23}-l_{21}u_{13}=7-2\times 3=1$$
$$l_{32}=(a_{32}-l_{31}u_{12})/u_{22}=[4-(-1)\times 2]/3=2$$
$$u_{33}=a_{33}-(l_{31}u_{13}+l_{32}u_{23})=5-[(-1)\times 3+2\times 1]=6$$

所以

$$\boldsymbol{A} = \begin{bmatrix} 1 & 0 & 0 \\ 2 & 1 & 0 \\ -1 & 2 & 1 \end{bmatrix} \begin{bmatrix} 2 & 2 & 3 \\ 0 & 3 & 1 \\ 0 & 0 & 6 \end{bmatrix}$$

**【例 5.5】** 用直接三角分解法解

$$\begin{bmatrix} 1 & 2 & 3 \\ 2 & 5 & 2 \\ 3 & 1 & 5 \end{bmatrix} \begin{bmatrix} x_1 \\ x_2 \\ x_3 \end{bmatrix} = \begin{bmatrix} 14 \\ 18 \\ 20 \end{bmatrix}$$

**【解】** 首先，按式 (5-11)、式 (5-12)，求得

$$u_{11}=1, u_{12}=2, u_{13}=3, l_{21}=2, l_{31}=3$$

$$u_{22}=a_{22}-l_{21}u_{12}=5-2\times2=1$$

$$u_{23}=a_{23}-l_{21}u_{13}=2-2\times3=-4$$

$$l_{32}=\frac{(a_{32}-l_{31}u_{12})}{u_{22}}=\frac{(1-3\times2)}{1}=-5$$

$$u_{33}=a_{33}-(l_{31}u_{13}+l_{32}u_{23})=5-[3\times3+(-5)\times(-4)]=-24$$

于是

$$\boldsymbol{A}=\begin{bmatrix}1 & & \\ 2 & 1 & \\ 3 & -5 & 1\end{bmatrix}\begin{bmatrix}1 & 2 & 3\\ & 1 & -4\\ & & -24\end{bmatrix}$$

接下来，利用回代求解 $\boldsymbol{Ly}=\boldsymbol{b}$，得到

$$y_1=14$$

$$y_2=b_2-l_{21}y_1=18-2\times14=-10$$

$$y_3=b_3-(l_{31}y_1+l_{32}y_2)=20-[3\times14+(-5)(-10)]=-72$$

从而 $\boldsymbol{y}=(14, -10, -72)^{\mathrm{T}}$. 由 $\boldsymbol{Ux}=\boldsymbol{y}$ ，经回代运算得到

$$x_3=\frac{y_3}{u_{33}}=\frac{-72}{-24}=3$$

$$x_2=\frac{(y_2-u_{23}x_3)}{u_{22}}=\frac{-10-(-4\times3)}{1}=2$$

$$x_1=\frac{y_1-(u_{12}x_2+u_{13}x_3)}{u_{11}}=\frac{14-(2\times2+3\times3)}{1}=1$$

从而得到方程组的解 $\boldsymbol{x}=(1,2,3)^{\mathrm{T}}$.

使用LU分解的优点之一是在内存中可以将矩阵 $\boldsymbol{A}$ 的位置用 $\boldsymbol{L}$ 和 $\boldsymbol{U}$ 替换，在约化的每一步用已形成的 $\boldsymbol{U}$ 部分覆盖 $\boldsymbol{A}$，同时将乘子存储在矩阵的下三角位置，图示如下.

$$\begin{bmatrix}X & X & X & X\\ X & X & X & X\\ X & X & X & X\\ X & X & X & X\end{bmatrix}\to\begin{bmatrix}X & X & X & X\\ x & X & X & X\\ x & X & X & X\\ x & X & X & X\end{bmatrix}\to$$

$$\begin{bmatrix}X & X & X & X\\ x & X & X & X\\ x & x & X & X\\ x & x & X & X\end{bmatrix}\to\begin{bmatrix}X & X & X & X\\ x & X & X & X\\ x & x & X & X\\ x & x & x & X\end{bmatrix}$$

其中 $X$ 表示 $\boldsymbol{U}$ 的元素，$x$ 表示 $\boldsymbol{L}$ 的元素. 这样最终矩阵中由 $X$ 表示的上三角部分构成 Doolittle 分解中的上三角因子，而对由 $x$ 表示的严格下三角部分将其对角元用 1 进行填充可得到 Doolittle 分解中的单

**注 5.2**：不选主元的直接三角分解过程能进行到底的条件是 $u_{rr}\neq0$ $(r=1,\cdots,n-1)$. 实际上，即使 $\boldsymbol{A}$ 非奇异，也可能出现某个 $u_{rr}=0$ 的情况，这时分解过程将无法进行下去. 另外，如果 $|u_{rr}|\neq0$ 但很小，会使计算过程中的舍入误差急剧增大，导致解的精度很差. 但如果 $\boldsymbol{A}$ 非奇异，我们可通过交换 $\boldsymbol{A}$ 的行实现矩阵 $\boldsymbol{PA}$ 的 LU 分解，实际上是采用与列主元消去法等价的选主元的三角分解法，即只要在直接三角分解法的每一步引进选主元的技术即可，具体过程不再赘述.

位下三角因子. 一般称这种做法为 LU 分解的紧凑格式. 紧凑格式虽然破坏了矩阵 **A**，但如果需要仍可由 **L** 和 **U** 重新形成.

如果 **A** 是大型矩阵，存储两个如此规模的矩阵（**L** 和 **U**）成为问题的话，上面的方法将很有效，因为该方法只是将内存中 **A** 的对应位置的值作了改写. 虽然现在机器的内存一般都很充裕，但这种存储方式过去是很重要的，即使对于现在的条件，多数情况下这种技术也是非常有效的.

### 5.3.3 Matlab 函数

Matlab 提供了命令 [L，U，P]＝lu(A) 求解非奇异矩阵的列主元 LU 分解，其中 A 表示待分解矩阵，L 为经三角分解得到的单位下三角矩阵，U 为经分解得到的上三角矩阵，P 为排列阵. 求出的三个矩阵满足关系 **PA**＝**LU**.

以例 5.5 为例说明其应用.

```
>> A=[1,2,3;2,5,2;3,1,5];
>> [L,U,P]=lu(A)
L=1.0000        0         0
  0.6667   1.0000         0
  0.3333   0.3846    1.0000
U=3.0000   1.0000    5.0000
       0   4.3333   -1.3333
       0        0    1.8462
P=0    0    1
  0    1    0
  1    0    0
```

此外，输入：

```
>> M=lu(A)
```

得到的将是例 5.5 的紧凑格式. 可以通过 Matlab 的 triu 和 tril 命令提取上三角和下三角部分. 输入：

```
>> U1=triu(M)
>> L1=tril(M)
```

可以看到 U1 和 U 相同，但 L1 却包含了 M 的整个下三角部分，即包含对角线. 现在需要确定 L1 对角元的值. 最常用的方式是采用循环赋值，即输入：

```
>> for i=1:size(L1,1)
>>     L1(i,i)=1;
>> end
```

## 5.4 平方根法

在科学研究和工程技术的实际计算中遇到的线性代数方程组，其系数矩阵往往具有对称正定性. 对于系数矩阵具有这种特殊性质的方程组，上面介绍的直接三角分解还可以简化，得到“平方根法”以及改进平方根法. 这是计算机上常用的有效方法之一. 下面讨论对称正定矩阵的三角分解.

设 $\boldsymbol{A}$ 是 $n$ 阶实矩阵，由线性代数知识知，$\boldsymbol{A}$ 是对称正定矩阵意味着 $\boldsymbol{A}=\boldsymbol{A}^{\mathrm{T}}$，且对于任意 $n$ 维非零列向量 $\boldsymbol{x}\neq 0$，恒有 $\boldsymbol{x}^{\mathrm{T}}\boldsymbol{A}\boldsymbol{x}>0$. 对称正定矩阵有如下性质.

若 $\boldsymbol{A}$ 为对称正定矩阵，则 $\boldsymbol{A}$ 的各阶顺序主子式 $\boldsymbol{D}_k>0$ $(k=1,2,\cdots,n)$. 根据这条性质，我们就可以来讨论对称正定矩阵的三角分解，从而给出求解方程组的平方根法.

### 5.4.1 平方根法（Cholesky 分解法）

对一般的对称矩阵，有如下结论.

**定理 5.4** （对称阵的三角分解定理）设 $\boldsymbol{A}$ 是对称阵，且 $\boldsymbol{A}$ 的所有顺序主子式均不为零，则存在唯一的单位下三角阵 $\boldsymbol{L}$ 和对角阵 $\boldsymbol{D}$，使

$$\boldsymbol{A}=\boldsymbol{L}\boldsymbol{D}\boldsymbol{L}^{\mathrm{T}} \tag{5-13}$$

**证明** 因为 $\boldsymbol{A}$ 的各阶顺序主子式不为零，由定理 5.2，存在唯一的 Doolittle 分解

$$\boldsymbol{A}=\boldsymbol{L}\boldsymbol{U}$$

其中 $\boldsymbol{L}$ 为单位下三角矩阵，$\boldsymbol{U}$ 为上三角矩阵. 令 $\boldsymbol{D}=\mathrm{diag}(u_{11},\cdots,u_{nn})$，将 $\boldsymbol{U}$ 再分解为

$$\boldsymbol{U}=\boldsymbol{D}\boldsymbol{U}_0$$

其中 $\boldsymbol{D}$ 为对角阵，$\boldsymbol{U}_0$ 为单位上三角矩阵. 于是

$$\boldsymbol{A}=\boldsymbol{L}\boldsymbol{U}=\boldsymbol{L}\boldsymbol{D}\boldsymbol{U}_0$$

又

$$\boldsymbol{A}=\boldsymbol{A}^{\mathrm{T}}=\boldsymbol{U}_0^{\mathrm{T}}(\boldsymbol{D}\boldsymbol{L}^{\mathrm{T}})$$

由分解的唯一性即得 $\boldsymbol{U}_0^{\mathrm{T}}=\boldsymbol{L}$，式 (5-13) 得证.

进一步地，若 $\boldsymbol{A}$ 为对称正定矩阵，分解式 (5-13) 可进一步约化.

**定理 5.5** （对称正定阵的 Cholesky 分解）设 $\boldsymbol{A}$ 是对称正定矩阵，则存在唯一的对角元素为正的下三角阵 $\boldsymbol{L}$，使

$$\boldsymbol{A}=\boldsymbol{L}\boldsymbol{L}^{\mathrm{T}} \tag{5-14}$$

**证明** 因为 $\boldsymbol{A}$ 的对称性，由定理 5.4 知 $\boldsymbol{A}=\boldsymbol{L}_1\boldsymbol{D}\boldsymbol{L}_1^{\mathrm{T}}$，其中 $\boldsymbol{L}_1$ 为单

位下三角阵，$\boldsymbol{D}=\mathrm{diag}(d_1,\cdots,d_n)$. 若令 $\boldsymbol{U}=\boldsymbol{D}\boldsymbol{L}_1^{\mathrm{T}}$，则 $\boldsymbol{A}=\boldsymbol{L}_1\boldsymbol{U}$ 为 $\boldsymbol{A}$ 的 Doolittle 分解，$\boldsymbol{U}$ 的对角元即 $\boldsymbol{D}$ 的对角元. 不难验证，$\boldsymbol{A}$ 的 $m(m=1,2,\cdots,n)$ 阶顺序主子式为对应的 $\boldsymbol{L}_1$ 与 $\boldsymbol{U}$ 的 $m$ 阶顺序主子阵的乘积，因此 $\boldsymbol{A}$ 的顺序主子式 $\boldsymbol{D}_m=d_1\cdots d_m$. 因为 $\boldsymbol{A}$ 正定，有 $\boldsymbol{D}_m>0$，由此可推出 $d_m>0$，$m=1,\cdots,n$. 记

$$\sqrt{\boldsymbol{D}}=\mathrm{diag}(\sqrt{d_1},\cdots,\sqrt{d_n})$$

则有

$$\boldsymbol{A}=\boldsymbol{L}_1\sqrt{\boldsymbol{D}}\sqrt{\boldsymbol{D}}\boldsymbol{L}_1^{\mathrm{T}}=(\boldsymbol{L}_1\sqrt{\boldsymbol{D}})(\boldsymbol{L}_1\sqrt{\boldsymbol{D}})^{\mathrm{T}}=\boldsymbol{L}\boldsymbol{L}^{\mathrm{T}}$$

其中 $\boldsymbol{L}=\boldsymbol{L}_1\sqrt{\boldsymbol{D}}$，它为对角元为正的下三角阵，所以式（5-14）成立. 由分解 $\boldsymbol{L}_1\boldsymbol{D}\boldsymbol{L}_1^{\mathrm{T}}$的唯一性，可得分解（5-14）的唯一性.

分解式 $\boldsymbol{A}=\boldsymbol{L}\boldsymbol{L}^{\mathrm{T}}$称为正定矩阵的 Cholesky 分解. 利用 Cholesky 分解来求系数矩阵为对称正定矩阵的方程组 $\boldsymbol{A}\boldsymbol{x}=\boldsymbol{b}$ 的方法称为平方根法. 当矩阵 $\boldsymbol{A}$ 完成 Cholesky 分解后，求解方程组 $\boldsymbol{A}x=\boldsymbol{b}$ 就转化为依次求解方程组

$$\boldsymbol{L}\boldsymbol{y}=\boldsymbol{b},\boldsymbol{L}^{\mathrm{T}}\boldsymbol{x}=\boldsymbol{y}$$

下面给出用平方根法解线性代数方程组的公式

① 用比较法可以导出 $\boldsymbol{L}$ 的计算公式. 设

$$\boldsymbol{L}=\begin{bmatrix} l_{11} & & & \\ l_{21} & l_{22} & & \\ \vdots & \vdots & \ddots & \\ l_{n1} & l_{n2} & \cdots & l_{nn} \end{bmatrix}$$

比较 $\boldsymbol{A}$ 与 $\boldsymbol{L}\boldsymbol{L}^{\mathrm{T}}$的对应元素，可得

$$l_{ii}=\left(a_{ii}-\sum_{k=1}^{i-1}l_{ik}^2\right)^{1/2},\qquad i=1,2,\cdots,n$$

$$l_{ij}=\left(a_{ij}-\sum_{k=1}^{i-1}l_{ik}l_{jk}\right)\Big/l_{jj},\qquad j=1,2,\cdots,i-1$$

② 求解下三角形方程组　　$\boldsymbol{L}\boldsymbol{y}=\boldsymbol{b}$

$$y_i=\left(b_i-\sum_{k=1}^{i-1}l_{ik}y_k\right)\Big/l_{ii}\qquad (i=1,2,\cdots,n-1)$$

③ 求解上三角方程组　　$\boldsymbol{L}^{\mathrm{T}}\boldsymbol{x}=\boldsymbol{y}$

$$x_i=\left(y_i-\sum_{k=i+1}^{n}l_{ki}x_k\right)/l_{ii}\qquad (i=n,n-1,\cdots,1)$$

对于 Cholesky 分解的计算消耗，由于 $\boldsymbol{L}^{\mathrm{T}}$ 是 $\boldsymbol{L}$ 的转置，当 $\boldsymbol{L}$ 的元素求出后，$\boldsymbol{L}^{\mathrm{T}}$的元素也就求出，所以平方根法约需 $n^3/6$ 次乘除法，大

约为一般 LU 分解法计算量的一半. 另外，由于 $\boldsymbol{A}$ 的对称性，计算过程只用到矩阵 $\boldsymbol{A}$ 的下三角部分的元素，而且一旦求出 $l_{ij}$ 后，$a_{ij}$ 就不需要了，所以 $\boldsymbol{L}$ 的元素可以存储在 $\boldsymbol{A}$ 的下三角部分相应元素的位置. 在计算机求解过程中时，只需用一维数组对应存放 $\boldsymbol{A}$ 的对角线以下部分相应元素. 且由

$$a_{ii}=\sum_{k=1}^{i} l_{ik}^2$$

可知

$$|l_{ik}|\leqslant\sqrt{a_{ii}}\quad (k=1,2,\cdots,n;\ i=1,2,\cdots,n)$$

这表明，在矩阵 $\boldsymbol{A}$ 的 Cholesky 分解过程中 $|l_{jk}|$ 的平方不会超过 $\boldsymbol{A}$ 的最大对角元. 因此只要 $\boldsymbol{A}$ 的对角元绝对值不是太大，则不选主元素的平方根法是数值稳定的. 若干实践表明，不选主元的平方根法已有足够的精度，该方法目前已成为求解对称正定方程组的有效方法之一. 平方根法的缺点是需要做开方计算，从而带来一定的计算误差.

### 5.4.2 改进的平方根法（ $LDL^T$法 ）

利用平方根法解对称正定线性方程组时，计算矩阵 $\boldsymbol{L}$ 的元素 $l_{ij}$ 时需要用到开方运算. 另外，当我们解决工程问题时，有时得到的是一个系数矩阵为对称但不一定是正定的线性方程组，为了避免开方运算，我们引入改进的平方根法，即直接求解对称正定矩阵的 $\boldsymbol{A}=\boldsymbol{LDL}^{\mathrm{T}}$ 分解式

$$\boldsymbol{A}=\begin{bmatrix}1 & & & \\ l_{21} & 1 & & \\ l_{31} & l_{32} & 1 & \\ \vdots & & & \\ l_{n1} & \cdots & \cdots & 1\end{bmatrix}\begin{bmatrix}d_{11} & & & \\ & d_{22} & & \\ & & \ddots & \\ & & & d_{nn}\end{bmatrix}\begin{bmatrix}1 & l_{21} & l_{31} & \cdots & l_{n1} \\ & 1 & l_{32} & \cdots & l_{n2} \\ & & & \ddots & \\ & & & & 1\end{bmatrix}$$

$$=\begin{bmatrix}d_{11} & & & \\ s_{21} & d_{22} & & \\ \vdots & & & \\ s_{n1} & s_{n2} & \cdots & d_{nn}\end{bmatrix}\begin{bmatrix}1 & l_{21} & \cdots & l_{n1} \\ & 1 & & \\ & & \ddots & \\ & & & 1\end{bmatrix}$$

其中 $s_{ik}=l_{ik}d_{kk}$，$k<i$.

由矩阵乘法和比较对应元素得，对 $j=1,2,\cdots,n$，

$$\begin{cases}d_{jj}=a_{jj}-\sum\limits_{k=1}^{j-1} l_{jk}^2 d_{kk} \\ l_{ij}=(a_{ij}-\sum\limits_{k=1}^{j-1} l_{ik}d_{kk}l_{jk})/d_{jj}\quad (i=j+1,\cdots,n)\end{cases}\tag{5-15}$$

$d_{ii}$，$l_{ij}$ 的计算应按下列顺序进行

$$\begin{array}{l|l|l|l} d_{11} & d_{22} & \vdots & d_{nn} \\ l_{21} & l_{32} & & \\ l_{31} & \vdots & & \\ \vdots & l_{n2} & & \\ l_{n1} & & & \end{array}$$

与 Cholesky 分解相比，改进的平方根法避免了开方运算，优点明显. 但在计算消耗方面，由于在计算每个元时多了相乘的因子，故乘法运算次数比 Cholesky 分解约增多一倍，乘法总运算量又变成 $n^3/3$ 数量级.

对矩阵 $\boldsymbol{A}$ 作 $\mathrm{LDL}^{\mathrm{T}}$分解后，解方程组 $\boldsymbol{Ax}=\boldsymbol{b}$ 可分两步进行：首先解方程组 $\boldsymbol{Ly}=\boldsymbol{b}$；再由 $\boldsymbol{L}^{\mathrm{T}}\boldsymbol{x}=\boldsymbol{D}^{-1}\boldsymbol{y}$ 求出 $\boldsymbol{x}$. 具体公式为

$$\begin{cases} y_1=b_1 \\ y_i=b_i-\sum\limits_{k=1}^{i-1} l_{ik}y_k & (i=2,3,\cdots,n) \\ x_n=y_n/d_n \\ x_i=\dfrac{y_i}{d_i}-\sum\limits_{k=i+1}^{n} l_{ki}x_k & (i=n-1,\cdots,1) \end{cases} \tag{5-16}$$

**【例 5.6】** 用改进平方根法解

$$\begin{bmatrix} 1 & 2 & 1 & -3 \\ 2 & 5 & 0 & -5 \\ 1 & 0 & 14 & 1 \\ -3 & -5 & 1 & 15 \end{bmatrix}\begin{bmatrix} x_1 \\ x_2 \\ x_3 \\ x_4 \end{bmatrix}=\begin{bmatrix} 1 \\ 2 \\ 16 \\ 8 \end{bmatrix}$$

**【解】** 容易验证，系数矩阵为对称正定阵. 式(5-15) 计算分解式，得

$s_{21}=a_{21}=2$，$l_{21}=s_{21}/d_{11}=2/1=2$

$d_{22}=a_{22}-s_{21}/\ l_{21}=5-2\times 2=1$

$s_{31}=a_{31}-\sum\limits_{k=1}^{0} a_{3k}l_{kj}=1$，$s_{32}=a_{32}-\sum\limits_{k=1}^{1} a_{3k}l_{k2}=0-s_{31}l_{12}=-2$

$l_{31}=s_{31}/d_2=1/1=1$，$l_{32}=-2$，$d_{33}=a_{33}-\sum\limits_{k=1}^{2} s_{ik}l_{ik}=9$

$s_{41}=-3$，$s_{42}=1$，$s_{43}=6$，$l_{41}=-3$，$l_{42}=1$，$l_{43}=2/3$，

$d_{44}=1$

接下来，按式(5-16) 计算方程组的解. 首先，由公式

$$y_i=b_i-\sum_{k=1}^{i-1}l_{ki}y_k,\ i=1,\ 2,\ 3,\ 4,\ \text{得}$$

$$y_1=b_1=1,\ y_2=b_1-l_{12}y_1=0,\ y_3=15,\ y_4=1$$

再由公式 $x_i=y_i/d_i-\sum_{k=7+1}^{n}l_{ik}x_k$，$i=4$，3，2，1 得

$$x_4=1,\ x_3=1,\ x_2=1,\ x_1=1$$

## 5.4.3 Matlab 函数

Matlab 提供了如下函数求解对称矩阵的 Cholesky 分解.

① R＝chol(A). $\boldsymbol{A}$ 为待分解的对称正定矩阵，$\boldsymbol{R}$ 为满足关系 $\boldsymbol{R}^{\mathrm{T}}\boldsymbol{R}=\boldsymbol{A}$ 的上三角阵，若 $\boldsymbol{A}$ 不是对称正定矩阵，则程序报错.

② L＝chol (A,'lower'). $\boldsymbol{A}$ 为待分解的对称正定矩阵，$\boldsymbol{L}$ 为满足关系 $\boldsymbol{L}\boldsymbol{L}^{\mathrm{T}}=\boldsymbol{A}$ 的下三角阵，若 $\boldsymbol{A}$ 不是对称正定矩阵，则程序报错.

③ [R，p] ＝chol(A). $\boldsymbol{A}$ 为待分解的对称正定矩阵，$\boldsymbol{R}$ 为上三角阵，$p$ 为一个整数. 若 $\boldsymbol{A}$ 是对称正定矩阵，则输出矩阵 $\boldsymbol{R}$ 与 MATLAB 函数 R＝chol(A) 的输出结果一致，$p=0$；若 $\boldsymbol{A}$ 对称但非正定，则输出矩阵 $\boldsymbol{R}$ 为一个 $q=p-1$ 阶的上三角阵，且 $\boldsymbol{R}^{\mathrm{T}}\boldsymbol{R}=\boldsymbol{A}$ $(1:q,\ 1:q)$.

④ [L,p]＝chol(A,'lower'). $\boldsymbol{A}$ 为待分解的对称正定矩阵，$\boldsymbol{L}$ 为上三角阵，$p$ 为一个整数. 若 $\boldsymbol{A}$ 是对称正定矩阵，则输出矩阵 $\boldsymbol{L}$ 与 Matlab 函数 L＝chol(A,'lower') 的输出结果一致，$p=0$；若 $\boldsymbol{A}$ 对称但非正定，则输出矩阵 $\boldsymbol{L}$ 为一个 $q=p-1$ 阶的下三角阵，且 $\boldsymbol{L}\boldsymbol{L}^{\mathrm{T}}=\boldsymbol{A}$ $(1:q,\ 1:q)$.

以例 5.6 为例说明其应用.

```
>> A=[1,2,1,-3;2,5,0,-5;1,0,14,1;-3,-5,1,15];
>> L=chol(A,'lower')
L=1    0    0    0
  2    1    0    0
  1   -2    3    0
 -3    1    2    1
>> R=chol(A)
R=1    2    1   -3
  0    1   -2    1
  0    0    3    2
  0    0    0    1
```

## 5.5　敏感性与解的误差分析

当用某种方法去求解一个给定的线性方程组而得到一个计算解之后，自然希望了解这一计算解的精确程度如何. 要回答这一问题就需要对所求解的方程组和所用的方法进行必要的理论分析，即线性方程组的敏感性分析和数值方法的计算误差分析. 为了研究线性代数方程组近似解的误差估计，我们需要引入衡量向量和矩阵“大小”的度量概念——向量和矩阵的范数概念.

### 5.5.1　向量范数与矩阵范数

**定义 5.1**　设对任意向量 $\boldsymbol{x}\in\mathscr{R}^n$，按一定的规则有一实数与之对应，记为 $\|\boldsymbol{x}\|$，若 $\|\boldsymbol{x}\|$ 满足：

① $\|\boldsymbol{x}\|\geqslant 0$，而且 $\|\boldsymbol{x}\|=0$ 当且仅当 $\boldsymbol{x}=0$；

② 对任意实数 $\alpha$，都有 $\|\alpha\boldsymbol{x}\|=|\alpha|\,\|\boldsymbol{x}\|$；

③ 对任意 $\boldsymbol{x}$，$\boldsymbol{y}\in\mathscr{R}^n$，都有 $\|\boldsymbol{x}+\boldsymbol{y}\|\leqslant\|\boldsymbol{x}\|+\|\boldsymbol{y}\|$，则称 $\|\boldsymbol{x}\|$ 为向量 $\boldsymbol{x}$ 的范数.

向量空间 $\mathscr{R}^n$ 上可以定义多种范数，常用的几种范数介绍如下.

① 向量的 1-范数：$\|\boldsymbol{x}\|_1=\sum\limits_{i=1}^{n}|x_i|$ .

② 向量的 2-范数：$\|\boldsymbol{x}\|_2=(\sum\limits_{i=1}^{n}x_i^2)^{\frac{1}{2}}$ .

③ 向量的∞-范数：$\|\boldsymbol{x}\|_\infty=\max\limits_{1\leqslant i\leqslant n}|x_i|$.

④ 更一般的 $p$-范数：$\|\boldsymbol{x}\|_p=(\sum\limits_{i=1}^{n}|x_i|^p)^{\frac{1}{p}}$，$p\in[1,\infty)$ .

容易证明，$\|\cdot\|_1$，$\|\cdot\|_2$，$\|\cdot\|_\infty$ 及 $\|\cdot\|_p$ 确实满足向量范数的三个条件，因此它们都是 $\mathscr{R}^n$ 上的向量范数. 此外，前三种范数是 $p$-范数的特殊情况（$\|\boldsymbol{x}\|_\infty=\lim\limits_{p\to\infty}\|\boldsymbol{x}\|_p$）.

接下来，讨论矩阵范数，这里主要讨论 $\mathscr{R}^{n\times n}$ 中的范数及其性质，其范数首先要符合一般线性空间中向量范数的定义 5.1. 此外，考虑到矩阵乘法运算的性质，在矩阵范数的条件中需多加一个条件.

**定义 5.2**　如果对 $\mathscr{R}^{n\times n}$ 上任一矩阵 $\boldsymbol{A}$，按一定的规则有一实数与之对应，记为 $\|\boldsymbol{A}\|$. 若 $\|\boldsymbol{A}\|$ 满足：

① $\|\boldsymbol{A}\|\geqslant 0$，且 $\|\boldsymbol{A}\|=0$ 当且仅当 $\boldsymbol{A}=0$；

② 对任意实数 $\alpha$，都有 $\|\alpha\boldsymbol{A}\|=|\alpha|\,\|\boldsymbol{A}\|$；

③ 对任意的两个 $n$ 阶方阵 $\boldsymbol{A}$，$\boldsymbol{B}$，都有 $\|\boldsymbol{A}+\boldsymbol{B}\|\leqslant\|\boldsymbol{A}\|+\|\boldsymbol{B}\|$；

④ $\|AB\| \leqslant \|A\|\|B\|$（相容性条件），则称$\|A\|$为矩阵$A$的范数.

这里条件①～条件③与向量范数是一致的，条件④则使矩阵范数在数值计算中使用更为方便.

在实际计算中，经常用到矩阵与向量的乘积运算，为了估计矩阵与向量相乘积的范数，需要在矩阵范数与向量范数之间建立某种协调关系. 为此，我们定义一种由向量范数导出的矩阵范数. 对于$\mathscr{R}^n$上的一种向量范数$\|\cdot\|$，对任一$A\in\mathscr{R}^{n\times n}$，对应一个实数$\sup\limits_{x\neq 0}\dfrac{\|Ax\|}{\|x\|}$，下面我们定理表明它定义了$\mathscr{R}^{n\times n}$上的一种矩阵范数. 不难验证它有等价的形式

$$\sup_{x\neq 0}\frac{\|Ax\|}{\|x\|}=\sup_{\|x\|=1}\|Ax\| \tag{5-17}$$

**定理 5.6** 设$\|\cdot\|$是$\mathscr{R}^n$上任一种向量范数，则对一切$A\in\mathscr{R}^{n\times n}$，由式（5-17）确定的实数定义了$\mathscr{R}^{n\times n}$上的一种范数，把它记为$\|A\|$，且有

$$\|A\|=\max_{x\neq 0}\frac{\|Ax\|}{\|x\|}=\max_{\|x\|=1}\|Ax\| \tag{5-18}$$

请读者自己尝试证明.

基于定理 5.6，给出如下范数定义.

**定义 5.3** 对于$\mathscr{R}^n$上任意一种向量范数，由式(5-18) 所确定的矩阵范数，称为由向量范数诱导出的矩阵范数（也称从属于给定向量范数的矩阵范数）.

我们把由向量∞-范数、1-范数及 2-范数诱导的矩阵范数，分别称为矩阵的∞-范数、1-范数及 2-范数.

**定理 5.7** 设$A=(a_{ij})\in\mathscr{R}^{n\times n}$，则：

① $\|A\|_\infty=\max\limits_{1\leqslant i\leqslant n}\sum\limits_{j=1}^{n}|a_{ij}|$（$A$ 的行范数）；

② $\|A\|_1=\max\limits_{1\leqslant j\leqslant n}\sum\limits_{i=1}^{n}|a_{ij}|$（$A$ 的列范数）；

③ $\|A\|_2=\sqrt{\lambda_1}$（$A$ 的 2-范数）.

其中$\lambda_1$是矩阵$A^TA$的最大特征值.

**证明** 只就③给出证明，①和②请自行推导. 对任意$x\in\mathscr{R}^n$，$x^TA^TAx=(Ax, Ax)=\|Ax\|_2^2\geqslant 0$，从而$A^TA$为非负定的对称阵，其特征值为非负实数，依次排列为$\lambda_1\geqslant\lambda_2\geqslant\cdots\geqslant\lambda_n\geqslant 0$，对应一组规范正交的特征向量$\{u_1, u_2,\cdots,u_n\}$，对任意的$x\in\mathscr{R}^n$，可表示为

$$\boldsymbol{x}=\sum_{i=1}^{n} c_i \boldsymbol{u}_i$$

如果$\|\boldsymbol{x}\|_2=1$，则有

$$\|\boldsymbol{x}\|_2^2=(x,x)=\sum_{i=1}^{n} c_i^2=1\ ,\ \|\boldsymbol{A}\boldsymbol{x}\|_2^2=(\boldsymbol{A}^{\mathrm{T}}\boldsymbol{A}x,\boldsymbol{x})=\sum_{i=1}^{n}\lambda_i c_i^2\leqslant\lambda_1$$

特别地，取 $\boldsymbol{x}=\boldsymbol{u}_1$，上式等号成立，故

$$\|\boldsymbol{A}\|_2=\max_{\|x\|=1}\|\boldsymbol{A}\boldsymbol{x}\|_2=\sqrt{\lambda_1}$$

## 5.5.2　条件数与误差分析

在用数值计算方法解线性方程组时，计算结果有时不准确，这可能有两种原因：一种是计算方法不合理；另外一种情况可能是线性方程组本身的问题. 对后一种情形，即使采用数值稳定性较强的算法求解，仍有可能产生较大误差. 其具体原因是：如果系数矩阵 $\boldsymbol{A}$ 或右端向量 $\boldsymbol{b}$ 发生微小变化，会引起方程组 $\boldsymbol{A}\boldsymbol{x}=\boldsymbol{b}$ 解的巨大变化. 如下例.

**【例 5.7】** 方程组

$$\begin{cases}x_1+x_2=2\\x_1+1.00001x_2=2\end{cases}$$

的解为 $x_1=2$，$x_2=0$. 而方程组

$$\begin{cases}x_1+x_2=2\\x_1+1.00001x_2=2.00001\end{cases}$$

的解为 $x_1=1$，$x_2=1$.

以上两个方程组的唯一区别在于右端项的微小差别，其相对误差为 $5\times10^{-6}$，但解却差异极大. 故而此方程组的解对方程组的初始数据扰动十分敏感，这种性质与求解方法无关，而是由方程组的性态决定的. 在数学上，若矩阵 $\boldsymbol{A}$ 或右端项 $\boldsymbol{b}$ 的微小变化会引起方程组 $\boldsymbol{A}\boldsymbol{x}=\boldsymbol{b}$ 解的巨大变化，则称此方程组为病态方程组，相应地，系数矩阵 $\boldsymbol{A}$ 称为病态矩阵；否则称方程组为良态方程组. 对于病态问题，即使求解算法是稳定的，一般来说其计算结果依然误差较大.

接下来，研究方程组的系数矩阵 $\boldsymbol{A}$ 和向量 $\boldsymbol{b}$ 的微小扰动对解的影响. 设$\|\cdot\|$为任何一种向量范数，矩阵范数是从属范数. 具体分以下两种情况.

① 假设系数矩阵 $\boldsymbol{A}$ 精确，且非奇，现讨论右端 $\boldsymbol{b}$ 的扰动对方程组解的影响. 设 $\delta\boldsymbol{b}$ 为 $\boldsymbol{b}$ 的误差，而相应的解的误差是 $\delta\boldsymbol{x}$，则我们可以得到（具体过程请读者补充）

$$\frac{\|\delta \boldsymbol{x}\|}{\|\boldsymbol{x}\|} \leqslant \|\boldsymbol{A}\| \ \|\boldsymbol{A}^{-1}\| \ \frac{\|\delta \boldsymbol{b}\|}{\|\boldsymbol{b}\|} \tag{5-19}$$

即解 $x$ 的相对误差是初始数据 $\boldsymbol{b}$ 的相对误差的 $\|\boldsymbol{A}\|\|\boldsymbol{A}^{-1}\|$ 倍.

② 假设右端 $\boldsymbol{b}$ 精确，系数矩阵 $\boldsymbol{A}$ 有误差，现讨论 $\boldsymbol{A}$ 的误差对解的影响. 设矩阵 $\boldsymbol{A}$ 的误差为 $\delta\boldsymbol{A}$，而相应的解的误差为 $\delta\boldsymbol{x}$，则有

$$(\boldsymbol{A}+\delta\boldsymbol{A})(\boldsymbol{x}+\delta\boldsymbol{x})=\boldsymbol{b}$$

设 $\boldsymbol{A}$ 及 $\boldsymbol{A}+\delta\boldsymbol{A}$ 非奇（当 $\|\boldsymbol{A}^{-1}\delta\boldsymbol{A}\|<1$ 时即可），则

$$\boldsymbol{A}x+(\delta\boldsymbol{A})\boldsymbol{x}+\boldsymbol{A}\delta\boldsymbol{x}+\delta\boldsymbol{A}\delta\boldsymbol{x}=\boldsymbol{b}$$

$$\boldsymbol{A}\delta\boldsymbol{x}=-(\delta\boldsymbol{A})\boldsymbol{x}-\delta\boldsymbol{A}\delta\boldsymbol{x}$$

$$\delta\boldsymbol{x}=-\boldsymbol{A}^{-1}(\delta\boldsymbol{A})\boldsymbol{x}-\boldsymbol{A}^{-1}\delta\boldsymbol{A}\delta\boldsymbol{x}$$

根据范数性质

$$\|\delta\boldsymbol{x}\| \leqslant \|\boldsymbol{A}^{-1}\| \ \|\delta\boldsymbol{A}\| \ \|\boldsymbol{x}\|+\|\boldsymbol{A}^{-1}\| \ \|\delta\boldsymbol{A}\| \ \|\delta\boldsymbol{x}\|$$

$$(1-\|\boldsymbol{A}^{-1}\| \ \|\delta\boldsymbol{A}\|)\|\delta\boldsymbol{x}\| \leqslant \|\boldsymbol{A}^{-1}\| \ \|\delta\boldsymbol{A}\| \ \|\boldsymbol{x}\|$$

于是有

$$\frac{\|\delta\boldsymbol{x}\|}{\|\boldsymbol{x}\|} \leqslant \frac{\|\boldsymbol{A}^{-1}\| \ \|\delta\boldsymbol{A}\|}{1-\|\boldsymbol{A}^{-1}\| \ \|\delta\boldsymbol{A}\|}=\frac{\|\boldsymbol{A}^{-1}\| \ \|\boldsymbol{A}\|\dfrac{\|\delta\boldsymbol{A}\|}{\|\boldsymbol{A}\|}}{1-\|\boldsymbol{A}^{-1}\| \ \|\boldsymbol{A}\|\dfrac{\|\delta\boldsymbol{A}\|}{\|\boldsymbol{A}\|}} \tag{5-20}$$

若 $\|\boldsymbol{A}^{-1}\| \ \|\boldsymbol{A}\|\dfrac{\|\delta\boldsymbol{A}\|}{\|\boldsymbol{A}\|}$ 很小，则 $\|\boldsymbol{A}^{-1}\| \ \|\boldsymbol{A}\|$ 表示相对误差的近似放大率.

式(5-19)、式(5-20) 给出的都是解的相对误差的上界. 它们分别指出了当只有 $\boldsymbol{b}$ 或 $\boldsymbol{A}$ 的误差时，解的相对误差都不超过它们的相对误差的 $\|\boldsymbol{A}\|\|\boldsymbol{A}^{-1}\|$ 倍数. $\|\boldsymbol{A}\|\|\boldsymbol{A}^{-1}\|$ 刻画了线性方程组 $\boldsymbol{Ax}=\boldsymbol{b}$ 的解对初始数据扰动的敏感度，此数越大则在很小的 $\delta\boldsymbol{b}$ 或 $\delta\boldsymbol{A}$ 下可能使解的相对误差很大，从而大大破坏了解的准确性. 另一方面，$\|\boldsymbol{A}\|\|\boldsymbol{A}^{-1}\|$ 是方程组本身一个固有的属性，它与如何求解方程组的方法无关. 因此可以用它来表示方程组的性态.

**定义 5.4** 设 $\boldsymbol{A}$ 是非奇异阵，称数 $\|\boldsymbol{A}\|\|\boldsymbol{A}^{-1}\|$ 为矩阵 $\boldsymbol{A}$ 的条件数，用 $\mathrm{cond}(\boldsymbol{A})$ 表示，即

$$\mathrm{cond}(\boldsymbol{A})=\|\boldsymbol{A}\|\|\boldsymbol{A}^{-1}\|$$

矩阵条件数由采用的范数决定，通常使用的条件数如下 .

① $\mathrm{cond}(\boldsymbol{A})_\infty=\|\boldsymbol{A}\|_\infty\|\boldsymbol{A}^{-1}\|_\infty$

② 谱条件数

$$\mathrm{cond}(\boldsymbol{A})_2=\|\boldsymbol{A}\|_2\|\boldsymbol{A}^{-1}\|_2=\sqrt{\frac{\lambda_{\max}(\boldsymbol{A}^{\mathrm{T}}\boldsymbol{A})}{\lambda_{\min}(\boldsymbol{A}^{\mathrm{T}}\boldsymbol{A})}}$$

特别地，当 $\boldsymbol{A}$ 是对称矩阵时

$$\mathrm{cond}(\boldsymbol{A})_2=\frac{|\lambda_1|}{|\lambda_n|}$$

其中 $\lambda_1$ 与 $\lambda_n$ 为 $\boldsymbol{A}$ 的绝对值最大和最小的特征值.

条件数有下列性质：

① $\mathrm{cond}(\boldsymbol{A})\geqslant 1$；

② $\mathrm{cond}(k\boldsymbol{A})=\mathrm{cond}(\boldsymbol{A})$，其中 $k$ 为非零常数；

③ 设 $\lambda_1$ 与 $\lambda_n$ 为 $\boldsymbol{A}$ 按绝对值最大和最小的特征值，则

$$\mathrm{cond}(\boldsymbol{A})\geqslant\frac{|\lambda_1|}{|\lambda_n|}$$

当 $\mathrm{cond}(\boldsymbol{A})$ 相对较大时，称方程组 $\boldsymbol{A}x=\boldsymbol{b}$ 为病态的，否则称为良态的.

**【例 5.8】** 计算例 5.7 方程组系数矩阵的条件数.

**【解】** 系数矩阵为

$$\boldsymbol{A}=\begin{bmatrix}1 & 1\\ 1 & 1+10^{-5}\end{bmatrix}$$

其逆矩阵为

$$\boldsymbol{A}^{-1}=\begin{bmatrix}1+10^5 & -10^5\\ -10^5 & 10^5\end{bmatrix}$$

于是有

$$\mathrm{cond}(\boldsymbol{A})_\infty=\|\boldsymbol{A}\|_\infty\|\boldsymbol{A}^{-1}\|_\infty=(2+10^{-5})(2\times10^5+1)\approx4\times10^5$$

条件数很大，此时方程组病态.

**【例 5.9】** 计算以下方程组的条件数.

$$\begin{bmatrix}1.001 & 0.25\\ 0.25 & 0.0625\end{bmatrix}\begin{bmatrix}x_1\\ x_2\end{bmatrix}=\begin{bmatrix}1.501\\ 0.375\end{bmatrix}$$

**【解】** 对该方程组，由于系数矩阵及其逆矩阵分别为

$$\boldsymbol{A}=\begin{bmatrix}1.001 & 0.25\\ 0.25 & 0.0625\end{bmatrix}\qquad \boldsymbol{A}^{-1}=\begin{bmatrix}1000 & -4000\\ -4000 & 16016\end{bmatrix}$$

因为

$$\|\boldsymbol{A}\|_\infty=1.251\qquad \|\boldsymbol{A}^{-1}\|_\infty=20016$$

所以 $\mathrm{cond}(\boldsymbol{A})_\infty=25040$，这表明所给的方程组是病态的. 接下来简单验证解对扰动的敏感性. 不难得出，方程组的精确解为 $\boldsymbol{x}=(1,\ 2)^{\mathrm{T}}$，但是如果把系数矩阵及右端作小扰动，如

$$\begin{bmatrix}1 & 0.25\\ 0.25 & 0.063\end{bmatrix}\begin{bmatrix}x_1\\ x_2\end{bmatrix}=\begin{bmatrix}1.5\\ 0.37\end{bmatrix}$$

则其解为 $\boldsymbol{x}=(4,\ -10)^{\mathrm{T}}$. 系数及右端绝对误差最大变化为 $5\times10^{-3}$，

而解的变化却较大，从而验证了所给的方程组是病态的.

**【例 5.10】** 已知希尔伯特（Hilbert）矩阵

$$\boldsymbol{H}_n=\begin{bmatrix}1 & \frac{1}{2} & \cdots & \frac{1}{n}\\ \frac{1}{2} & \frac{1}{3} & \cdots & \frac{1}{n+1}\\ \vdots & \vdots & & \vdots\\ \frac{1}{n} & \frac{1}{n+1} & \cdots & \frac{1}{2n-1}\end{bmatrix}$$

计算 $\boldsymbol{H}_3$ 与 $\boldsymbol{H}_6$ 的条件数.

**【解】** $\boldsymbol{H}_n$ 的逆矩阵 $\boldsymbol{H}_n^{-1}=(a_{ij})_{n\times n}$ 的元素是

$$a_{ij}=\frac{(-1)^{i+j}(n+i-1)!\,(n+j-1)!}{(i+j-1)[(i-1)!\,(j-1)!]^2(n-i)!\,(n-j)!},\quad 1\leqslant i,j\leqslant n$$

所以

$$\boldsymbol{H}_3=\begin{bmatrix}1 & \frac{1}{2} & \frac{1}{3}\\ \frac{1}{2} & \frac{1}{3} & \frac{1}{4}\\ \frac{1}{3} & \frac{1}{4} & \frac{1}{5}\end{bmatrix},\ \boldsymbol{H}_3^{-1}=\begin{bmatrix}9 & -36 & 30\\ -36 & 192 & -180\\ 30 & -180 & 180\end{bmatrix}$$

$\|\boldsymbol{H}_3\|_\infty=11/6$，$\|\boldsymbol{H}_3^{-1}\|_\infty=408$，所以 $\mathrm{cond}(\boldsymbol{H}_3)_\infty=748$. 同样，可计算 $\mathrm{cond}(\boldsymbol{H}_6)_\infty=2.6\times10^7$. 该例表明，当 $n$ 越大时，$\boldsymbol{H}_n$ 病态越严重，从而求解稳定性越差.

## 5.5.3 Matlab 函数

Matlab 提供了如下函数求解向量及矩阵范数：

① norm（A，2），返回矩阵或向量 $\boldsymbol{A}$ 的 2-范数；

② norm（A，1），返回矩阵或向量 $\boldsymbol{A}$ 的 1-范数；

③ norm（A，Inf），返回矩阵或向量 $\boldsymbol{A}$ 的∞-范数；

④ norm（A,'fro'），返回矩阵或向量 $\boldsymbol{A}$ 的 Frobenius 范数；

⑤ norm（x，p），返回向量 $\boldsymbol{x}$ 的 $p$-范数.

此外，还提供了函数 cond（A，p）求解矩阵的条件数. 若 $p=1$，则函数返回矩阵 $\boldsymbol{A}$ 的 1-范数条件数；若 $p=2$，则函数返回矩阵 $\boldsymbol{A}$ 的 2-范数条件数；若 $p=\mathrm{inf}$，则函数返回矩阵 $\boldsymbol{A}$ 的∞-范数条件数；若 $p=$'fro'，则函数返回矩阵 $\boldsymbol{A}$ 的 Frobenius-范数条件数.

以例 5.10 为例说明其应用.

```
>>n = 10;
  for i = 1:n
     for j = 1:n
       H(i,j)=1/(i+j-1);
     end
  end
  for k = 1:n
     normH(k) = norm(H(1:k,1:k),2);  %计算各阶 Hilbert 矩
阵的 2-范数
     condH(k) = cond(H(1:k,1:k),2);  %计算各阶 Hilbert 矩
阵的 2-范数条件数
  end
>> normH
normH =
    1.0000    1.2676    1.4083    1.5002    1.5671    1.6189
1.6609    1.6959    1.7259    1.7519
>> condH
condH =
    1.0e+13 *
0.0000    0.0000    0.0000    0.0000    0.0000    0.0000
0.0000    0.0015    0.0493    1.6025
```

程序结果表明，随着阶数的增加，Hilbert 矩阵范数仅缓慢增加，但条件数急速增加，当阶数 $n=10$ 时，条件数约为 $1.60\times10^{13}$，此时矩阵极度病态.

除采用以上循环赋值方式构造 Hilbert 矩阵，Matlab 也提供了命令"hilb (n) "直接生成一个 $n$ 阶 Hilbert 矩阵. 由于 Hilbert 矩阵较为病态，不仅对求解相关方程组，对该矩阵求逆的精确度也较低，从而用 inv(H) 数值计算 $\boldsymbol{H}^{-1}$ 的误差是巨大的. 用命令"invhilb(n) "可以求出 $n$ 阶 Hilbert 矩阵的精确逆. 以 10 阶 Hilbert 矩阵为例：

```
>> H = hilb(10);
>> inv(H) - invhilb(10);
>> norm(ans)
ans =
    9.6989e+08
```

这表明当矩阵阶数仅为 10 时，对 $\boldsymbol{H}^{-1}$ 采用普通数值求逆的方法误差已达到惊人的 $10^8$ 数量级.

## 5.6 说明及案例

前面我们介绍了左除运算“\”，但没有具体解释它的工作原理. 当用反斜杠运算符执行左除运算时，Matlab 会调用一个非常复杂的求解算法，先判断稀疏矩阵的结构，然后选择一种最优的方法求解. 具体来说，就是 Matlab 会根据稀疏矩阵的形式判断求解过程是否需要用到完整的高斯消元法. 如果系数矩阵稀疏且带状（如三对角）、三角（或通过简单的变换能化为三角形式）、和对称，那么就可以使用更高效的算法，包括追赶法、回代和平方根法等. 如果系数矩阵是大规模稀疏矩阵，上述方法都不能用，需要专门的算法，我们不再详述.

以一个例子结束我们这一章：室内空气污染问题.

**【例 5.3】** 背景：室内空气污染主要是指封闭空间的空气污染问题，如家庭、办公室等. 假设您目前正在研究肯德基汽车餐馆设计通风系统，该餐馆坐落在一条八道高速公路旁.

如图 5-1 所示（单向箭头表示气流的体积，双向箭头表示由扩散引起的混合. 吸烟者和烧烤架会增加系统的一氧化碳含量，但增加量大小与气流无关），餐馆的可用面积包括一个为吸烟者设计的房间和一个为孩子设计的房间，以及一间加长的房间，由于房间 1 和房间 3 中分别有吸烟者和损坏了的烧烤架，因此这两个房间内会产生一氧化碳气体. 此外，房间 1 和房间 2 靠近高速公路，所以也有一部分一氧化碳从通风口进入这两个房间.

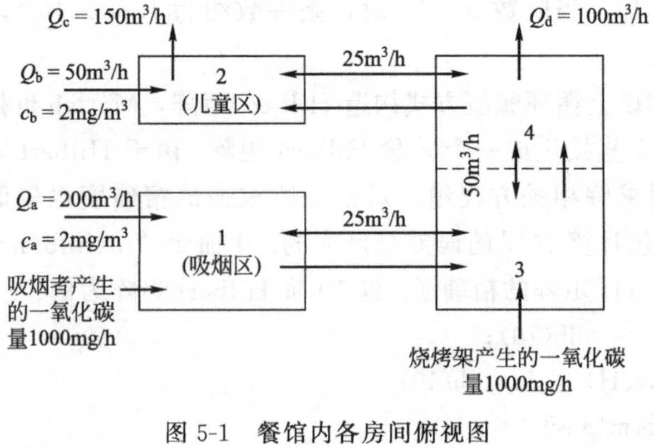


图 5-1 餐馆内各房间俯视图

写出每个房间达到稳定之后的质量平衡方程，求解所得的线性代数方程组，计算每个房间里的一氧化碳浓度. 另外，计算逆矩阵，用它来分析周围环境对儿童区的影响. 例如，分别计算吸烟者、烧烤架和通风口对儿童区内一氧化碳含量百分比造成的影响，如果禁止吸烟和维修烧烤架之后，室内的一氧化碳含量减少了，那么儿童区内的一氧化碳浓度值会改善多少？最后，假如在室内建一道屏风，使得区域 2 和区域 4 之间的空气混合量降低 $5m^3/h$，那么儿童区的一氧化碳浓度会改变多少？

**【解】** 写出每个房间的稳态质量平衡方程. 例如，吸烟区（房间 1）的平衡方程是

$$0=W_{\text{smoker}}+Q_a c_a-Q_a c_1+E_{13}(c_3-c_1)$$
$$(\text{Load})+(\text{Inflow})-(\text{Outflow})+(\text{Mixing})$$

类似地，还可以写出其他房间的平衡方程

$$0=Q_b c_b+(Q_a-Q_d)c_4-Q_c c_2+E_{24}(c_4-c_2)$$
$$0=W_{\text{grill}}+Q_a c_1+E_{13}(c_1-c_3)+E_{34}(c_4-c_3)-Q_a c_3$$
$$0=Q_a c_3+E_{34}(c_3-c_4)+E_{24}(c_2-c_4)-Q_a c_4$$

代入参数，得到最终的方程组

$$\begin{bmatrix}225 & 0 & -25 & 0\\ 0 & 175 & 0 & -125\\ -225 & 0 & 275 & -50\\ 0 & -25 & -250 & 275\end{bmatrix}\begin{bmatrix}c_1\\ c_2\\ c_3\\ c_4\end{bmatrix}=\begin{bmatrix}1400\\ 100\\ 2000\\ 0\end{bmatrix}$$

可以利用 Matlab 进行求解. 首先计算逆矩阵. 注意，为保证结果具有 5 位有效数字，我们选用了 short g 型

```
>>format short g
>>A=[225 0-25 0
    0 175 0-125
    -225 0 275-50
    0 -25-250 275];
>>AI=inv(A)
  AI =0.004996     1.5326e-005   0.00055172   0.00010728
      0.0034483    0.0062069     0.0034483    0.0034483
      0.0049655    0.00013793    0.0049655    0.00096552
      0.0048276    0.00068966    0.0048276    0.0048276
```

然后进行求解

```
>>b=[1400 100 2000 0]';
>>c=AI * b
c=   8.0996
     12.345
     16.897
```

16.483

这个结果令人惊讶，因为吸烟区的一氧化碳浓度最低！房间 3 和房间 4 的浓度最高，区域 2 处于中间水平．产生这种结果的原因是：①一氧化碳含量是守恒的；②只有区域 2 和区域 4 可以向外排气（$Q_c$ 和 $Q_d$）．由于房间 3 中不但有烧烤架会产生一氧化碳，而且还要接收来自房间 1 的废气，所以它的情况最糟糕．

尽管前面的结果非常有趣，但线性方程组真正强大之处在于，可以根据逆矩阵中的元素分析系统各部分之间的交互作用．例如，可以利用逆矩阵的元素计算各污染源对儿童区内一氧化碳百分比的影响．

吸烟者：

$$c_{2,\text{smokers}}=a_{21}{}^{-1}W_{\text{smokers}}=0.0034483(1000)=3.4483$$

$$\%_{\text{smokers}}=\frac{3.4483}{12.345}\times 100\%=27.93\%$$

烧烤架：

$$c_{2,\text{grill}}=a_{23}{}^{-1}W_{\text{grill}}=0.0034483(2000)=6.897$$

$$\%_{\text{grill}}=\frac{6.897}{12.345}\times 100\%=55.87\%$$

通风口：

$$c_{2,\text{intakes}}=a_{21}{}^{-1}Q_a c_a+a_{22}{}^{-1}Q_b c_b=0.0034483(200)2+0.0062069(50)2$$

$$=1.37931+0.62069=2$$

$$\%_{\text{grill}}=\frac{2}{12.345}\times 100\%=16.20\%$$

很明显，损坏的烧烤架是最主要的污染源．

还可以利用逆矩阵分析拟采取的补救措施，如禁止吸烟和维修烧烤架，对系统性能的改善．因为模型是线性的，所以具有叠加性，可先对各个部分进行计算，然后求和．

$$\Delta c_2=a_{21}{}^{-1}\Delta W_{\text{smoker}}+a_{23}{}^{-1}\Delta W_{\text{grill}}=0.0034483(-1000)+0.0034483(-2000)$$

$$=-3.4483-6.8966=-10.345$$

注意，也可以利用 Matlab 完成上述计算．

```
>>AI(2,1)*(-1000)+AI(2,3)*(2000)
ans = -10.345
```

实施前面两种补救措施，浓度将下降为 10.345mg/m³．从而，儿童室的浓度变为 12.345−10.345＝2mg/m³．这个结果很有意义，因为去掉吸烟者和烧烤架的影响之后，唯一的污染源就是由通风口流入的空气，一氧化碳含量为 $2mg/m^3$.

因为前面的计算都只改变了强制函数，所以无需重新计算结果. 然而，如果儿童区和区域 4 之间的混合量下降，那么矩阵就发生了改变.

$$\begin{bmatrix} 225 & 0 & -25 & 0 \\ 0 & 155 & 0 & -105 \\ -225 & 0 & 275 & -50 \\ 0 & -5 & -250 & 255 \end{bmatrix}\begin{bmatrix} c_1 \\ c_2 \\ c_3 \\ c_4 \end{bmatrix}=\begin{bmatrix} 1400 \\ 100 \\ 2000 \\ 0 \end{bmatrix}$$

此时的方程组对应一个新解. 利用 Matlab 求解得

$$\begin{bmatrix} c_1 \\ c_2 \\ c_3 \\ c_4 \end{bmatrix}=\begin{bmatrix} 8.1084 \\ 12.0800 \\ 16.9760 \\ 16.8800 \end{bmatrix}$$

因此，这项补救措施的作用甚微，仅仅让儿童区的一氧化碳浓度降低了 $0.265mg/m^3$.

## 习题 5

5-1 (1) 用列主元 Gauss 消去法求解线性方程组 $\boldsymbol{Ax}=\boldsymbol{b}$，其中 $\boldsymbol{A}=[1, 2, 3; 4, 5, 6; 7, 8, 8]$，$\boldsymbol{b}=[1, 1, 1]^{\mathrm{T}}$，并用 $\boldsymbol{Ax}$ 的结果进行验证.

(2) $\boldsymbol{A}$ 不变，$\boldsymbol{b}=[2, -1, 2]^{\mathrm{T}}$，重复上述过程.

(3) $\boldsymbol{A}=[1, 2, 3; 4, 5, 6; 7, 8, 9]$，$\boldsymbol{b}=[1, 1, 1]^{\mathrm{T}}$，重复上述过程.

5-2 (1) 用 Gauss 消去法，并在计算中保留三位有效数字求解线性方程组 $\boldsymbol{Ax}=\boldsymbol{b}$，其中 $\boldsymbol{A}=[0.0002, 0.2; 2, 2]$，$\boldsymbol{b}=[0.2, 4]^{\mathrm{T}}$，将结果与真值 $[1.001\,\overline{001}, 0.998\,\overline{998}]$ 比较.

(2) 用列主元 Gauss 消去法及三位有效数字求解上述方程组，并将结果与真值比较.

5-3 写出用列主元 Gauss 消去法求解线性方程组的 Matlab 程序，并用其求解习题 5-1 和习题 5-2.

5-4 (1) 求矩阵 $\boldsymbol{A}=[18, 3, -6; 6, 19, 16; -9, 3, 13.5]$的 LU 分解.

(2) 用紧凑形式写出 $\boldsymbol{A}$ 的 LU 分解.

(3) 用 $\boldsymbol{A}$ 的 LU 分解求解线性方程组 $\boldsymbol{Ax}=[20, 25, 16]^{\mathrm{T}}$.

5-5 (1) 求 $\boldsymbol{A}=[2, 1, 0, 0; 1, 2, 1, 0; 0, 1, 2, 1; 0, 0, 1, 2]$的 LU 分解.

(2) 求 $\boldsymbol{A}=[2, -1, 0, 0; -1, 2, -1, 0; 0, -1, 2, -1; 0, 0, -1, 2]$的 LU 分解.

5-6 设 $\boldsymbol{A}$ 为 $n$ 阶非奇异矩阵且有分解式 $\boldsymbol{A}=\boldsymbol{LU}$，其中 $\boldsymbol{L}$ 为单位下三角阵，$\boldsymbol{U}$ 为上三角矩阵，求证 $\boldsymbol{A}$ 的所有顺序主子式均不为零.

5-7 试推导矩阵 $\boldsymbol{A}$ 的 Crout 分解 $\boldsymbol{A}=\boldsymbol{LU}$ 的计算公式，其中 $\boldsymbol{L}$ 为下三角阵，$\boldsymbol{U}$ 为单位上三角矩阵.

5-8 分别用平方根法和改进的平方根法求解方程组 $\boldsymbol{Ax}=\boldsymbol{b}$，其中 $\boldsymbol{A}=[2, -1, 1; -1, -2, 3; 1, 3, 1]$，$\boldsymbol{b}=[4, 5, 6]^{\mathrm{T}}$.

5-9 写出 Cholesky 分解 Matlab 程序，要求尽量模拟 chol 命令的执行过程，其中包括出错检验，以及出错时用 $p$ 值返回出错的位置.

5-10 求证：(1) $\|x\|_\infty \leqslant \|x\|_1 \leqslant n\|x\|_\infty$ (2) $\frac{1}{\sqrt{n}}\|A\|_F \leqslant \|A\|_2 \leqslant n\|A\|_F$.

5-11 设$A$，$B\in\mathscr{R}^{n\times n}$非奇异，且$\|\cdot\|$为$\mathscr{R}^{n\times n}$上的矩阵范数，证明$\mathrm{cond}(AB)\leqslant\mathrm{cond}(A)\mathrm{cond}(B)$.

5-12 对于$A=[1,2,2;2,-1,1;2,1,-2]$，求$\|A\|_1$，$\|A\|_2$，$\|A\|_\infty$，$\|A\|_F$以及相应的条件数$\mathrm{cond}(A)_1$，$\mathrm{cond}(A)_2$，$\mathrm{cond}(A)_\infty$以及$\mathrm{cond}(A)_F$.

(矩阵的 Frobenius 范数)证明

$$\|A\|_F=\left\{\sum_{i=1}^{n}\sum_{j=1}^{n}|a_{ij}|^2\right\}^{\frac{1}{2}}$$

满足矩阵范数定义.

# 第6章

# 解线性方程组的迭代法

随着计算技术的发展，计算机的存储量日益增大，计算速度迅速提高，这使得解线性方程组的直接法在计算机上可求解的方程组的规模也越来越大. 但对高阶方程组，尤其是系数矩阵较为稀疏的情形，由于直接法往往对系数矩阵进行分解，因而在运算过程中不能保持稀疏性，从而易导致存储量大、程序复杂、计算效率低下等不足. 例如 $n\times n$ 矩阵的 LU 分解需要约 $2n^3/3$ 次浮点运算，如果 $n=100$，则浮点运算次数为 $6.7\times10^5$，这在一般计算机上需要一秒钟完成. 但如果 $n=1000$，则浮点运算次数为 $6.7\times10^8$，这时所需的计算量就非常庞大了. 在许多实际问题中，特别是偏微分方程数值求解时，遇到的往往是大型稀疏线性方程组的求解问题，其问题规模往往是上万阶的（如气象学领域的偏微分方程数值解问题）甚至是几十万阶的（如对遗传学数据的分析），这就需要用更有效的方法解决此类问题. 因此，寻求能够保持稀疏性的有效算法就成为科学与工程计算研究中的一个重要课题.

目前最常用的求解大型稀疏线性方程组的方法就是迭代法. 相对于直接法，迭代法则能在计算过程中有效保持矩阵的稀疏性，具有计算简单，编制程序容易的优点，并在许多情况下收敛较快，故能有效地解一些高阶稀疏线性方程组. 一般来说，若将迭代法与稀疏矩阵的存储特性结合起来，同样条件下直接法需要 $O(n^3)$ 的计算量而迭代法只需要 $O(n^2)$. 最好的情况下，稀疏矩阵的计算量可以达到 $O(N)$，这里 $N$ 是矩阵中非零元素的个数. 本章介绍几个基本的古典迭代法并讨论其收敛性.

## 6.1 单步定常迭代法

考虑方阵线性方程组 $\boldsymbol{Ax}=\boldsymbol{b}$，迭代法的目的是建立一种从已有近似解计算新的近似解的规则. 迭代法种类繁多. 一般地，假设初始迭代向量取为 $\boldsymbol{x}^{(0)}$，并且经过 $k$ 次迭代后得到迭代向量 $\boldsymbol{x}^{(k)}$，$k=1,2,\cdots$，若经第 $k+1$ 次迭代得到的向量 $\boldsymbol{x}^{(k+1)}$ 与之前若干迭代向量 $\boldsymbol{x}^{(k)}$，$\boldsymbol{x}^{(k-1)}$，…，$\boldsymbol{x}^{(k-m)}$ 有关，则称为多步迭代法；若 $\boldsymbol{x}^{(k+1)}$ 完全由 $\boldsymbol{x}^{(k)}$ 决定，则称之为单步迭代法. 进一步地，若 $\boldsymbol{x}^{(k+1)}$ 可表为 $\boldsymbol{x}^{(k)}$ 的线性函数，且该线性函数是固定不变的（即该函数不随迭代次数 $k$ 的改变而变化），则称之为单步定常迭代法，其矩阵表示为

$$\boldsymbol{x}^{(k+1)}=\boldsymbol{Bx}^{(k)}+\boldsymbol{f},k=0,1,\cdots$$

### 6.1.1 矩阵序列的极限

由点列的收敛概念及矩阵范数的等价性，可得到矩阵序列的收敛概念.

**定义 6.1** 设 $\{\boldsymbol{A}^{(k)}\}$ 为 $\mathscr{R}^{n\times n}$ 中的矩阵序列，$\boldsymbol{A}\in\mathscr{R}^{n\times n}$，如果

$$\lim_{k\to\infty}\|\boldsymbol{A}^{(k)}-\boldsymbol{A}\|=0$$

其中 $\|\cdot\|$ 为矩阵范数，则称序列 $\{\boldsymbol{A}^{(k)}\}$ 按范数收敛于 $\boldsymbol{A}$，记为 $\lim\limits_{k\to\infty}\boldsymbol{A}^{(k)}=\boldsymbol{A}$.

**定理 6.1** $\mathscr{R}^{n\times n}$ 中的矩阵序列 $\{\boldsymbol{A}^{(k)}\}$ 收敛于 $\mathscr{R}^{n\times n}$ 中的矩阵 $\boldsymbol{A}$ 的充分必要条件为

$$\lim_{k\to\infty}a_{ij}^{(k)}=a_{ij}\quad(i,j=1,2,\cdots,n)$$

**证明** 由定义 6.1 及范数等价性，$\{\boldsymbol{A}^{(k)}\}$ 收敛于 $\boldsymbol{A}$，即

$$\lim_{k\to\infty}\|\boldsymbol{A}^{(k)}-\boldsymbol{A}\|_\infty=0$$

而对任意 $1\leqslant i\leqslant n$，$1\leqslant j\leqslant n$ 有

$$0\leqslant|a_{ij}^{(k)}-a_{ij}|\leqslant\max_{1\leqslant i\leqslant n}\sum_{j=1}^{n}|a_{ij}{}^{(k)}-a_{ij}|=\|\boldsymbol{A}^{(k)}-\boldsymbol{A}\|_\infty$$

由极限存在准则得

$$\lim_{k\to\infty}|a_{ij}^{(k)}-a_{ij}|=0$$

即

$$\lim_{k\to\infty}a_{ij}^{(k)}=a_{ij}\quad(i=1,2,\cdots,n,j=1,2,\cdots,n)$$

该定理表明，矩阵序列的收敛可以归结为对应分量或对应元素序列的收敛.

**注 6.1**：由于向量可看作一类特殊矩阵，因此类似于定义 6.1 与定理 6.1，向量序列的范数收敛定义以及向量序列按范数收敛与按分量收敛的等价性可立即得到.

**定理 6.2**　$\lim\limits_{k\to\infty}\boldsymbol{A}^{(k)}=0$ 的充分必要条件是

$$\lim_{k\to\infty}\boldsymbol{A}^{(k)}\boldsymbol{x}=0, \forall\boldsymbol{x}\in\mathscr{R}^n$$

其中两个极限的右端分别指零矩阵和零向量.

**证明**　先证必要性. 假设 $\lim\limits_{k\to\infty}\boldsymbol{A}^{(k)}=0$，则 $\lim\limits_{k\to\infty}\|\boldsymbol{A}^{(k)}\|=0$. 对 $\forall\boldsymbol{x}\in\mathscr{R}^n$，由于

$0\leqslant\|\boldsymbol{A}^{(k)}\boldsymbol{x}\|\leqslant\|\boldsymbol{A}^{(k)}\|\ \|\boldsymbol{x}\|$，从而 $\lim\limits_{k\to\infty}\|\boldsymbol{A}^{(k)}\boldsymbol{x}\|=0$，即 $\lim\limits_{k\to\infty}\boldsymbol{A}^{(k)}\boldsymbol{x}=0$.

再证充分性. 若 $\boldsymbol{x}$ 依次取 $n$ 个单位向量 $\boldsymbol{e}_j$ （$j=1, 2, \cdots, n$），则

$$\boldsymbol{A}^{(k)}=\boldsymbol{A}^{(k)}\boldsymbol{I}=\boldsymbol{A}^{(k)}(\boldsymbol{e}_1,\boldsymbol{e}_2,\cdots,\boldsymbol{e}_n)=(\boldsymbol{A}^{(k)}\boldsymbol{e}_1,\boldsymbol{A}^{(k)}\boldsymbol{e}_2,\cdots,\boldsymbol{A}^{(k)}\boldsymbol{e}_n)$$

故

$$\lim_{k\to\infty}\boldsymbol{A}^{(k)}=(\lim_{k\to\infty}\boldsymbol{A}^{(k)}\boldsymbol{e}_1,\lim_{k\to\infty}\boldsymbol{A}^{(k)}\boldsymbol{e}_2,\cdots,\lim_{k\to\infty}\boldsymbol{A}^{(k)}\boldsymbol{e}_n)=0$$

定理得证.

### 6.1.2　单步定常迭代法

单步定常迭代法将方程组

$$\boldsymbol{Ax}=\boldsymbol{b}$$

变形为等价方程组

$$\boldsymbol{x}=\boldsymbol{Bx}+\boldsymbol{f} \tag{6-1}$$

由此构造迭代公式

$$\boldsymbol{x}^{(k+1)}=\boldsymbol{Bx}^{(k)}+\boldsymbol{f}\quad(k=0,1,2,\cdots) \tag{6-2}$$

其中 $\boldsymbol{B}$ 称为迭代矩阵. 给定初始向量 $\boldsymbol{x}^{(0)}\in\mathscr{R}^n$ 后，按式(6-2) 产生向量序列 $\{\boldsymbol{x}^{(k)}\}$. 若迭代序列收敛到某一确定向量 $\boldsymbol{x}^*$，即

$$\lim_{k\to\infty}\boldsymbol{x}^{(k)}=\boldsymbol{x}^*$$

且 $\boldsymbol{x}^*$ 不依赖于 $\boldsymbol{x}^{(0)}$ 的选取，则称迭代法(6-2) 是收敛的，否则称迭代法(6-2) 是发散的.

显然，若按式(6-2) 产生的向量序列 $\{\boldsymbol{x}^{(k)}\}$ 收敛于向量 $\boldsymbol{x}^*$，则有

$$\boldsymbol{x}^*=\lim_{k\to\infty}\boldsymbol{x}^{(k)}=\lim_{k\to\infty}[\boldsymbol{Bx}^{(k-1)}+\boldsymbol{f}]=\boldsymbol{Bx}^*+\boldsymbol{f}$$

从而 $\boldsymbol{x}^*$ 是方程组(6-1) 的解，即 $\boldsymbol{x}^*$ 是方程组 $\boldsymbol{Ax}=\boldsymbol{b}$ 的解.

迭代公式(6-2) 的构造一般源于矩阵分裂. 设系数矩阵 $\boldsymbol{A}$ 可分解为矩阵 $\boldsymbol{M}$ 和 $\boldsymbol{N}$ 之差

$$\boldsymbol{A}=\boldsymbol{M}-\boldsymbol{N}$$

其中 $\boldsymbol{M}$ 为非奇异矩阵. 于是，方程组 $\boldsymbol{Ax}=\boldsymbol{b}$ 可以改写为

$$\boldsymbol{Mx}=\boldsymbol{Nx}+\boldsymbol{b}$$

从而

$$x=M^{-1}Nx+M^{-1}b=Bx+f$$

其中 $B=M^{-1}N$，$f=M^{-1}b$. 据此，我们便可以建立迭代公式

$$x^{(k+1)}=Bx^{(k)}+f \quad k=0,1,2,\cdots$$

### 6.1.3 迭代法收敛性的一般理论

**定理 6.3** ① 设$\|\cdot\|$为 $\mathscr{R}^{n\times n}$ 上任一种矩阵范数，则对任意的 $A\in\mathscr{R}^{n\times n}$，有

$$\rho(A)\leqslant\|A\| \tag{6-3}$$

② 对任意的 $A\in\mathscr{R}^{n\times n}$ 及实数 $\varepsilon>0$，至少存在一种从属范数 $\|\cdot\|$，使

$$\|A\|\leqslant\rho(A)+\varepsilon \tag{6-4}$$

**证明** ① 设 $x\in\mathscr{R}^n$ 满足 $x\neq0$，$Ax=\lambda x$，且 $|\lambda|=\rho(A)$. 必存在向量 $y\in\mathscr{R}^n$，使 $xy^{\mathrm{T}}$ 不是零矩阵. 对于任意一种矩阵范数$\|\cdot\|$，由矩阵范数定义可得

$$\rho(A)\|xy^{\mathrm{T}}\|=\|\lambda xy^{\mathrm{T}}\|=\|Axy^{\mathrm{T}}\|\leqslant\|A\|\|xy^{\mathrm{T}}\|$$

即可推出式(6-3).

② 证明略.

基于以上定理，可得如下结果.

**定理 6.4** 设 $B\in\mathscr{R}^{n\times n}$，则 $\lim\limits_{k\to\infty}B^k=0$ 的充分必要条件是矩阵 $B$ 的谱半径 $\rho(B)<1$.

**证明** 先证必要性. 若 $\lim\limits_{k\to\infty}B^k=0$，则对任一矩阵范数，有

$$\lim_{k\to\infty}\|B^k\|=0$$

由定理 6.3，可得

$$\|B^k\|\geqslant\rho(B^k)=[\rho(B)]^k$$

因此，必有

$$\rho(B)<1$$

再证充分性. 若 $\rho(B)<1$，则存在足够小的正数 $\varepsilon$，使 $\rho(B)+\varepsilon<1$，由定理 6.3 可知，存在矩阵范数$\|\cdot\|$，使得

$$\|B\|\leqslant\rho(B)+\varepsilon<1,$$

于是

$$\|B^k\|\leqslant\|B\|^k\leqslant(\rho(B)+\varepsilon)^k$$

因为

$$\lim_{k\to\infty}(\rho(B)+\varepsilon)^k=0$$

所以 $\lim\limits_{k\to\infty}\|\boldsymbol{B}^k\|=0$，即 $\lim\limits_{k\to\infty}\boldsymbol{B}^k=0$.

为了讨论迭代公式(6-2) 的收敛性，我们引进残差向量

$$\boldsymbol{e}^{(k)}=\boldsymbol{x}^{(k)}-\boldsymbol{x}^*,\ k=0,1,2,\cdots \tag{6-5}$$

由式(6-2) 易推出残差向量应满足方程

$$\boldsymbol{e}^{(k)}=\boldsymbol{B}\boldsymbol{x}^{(k-1)}+\boldsymbol{f}-\boldsymbol{B}\boldsymbol{x}^*-\boldsymbol{f}=\boldsymbol{B}(\boldsymbol{x}^{(k-1)}-\boldsymbol{x}^*)=\boldsymbol{B}\boldsymbol{e}^{(k-1)} \tag{6-6}$$

逐次递推，可得到

$$\boldsymbol{e}^{(k)}=\boldsymbol{B}^k\boldsymbol{e}^{(0)}$$

若欲由式 (6-2) 所确定的迭代法对任意给定的初始向量 $\boldsymbol{x}^{(0)}$ 都收敛，则由残差向量 $\boldsymbol{e}^{(k)}$ 应对任何初始残差 $\boldsymbol{e}^{(0)}$ 都收敛于 0.

**定理 6.5**　对任意的初始向量 $\boldsymbol{x}^{(0)}$ 和右端项 $\boldsymbol{f}$，由迭代格式

$$\boldsymbol{x}^{(k+1)}=\boldsymbol{B}\boldsymbol{x}^{(k)}+\boldsymbol{f}\quad(k=0,1,2,\cdots)$$

产生的向量序列 $\{\boldsymbol{x}^{(k)}\}$ 收敛的充分必要条件 $\rho(\boldsymbol{B})<1$.

**证明**　必要性. 设存在向量 $\boldsymbol{x}^*$，使得 $\lim\limits_{k\to\infty}\boldsymbol{x}^{(k)}=\boldsymbol{x}^*$，则

$$\boldsymbol{x}^*=\boldsymbol{B}\boldsymbol{x}^*+\boldsymbol{f}$$

由此及迭代公式(6-2)，有

$$\boldsymbol{x}^{(k)}-\boldsymbol{x}^*=\boldsymbol{B}\boldsymbol{x}^{(k-1)}+\boldsymbol{f}-\boldsymbol{B}\boldsymbol{x}^*-\boldsymbol{f}=\boldsymbol{B}^k(\boldsymbol{x}^{(0)}-\boldsymbol{x}^*)$$

于是

$$\lim_{k\to\infty}\boldsymbol{B}^k(\boldsymbol{x}^{(0)}-\boldsymbol{x}^*)=\lim_{k\to\infty}(\boldsymbol{x}^{(k)}-\boldsymbol{x}^*)=0$$

因为 $\boldsymbol{x}^{(0)}$ 为任意 $n$ 维向量，因此上式成立必须

$$\lim_{k\to\infty}\boldsymbol{B}^k=0$$

由定理 6.3，得 $\rho(\boldsymbol{B})<1$.

充分性. 若 $\rho(\boldsymbol{B})<1$，则 $\lambda=1$ 不是 $\boldsymbol{B}$ 的特征值，因而有 $|\boldsymbol{I}-\boldsymbol{B}|\neq 0$，于是对任意 $n$ 维向量 $\boldsymbol{f}$，方程组 $(\boldsymbol{I}-\boldsymbol{B})\boldsymbol{x}=\boldsymbol{f}$ 有唯一解，记为 $\boldsymbol{x}^*$，即

$$\boldsymbol{x}^*=\boldsymbol{B}\boldsymbol{x}^*+\boldsymbol{f}$$

并且

$$\lim_{k\to\infty}\boldsymbol{B}^k=0$$

又因为

$$\boldsymbol{x}^{(k)}-\boldsymbol{x}^*=\boldsymbol{B}(\boldsymbol{x}^{(k-1)}-\boldsymbol{x}^*)=\boldsymbol{B}^k(\boldsymbol{x}^{(0)}-\boldsymbol{x}^*)$$

所以，对任意初始向量 $\boldsymbol{x}^{(0)}$，都有

$$\lim_{k\to\infty}(\boldsymbol{x}^{(k)}-\boldsymbol{x}^*)=\lim_{k\to\infty}\boldsymbol{B}^k(\boldsymbol{x}^{(0)}-\boldsymbol{x}^*)=0$$

即由迭代公式(6-2) 产生的向量序列 $\{\boldsymbol{x}^{(k)}\}$ 收敛.

定理 6.5 表明，单步定常迭代法收敛与否仅取决于迭代矩阵的谱半径，与初始向量以及方程组的右端项无关. 对同一方程组，由于不同的迭代法迭代矩阵不同，因此可能出现有的方法收敛，有的方法发散的情形.

最后，简要讨论迭代法的收敛速度. 考察残差向量 $\boldsymbol{e}^{(k)}=\boldsymbol{x}^{(k)}-\boldsymbol{x}^*=\boldsymbol{B}^k\boldsymbol{e}^{(0)}$. 设 $\boldsymbol{B}$ 有 $n$ 个线性无关的特征向量 $\boldsymbol{u}_1,\boldsymbol{u}_2,\cdots,\boldsymbol{u}_n$，相应的特征值为 $\lambda_1,\lambda_2,\cdots,\lambda_n$. 由 $\boldsymbol{e}^{(0)}=\sum\limits_{i=1}^{n}a_iu_i$，得

$$\|\boldsymbol{e}^{(k)}\|=\|\boldsymbol{B}^k\boldsymbol{e}^{(0)}\|=\|\sum_{i=1}^{n}a_i\lambda_i{}^k\boldsymbol{u}_i\|\leqslant\rho(\boldsymbol{B})^k\|\sum_{i=1}^{n}a_i\boldsymbol{u}_i\|$$

$$=\rho(\boldsymbol{B})^k\|\boldsymbol{e}^{(0)}\|.$$

可以看出，当谱半径 $\rho(\boldsymbol{B})$ 越小时，$\boldsymbol{e}^{(k)}$ 趋于 0 的速度越快，故可以用 $\rho(\boldsymbol{B})$ 来刻画迭代法的收敛快慢. 现依据给定精度要求来确定迭代次数 $k$. 如果要求迭代 $k$ 次后有

$$\|\boldsymbol{e}^{(k)}\|\leqslant10^{-s}\|\boldsymbol{e}^{(0)}\|$$

则可选择足够大的 $k$ 使

$$\rho(\boldsymbol{B})^k\leqslant10^{-s}$$

两边取对数，得

$$k\geqslant\frac{s\ln10}{-\ln\rho(\boldsymbol{B})}$$

基于上式，给出下面的定义.

**定义 6.2** 称 $R(\boldsymbol{B})=-\ln\rho(\boldsymbol{B})$ 为迭代法的渐近收敛率，或称渐近收敛速度.

$R(\boldsymbol{B})$ 与 $\boldsymbol{B}$ 取何种范数及迭代次数无关. 它反映的是迭代次数趋于无穷时迭代法的渐近性质. 可以看出，$\rho(\boldsymbol{B})<1$ 越小，则 $-\ln\rho(\boldsymbol{B})$ 越大，达到给定精度需要的迭代次数就越少.

## 6.2 基于矩阵分裂的迭代法

### 6.2.1 Jacobi（雅可比）迭代法

考虑方程组 $\boldsymbol{Ax}=\boldsymbol{b}$，即

$$\begin{cases}a_{11}x_1+a_{12}x_2+\cdots+a_{1n}x_n=b_1\\a_{21}x_1+a_{22}x_2+\cdots+a_{2n}x_n=b_2\\\quad\cdots\quad\cdots\\a_{n1}x_1+a_{n2}x_2+\cdots+a_{nn}x_n=b_n\end{cases}\tag{6-7}$$

其中 $\boldsymbol{A}=(a_{ij})_{n\times n}$ 非奇异. 假设 $a_{ii}\neq0(i=1,\cdots,n)$，则式(6-7) 等价变形为

$$a_{ii}x_i=b_i-\sum_{j=1}^{i-1}a_{ij}x_j-\sum_{j=i+1}^{n}a_{ij}x_j\quad(i=1,\cdots,n)$$

有

$$x_i=\frac{1}{a_{ii}}\left(b_i-\sum_{j=1}^{i-1}a_{ij}x_j-\sum_{j=i+1}^{n}a_{ij}x_j\right)\quad(i=1,\cdots,n)\qquad(6\text{-}8)$$

由此构造迭代公式

$$x_i^{(k+1)}=\frac{1}{a_{ii}}(b_i-\sum_{j=1}^{i-1}a_{ij}x_j^{(k)}-\sum_{j=i+1}^{n}a_{ij}x_j^{(k)})\quad(i=1,\cdots,n)\qquad(6\text{-}9)$$

用矩阵观点来看，上述过程将 $\boldsymbol{A}$ 分解为上三角、下三角、对角三个部分，这种做法称为矩阵分裂. 即

$$\boldsymbol{A}=\boldsymbol{D}-\boldsymbol{L}-\boldsymbol{U}$$

其中

$$\boldsymbol{D}=\begin{bmatrix}a_{11}&&&\\&a_{22}&&\\&&\ddots&\\&&&a_{nn}\end{bmatrix},\ \boldsymbol{L}=\begin{bmatrix}0&&&\\-a_{21}&\ddots&&\\\vdots&&0&\\-a_{n1}&\cdots&-a_{nn-1}&0\end{bmatrix},$$

$$\boldsymbol{U}=\begin{bmatrix}0&-a_{12}&\cdots&-a_{1n}\\&0&&\vdots\\&&\ddots&-a_{n-1n}\\&&&0\end{bmatrix}$$

这样

$$\boldsymbol{Ax}=\boldsymbol{b}\Leftrightarrow(\boldsymbol{D}-\boldsymbol{L}-\boldsymbol{U})\boldsymbol{x}=\boldsymbol{b}\Leftrightarrow\boldsymbol{Dx}=(\boldsymbol{L}+\boldsymbol{U})\boldsymbol{x}+\boldsymbol{b}\Leftrightarrow\boldsymbol{x}=\boldsymbol{D}^{-1}(\boldsymbol{L}+\boldsymbol{U})\boldsymbol{x}+\boldsymbol{D}^{-1}\boldsymbol{b}$$

因此式(6-9) 的矩阵形式为

$$\boldsymbol{x}^{(k+1)}=\boldsymbol{Jx}^{(k)}+\boldsymbol{f}\qquad(6\text{-}10)$$

其中 $\boldsymbol{J}=\boldsymbol{D}^{-1}$ $(\boldsymbol{L}+\boldsymbol{U})$ $=\boldsymbol{I}-\boldsymbol{D}^{-1}\boldsymbol{A}$，$\boldsymbol{f}=\boldsymbol{D}^{-1}\boldsymbol{b}$. 式(6-10) 称为 **Jacobi**（雅可比）迭代，由于 $\boldsymbol{D}$ 是对角阵，因此 $\boldsymbol{D}^{-1}$的计算很容易. Jacobi 迭代法公式简单，每迭代一次只需计算一次矩阵和向量的乘法. 此外，该迭代存储要求极低，在执行过程中仅需要两组存储单元，以存放 $x^{(k)}$ 及 $x^{(k+1)}$.

对于该迭代法的收敛性，由定理 6.5 可知：Jacobi 迭代收敛的充分必要条件为迭代矩阵 $\boldsymbol{J}=\boldsymbol{D}^{-1}(\boldsymbol{L}+\boldsymbol{U})$ 的谱半径 $\rho(\boldsymbol{J})<1$. 在实际算法设计中，还需根据实际需要给出迭代的收敛判定准则. 具体可以采用绝对误差、相对误差或残量

$$r^{(k)}=\|\boldsymbol{b}-\boldsymbol{Ax}^{(k)}\|$$

小于某个误差限.

**【例 6.1】** 用 Jacobi 迭代法求解线性方程组

$$\begin{cases}10x_1-x_2-2x_3=72\\-x_1+10x_2-2x_3=83\\-x_1-x_2+5x_3=42\end{cases}$$

【解】 不难验证，方程组的精确解为 $x^*=(11, 12, 13)^T$. 由式(6-9) 可得 Jacobi 迭代格式如下：

$$\begin{cases}x_1^{(k+1)}=\dfrac{1}{10}(72+x_2^{(k)}+2x_3^{(k)})\\x_2^{(k+1)}=\dfrac{1}{10}(83+x_1^{(k)}+2x_3^{(k)})\\x_3^{(k+1)}=\dfrac{1}{5}(42+x_1^{(k)}+x_2^{(k)})\end{cases}$$

取初始迭代向量 $x^{(0)}=(0, 0, 0)^T$，迭代 9 次的近似解 $x^{(9)}=(10.9994, 11.9994, 12.9992)^T$，此时近似解已足够接近精确解.

### 6.2.2 Gauss-Seidel（高斯-赛德尔）迭代法

在 Jacobi 迭代法中，是用 $x^{(k)}$ 的全部分量来计算 $x^{(k+1)}$ 的全部分量的，然而在计算分量 $x_i^{(k+1)}$ 时，$x_1^{(k+1)}$，$x_2^{(k+1)}$，…，$x_{i-1}^{(k+1)}$ 都已经算出. 因此，若用多迭代一次的 $x_1^{(k+1)}$，$x_2^{(k+1)}$，…，$x_{i-1}^{(k+1)}$ 代替 $x_1^{(k)}$，$x_2^{(k)}$，…，$x_{i-1}^{(k)}$ 来计算 $x_i^{(k+1)}$，则能充分利用刚刚得到的新的信息，期望能取得更好的结果. 这就是 Gauss-Seidel 迭代法的基本思想. 其迭代公式为

$$x_i^{(k+1)}=\frac{1}{a_{ii}}\left(b_i-\sum_{j=1}^{i-1}a_{ij}x_j^{(k+1)}-\sum_{j=i+1}^{n}a_{ij}x_j^{(k)}\right) \tag{6-11}$$

式(6-11) 的矩阵形式为

$$x^{(k+1)}=D^{-1}(b+Lx^{(k+1)}+Ux^{(k)})$$

因此 Gauss-Seidel 迭代法的矩阵形式为

$$x^{(k+1)}=Gx^{(k)}+f \tag{6-12}$$

其中 $G=(D-L)^{-1}U$，$f=(D-L)^{-1}b$.

对于该迭代法的收敛性，同样由定理 6.5 可知：Gauss-Seidel 迭代法收敛的充要条件为迭代矩阵 $G=(D-L)^{-1}U$ 的谱半径 $\rho(G)<1$.

【例 6.2】 用 Gauss-Seidel 迭代法求解例 6.1 中的方程组.

【解】 由式(6-11) 可得 Gauss-Seidel 迭代格式如下

$$\begin{cases}x_1^{(k+1)}=\dfrac{1}{10}(72+x_2^{(k)}+2x_3^{(k)})\\x_2^{(k+1)}=\dfrac{1}{10}(83+x_1^{(k+1)}+2x_3^{(k)})\\x_3^{(k+1)}=\dfrac{1}{5}(42+x_1^{(k+1)}+x_2^{(k+1)})\end{cases}$$

取初始迭代向量 $x^{(0)}=(0,0,0)^T$，迭代 6 次的近似解 $x^{(6)}=(10.9999,11.9999,13.0000)^T$.

对比例 6.1、6.2 可以发现，Gauss-Seidel 迭代法收敛速度比 Jacobi 迭代法更快.

在大多数情况下，如果对给定的矩阵 $A$，若 Jacobi 迭代收敛，则 Gauss-Seidel 迭代也收敛并且速度更快（Gauss-Seidel 迭代矩阵的谱半径更小一些）. 但在理论上二者收敛性并无联系. 具体如例 6.3.

**【例 6.3】** 判断用 Jacobi 和 Gauss-Seidel 迭代法解方程组 $\boldsymbol{Ax}=\boldsymbol{b}$ 的敛散性.

$$① \boldsymbol{A}=\begin{bmatrix}1 & -2 & 2\\ -1 & 1 & -1\\ -2 & -2 & 1\end{bmatrix};\ ② \boldsymbol{A}=\begin{bmatrix}1 & 3/4 & 3/4\\ 3/4 & 1 & 3/4\\ 3/4 & 3/4 & 1\end{bmatrix}$$

**【解】** ① Jacobi 法的迭代矩阵为

$$\boldsymbol{J}=\boldsymbol{D}^{-1}(\boldsymbol{L}+\boldsymbol{U})$$

其特征方程为

$$|\lambda\boldsymbol{I}-\boldsymbol{D}^{-1}(\boldsymbol{L}+\boldsymbol{U})|=0\Leftrightarrow|\lambda\boldsymbol{D}-(\boldsymbol{L}+\boldsymbol{U})|=0$$

由已知

$$|\lambda\boldsymbol{D}-(\boldsymbol{L}+\boldsymbol{U})|=\lambda^3=0$$

得 $\lambda_1=\lambda_3=\lambda_3=0$，所以 $\rho(\boldsymbol{J})=0<1$，因此 Jacobi 迭代法收敛.

如果用 Gauss-Seidel 法，迭代矩阵为

$$\boldsymbol{G}=(\boldsymbol{D}-\boldsymbol{L})^{-1}\boldsymbol{U}$$

特征方程

$$|\lambda\boldsymbol{I}-(\boldsymbol{D}-\boldsymbol{L})^{-1}\boldsymbol{U}|=0\Leftrightarrow|\lambda(\boldsymbol{D}-\boldsymbol{L})-\boldsymbol{U}|=0$$

由已知

$$|\lambda(\boldsymbol{D}-\boldsymbol{L})-\boldsymbol{U}|=\lambda(\lambda^2+4\lambda-4)=0$$

得特征值 $\lambda_1=0$，$\lambda_3=-2(1+\sqrt{2})$，$\lambda_3=-2(1-\sqrt{2})$，所以 $\rho(\boldsymbol{G})=2(1+\sqrt{2})>1$，因此 Gauss-Seidel 迭代法发散.

② 请读者自己做一做.

通常 Gauss-Seidel 迭代要好于 Jacobi 迭代，但在并行处理机上则例外. 如果有 $n$ 个处理器，则 Jacobi 迭代效率非常高（用第 $i$ 个处理器更新 $x_i$），此时 Gauss-Seidel 迭代没有优势. 但由于处理器的个数 $p$ 往往小于 $n$，所以加速效果并没有预想的那么好. 这时虽然每个处理器需要用 Gauss-Seidel 的思想计算 $x$ 的 $n/p$ 个分量（即充分利用能够得到的变量的新值），但却不能在处理器间传递更新的值. 关于并行 Gauss-Seidel 迭代有许多通用策略.

Jacobi 迭代和 Gauss-Seidel 迭代都依赖于未知量的次序. 如果线性方程组中方程的次序有所改变，则得到的 Jacobi 或 Gauss-Seidel 序列也是不同的.

**【例 6.4】** 若

$$A=\begin{bmatrix}3 & 10\\ 9 & 4\end{bmatrix}$$

计算可得 $\rho(\boldsymbol{J})=\frac{\sqrt{30}}{2}$，$\rho(\boldsymbol{G})=\frac{15}{2}$，所以 Jacobi 法和 Gauss-Seidel 法均发散.

如果改变方程的次序，有

$$A'=\begin{bmatrix}9 & 4\\ 3 & 10\end{bmatrix}$$

计算可得 $\rho(\boldsymbol{J})=\frac{\sqrt{10}}{15}$，$\rho(\boldsymbol{G})=\frac{2}{15}$，此时 Jacobi 法和 Gauss-Seidel 法均收敛. 这表明，改变方程组中方程的次序，即将系数矩阵作行交换会改变迭代法的收敛性.

### 6.2.3 SOR（逐次超松弛）迭代法

逐次超松弛迭代法（successive over relaxation method，SOR）是 Gauss-Seidel 方法的一种加速方法，是解大型稀疏线性方程组的有效方法之一，它具有计算公式简单，程序设计容易，占用计算机内存较少等优点，但需要较好的加速因子.

对一个收敛的 Gauss-Seidel 迭代法，第 $k+1$ 次的迭代结果一般要比第 $k$ 次的好. 第 $k+1$ 次的迭代结果可看作第 $k$ 次基础上的修正，现在我们引入一个参数，来改变这个修正量. 这就是 SOR 方法的基本思想. 具体地，将 Gauss-Seidel 迭代改写为

$$\boldsymbol{x}^{(k+1)}=\boldsymbol{x}^{(k)}+\Delta\boldsymbol{x}$$

其中 $\Delta\boldsymbol{x}$ 为 $\boldsymbol{x}^{(k+1)}$ 与 $\boldsymbol{x}^{(k)}$ 的差，其各分量为

$$\Delta x_i=x_i^{(k+1)}-x_i^{(k)}=\frac{1}{a_{ii}}(b_i-\sum_{j=1}^{i-1}a_{ij}x_j^{(k+1)}-\sum_{j=i+1}^{n}a_{ij}x_j^{(k)})-x_i^{(k)}\quad(i=1,\cdots,n)$$

引入新的参数 $\omega$ 并将 $\boldsymbol{x}^{(k+1)}$ 修正为

$$\boldsymbol{x}^{(k+1)}=\boldsymbol{x}^{(k)}+\omega\Delta\boldsymbol{x}$$

即

$$x_i^{(k+1)}=x_i^{(k)}+\omega\Delta x_i=x_i^{(k)}+\omega\left[\frac{1}{a_{ii}}(b_i-\sum_{j=1}^{i-1}a_{ij}x_j^{(k+1)}-\sum_{j=i+1}^{n}a_{ij}x_j^{(k)})-x_i^{(k)}\right]$$

$$=(1-\omega)x_i^{(k)}+\frac{\omega}{a_{ii}}(b_i-\sum_{j=1}^{i-1}a_{ij}x_j^{(k+1)}-\sum_{j=i+1}^{n}a_{ij}x_j^{(k)})(i=1,\cdots,n) \tag{6-13}$$

按式(6-13)计算方程组的近似解序列的方法称为松弛法，$\omega$ 称为松弛因子. 如果 $\omega=1$，就是标准的 Gauss-Seidel 迭代；如果 $0<\omega<1$ 称为低松弛法；如果 $\omega>1$ 称为超松弛法，后两种情形统称为 **SOR** 迭代法.

式(6-13)的矩阵形式为

$$\boldsymbol{x}^{(k+1)}=(1-\omega)\boldsymbol{x}^{(k)}+\omega\boldsymbol{D}^{-1}(\boldsymbol{b}+\boldsymbol{L}\boldsymbol{x}^{(k+1)}+\boldsymbol{U}\boldsymbol{x}^{(k)})$$

即

$$\boldsymbol{x}^{(k+1)}=[(1-\omega)\boldsymbol{I}+\omega\boldsymbol{D}^{-1}\boldsymbol{U}]\boldsymbol{x}^{(k)}+\omega\boldsymbol{D}^{-1}\boldsymbol{L}\boldsymbol{x}^{(k+1)}+\omega\boldsymbol{D}^{-1}\boldsymbol{b}$$

注意到 $|\boldsymbol{I}-\boldsymbol{D}^{-1}\boldsymbol{L}|=1$，有

$$\boldsymbol{x}^{(k+1)}=\boldsymbol{L}_\omega\boldsymbol{x}^{(k)}+\boldsymbol{f} \tag{6-14}$$

其中 $\boldsymbol{L}_\omega=(\boldsymbol{D}-\omega\boldsymbol{L})^{-1}[(1-\omega)\boldsymbol{D}+\omega\boldsymbol{U}]$，$\boldsymbol{f}=\omega(\boldsymbol{D}-\omega\boldsymbol{L})^{-1}\boldsymbol{b}$.

对于 SOR 迭代法的收敛性，由定理 6.5 可知：该方法收敛的充要条件为迭代矩阵 $\boldsymbol{L}_\omega$ 的谱半径 $\rho(\boldsymbol{L}_\omega)<1$. SOR 迭代法的收敛速度取决于松弛因子 $\omega$ 的选取. 若 $\omega$ 取得较好，则 SOR 迭代法收敛速度优于 Gauss-Seidel 迭代法；若取得不好，则可能会比 Gauss-Seidel 方法慢甚至不收敛. 为保证 $\omega$ 的选取能保证 SOR 迭代的收敛性，给出如下结果.

**定理 6.6** SOR 迭代法收敛的必要条件是 $0<\omega<2$.

**证明** 设 $\boldsymbol{L}_\omega$ 有特征值 $\lambda_1,\lambda_2,\cdots,\lambda_n$. 因为

$$|\det(\boldsymbol{L}_\omega)|=|\lambda_1\lambda_2\cdots\lambda_n|\leqslant[\rho(\boldsymbol{L}_\omega)]^n$$

由定理 6.5，SOR 法收敛必有 $|\det(\boldsymbol{L}_\omega)|<1$，又因为

$$|\boldsymbol{L}_\omega|=|(\boldsymbol{D}-\omega\boldsymbol{L})^{-1}||(1-\omega)\boldsymbol{D}+\omega\boldsymbol{U}|$$

$$=\frac{1}{a_{11}a_{22}\cdots a_{nn}}\times(1-\omega)^n a_{11}a_{22}\cdots a_{nn}=(1-\omega)^n$$

于是有

$$|\det(\boldsymbol{L}_\omega)|=(1-\omega)^n<1$$

所以 $0<\omega<2$.

能够使 SOR 迭代法收敛最快的松弛因子称为最佳松弛因子. 一般地，最佳松弛因子 $\omega^*$ 应满足

$$\rho(\boldsymbol{L}_{\omega^*})=\min\rho(\boldsymbol{L}_\omega)$$

最佳松弛因子理论是由 Young（1950 年）针对一类椭圆型微分方程数值解得到的代数方程组所建立的理论，他给出了最佳松弛因子公式

$$\omega_{pt}=\frac{2}{1+\sqrt{1-\rho^2(\boldsymbol{J})}} \tag{6-15}$$

其中，$\boldsymbol{J}$ 是 Jacobi 迭代矩阵.

**【例 6.5】** 用 SOR 迭代法求解例 6.1 中的方程组.

**【解】** 由式(6-13) 可得 SOR 迭代格式如下

$$\begin{cases} x_1^{(k+1)}=x_1^{(k)}+\omega\cdot\dfrac{1}{10}(72-10x_1^{(k)}+x_2^{(k)}+2x_3^{(k)}) \\ x_2^{(k+1)}=x_2^{(k)}+\omega\cdot\dfrac{1}{10}(83+10x_1^{(k+1)}+x_2^{(k)}+2x_3^{(k)}) \\ x_3^{(k+1)}=x_3^{(k)}+\omega\cdot\dfrac{1}{5}(42+x_1^{(k+1)}+x_2^{(k+1)}-5x_3^{(k)}) \end{cases}$$

取初始迭代向量 $\boldsymbol{x}^{(0)}=(0,\ 0,\ 0)^{\mathrm{T}}$，松弛因子 $\omega=1.055$，迭代 4 次得到的近似解为

$$\boldsymbol{x}^{(4)}=(10.9998,12.0005,13.0000)^{\mathrm{T}}$$

对比例 6.5 与例 6.1 和例 6.2 可以发现，若松弛因子选得好，则 SOR 迭代法比 Gauss-Seidel 迭代法和比 Jacobi 迭代法都快.

## 6.2.4 Matlab 函数

原则上可以用式(6-10)、式(6-12) 和式(6-14) 分别进行 Jacobi 迭代、Gauss-Seidel 迭代和 SOR 迭代，但由于实际中 $n$ 往往非常大，所以即使是求解 Gauss-Seidel 迭代中的三角方程组

$$(\boldsymbol{D}-\boldsymbol{L})\boldsymbol{x}^{(k+1)}=\boldsymbol{U}\boldsymbol{x}^{(k)}+\boldsymbol{b}$$

也要耗费太多的时间. 事实上，实际计算时根据存储器的情况以及 $\boldsymbol{A}$ 的稀疏性，通常并不显式地形成 $\boldsymbol{A}$，$\boldsymbol{L}$，$\boldsymbol{U}$ 或 $\boldsymbol{D}$. 一般都是编写一个能够返回 $\boldsymbol{A}$ 的指定元素或计算 $\boldsymbol{Ax}$ 的程序，然后按 $x_1^{(k+1)}$，$x_2^{(k+1)}$，…，$x_n^{(k+1)}$ 的公式进行更新.

为方便，这里仍使用迭代的矩阵形式，输入：

```
>>A=4*eye(10);   fori=2:9;A(i,[i-1,i+1])=[1,1];   end
>>A(10,1)=1;   A(1,10)=1;   A(1,2)=1;   A(10,9)=1;
```

偏微分方程的应用中经常出现这类矩阵，输入：

```
>>D=diag(diag(A));   L=-tril(A,-1);     U=-triu(A,-1);
```

对矩阵进行分裂，其中 $\boldsymbol{D}$ 为由矩阵 $\boldsymbol{A}$ 的对角元构成的对角阵，命令“tril(A，−1)”返回 $\boldsymbol{A}$ 的严格下三角部分，命令“triu(A，−1)”返回 $\boldsymbol{A}$ 的严格上三角部分. 现在比较求解 $\boldsymbol{Ax}=\boldsymbol{b}$ 的 Jacobi 迭代、Gauss-Seidel 迭代和 SOR 迭代. 输入：

```
>>b=6*ones([10,1]);
```

这时方程的真解为全 1 向量. 输入：

```
>>x0j=zeros([10,1]);  x0gs=x0j;  x0SOR=x0j;w=1.5;  %初始向量赋值,松弛因子 w=1.5
>>xj=D\((L+U)*x0j+b);      rj=b-A*xj
                                   %Jacobi 迭代
>>xgs=(D-L)\(U*x0gs+b);     rgs=b-A*xgs
                                   %Gauss-Seidel 迭代
>>xSOR=(D-w*L)\((1-w)D+wU)*x0SOR+w*(D-w*L)\b; rSOR=b-A*xSOR
                                   % SOR 迭代
>>norm(rj),  norm(rgs),  norm(rSOR)
>>x0j=xj;    x0gs=xgs;    x0SOR=xSOR;
```

重复若干次（每次迭代都显示残向量）可以看到 Gauss-Seidel 迭代残量的缩减比 Jacobi 迭代快得多，而 SOR 方法似乎不如 Gauss-Seidel 迭代法. 接下来对比迭代矩阵的谱半径，输入：

```
>>max(abs(eig(D-L)\U))                %Gauss-Seidel 迭代
>>max(abs(eig((D-w*L)\((1-w)*D+w*U))))
                                   % SOR 迭代
```

可以得到两种方法的迭代矩阵的谱半径，其中命令“eig(B)”可返回矩阵 $\boldsymbol{B}$ 的所有特征值. 在本例中，Gauss-Seidel 迭代对应的谱半径为 0.3093，而 SOR 迭代对应的谱半径为 0.6135，因此 SOR 方法不如 Gauss-Seidel 方法.

为确定最优松弛因子，除利用式（6-15）外，还可采用如下循环形式. 输入：

```
>>bestz=Inf;    bestw=0;
>>for w=1:0.005:2
>>   z=max(abs(eig((D-w*L)\((1-w)*D+w*U))));
>>   if z<bestz    bestz=z;  bestw=w;  end
>>end
>>bestw
```

可以看到 w 的最优值约为 1.07. 输入：

```
>>w=1.07;
>>max(abs(eig((D-w*L)\((1-w)*D+w*U))))
```

可以看到关于这个 w 的谱半径为 0.2335. 将带有这个 w 值的 SOR 迭代与 Gauss-Seidel 迭代进行比较，可以发现其效果比 Gauss-Seidel 迭代法好得多.

**人物介绍**

**卡尔·雅可比**（Jacobi，Carl Gustav Jacob），德国数学家. 1804年12月10日生于普鲁士的波茨坦；1851年2月18日卒于柏林. 雅可比是数学史上最勤奋的学者之一，与欧拉一样也是一位在数学上多产的数学家，是被广泛承认的历史上最伟大的数学家之一. 雅可比善于处理各种繁复的代数问题，在纯粹数学和应用数学上都有非凡的贡献，他所理解的数学有一种强烈的柏拉图式的格调，其数学成就对后人影响颇为深远. 在他逝世后，狄利克雷称他为拉格朗日以来德国科学院成员中最卓越的数学家.

## 6.3 特殊方程组迭代法的收敛性

由定理6.5可知，Jacobi迭代、Gauss-Seidel迭代以及SOR迭代收敛的充要条件是相应的迭代矩阵的谱半径小于1. 但该条件实际使用时很不方便. 这时由于求谱半径 $\rho(\boldsymbol{B})$ 是比较困难的事，因此常利用 $\rho(\boldsymbol{B}) \leqslant \|\boldsymbol{B}\|$，作为 $\rho(\boldsymbol{B})$ 上界的一种估计式. 需要注意的是，使用矩阵范数判别只是充分条件，而非必要条件.

### 6.3.1 对角占优矩阵与不可约矩阵

**定义6.3** 若矩阵 $\boldsymbol{A}=(a_{ij})_{n\times n}$ 满足

$$|a_{ii}| \geqslant \sum_{\substack{j=1\\ j\neq i}}^{n} |a_{ij}| \quad (i=1,\cdots,n)$$

且至少有一个 $i$，使上式中不等式严格成立，则称 $\boldsymbol{A}$ 为对角占优. 若所有的 $i$ 不等式均成立，即 $\boldsymbol{A}$ 的每一行对角元素的绝对值都严格大于同行其他元素绝对值之和，则称 $\boldsymbol{A}$ 为严格对角占优.

例如，$\begin{bmatrix} 2 & -1 & 0 \\ 1 & 3 & 1 \\ 0 & 1 & 3 \end{bmatrix}$ 是严格对角占优矩阵，而 $\begin{bmatrix} 1 & -1 & 0 \\ 1 & 2 & -1 \\ 0 & 1 & 3 \end{bmatrix}$ 是对角占优矩阵.

**定义6.4** 若 $\boldsymbol{A}=(a_{ij})_{n\times n}$，能找到排列矩阵 $\boldsymbol{P}$，使得

$$\boldsymbol{P}^{\mathrm{T}}\boldsymbol{A}\boldsymbol{P}=\begin{bmatrix} \boldsymbol{A}_{11} & \boldsymbol{A}_{12} \\ 0 & \boldsymbol{A}_{22} \end{bmatrix}$$

其中 $\boldsymbol{A}_{11}$，$\boldsymbol{A}_{22}$ 均为方阵，称 $\boldsymbol{A}$ 为可约，否则，称 $\boldsymbol{A}$ 为不可约.

例如

$$\boldsymbol{A}=\begin{bmatrix} 5 & 1 & 2 & 1 \\ 0 & 3 & 0 & 2 \\ 1 & 1 & 2 & 1 \\ 0 & 1 & 0 & 5 \end{bmatrix}$$

就是可约矩阵，将该矩阵的第二行与第三行，以及第二列与第三列的元素互换可以得到相应块上三角阵. $\boldsymbol{A}$ 是可约矩阵，意味着 $\boldsymbol{Ax}=\boldsymbol{b}$ 可经过若干次行列重排，化为两个低阶方程组，事实上，$\boldsymbol{Ax}=\boldsymbol{b}$ 可化为 $\boldsymbol{P}^{\mathrm{T}}\boldsymbol{A}\boldsymbol{P}(\boldsymbol{P}^{\mathrm{T}}\boldsymbol{x})=\boldsymbol{P}^{\mathrm{T}}\boldsymbol{b}$，记

$$\boldsymbol{P}^{\mathrm{T}}\boldsymbol{x}=\boldsymbol{y}=\begin{bmatrix} y^{(1)} \\ y^{(2)} \end{bmatrix},\ \boldsymbol{P}^{\mathrm{T}}\boldsymbol{b}=\boldsymbol{d}=\begin{bmatrix} d^{(1)} \\ d^{(2)} \end{bmatrix}$$

于是，求解 $\boldsymbol{Ax}=\boldsymbol{b}$ 化为求解

$$\begin{cases} A_{11}y^{(1)}+A_{12}y^{(2)}=d^{(1)} \\ \qquad\qquad A_{22}y^{(2)}=d^{(2)} \end{cases}$$

**定理 6.7**　(对角占优定理) 若 $\boldsymbol{A}=(a_{ij})_{n\times n}$ 为严格对角占优或为不可约对角占优，则 $a_{ii}\neq 0$，$i=1,2,\cdots,n$，且 $\boldsymbol{A}$ 非奇异.

**证明**　只就严格对角占优情形证明，其余留作习题. 由严格对角占优定义可知 $a_{ii}\neq 0$，$i=1,\cdots,n$. 若 $\boldsymbol{A}$ 奇异，则有 $\boldsymbol{x}=(x_1,\cdots,x_n)^{\mathrm{T}}\neq 0$ 满足 $\boldsymbol{Ax}=0$. 设 $|\boldsymbol{x}_k|=\|\boldsymbol{x}\|_\infty$，则方程组的第 $k$ 个方程为

$$a_{kk}x_k=-\sum_{\substack{j=1\\ j\neq k}}^{n}a_{kj}x_j$$

由此得

$$|a_{kk}|\leqslant\sum_{\substack{j=1\\ j\neq k}}^{n}|a_{kj}|\frac{|x_j|}{|x_k|}\leqslant\sum_{\substack{j=1\\ j\neq k}}^{n}|a_{kj}|$$

与 $\boldsymbol{A}$ 为严格对角占优矛盾. 证毕.

**定理 6.8**　若 $\boldsymbol{A}$ 为严格对角占优或不可约对角占优，则 Jacobi 迭代法和 Gauss-Seidel 迭代法均收敛.

**证明**　只就严格对角占优情形给出证明，其余留作习题. 根据定理 6.5，为证明迭代法收敛，只需证明 $\rho(\boldsymbol{J})<1$ 和 $\rho(\boldsymbol{G})<1$.

注意到 Jacobi 迭代法的迭代矩阵

$$\boldsymbol{J}=\boldsymbol{I}-\boldsymbol{D}^{-1}\boldsymbol{A}=\begin{bmatrix} 0 & -\dfrac{a_{12}}{a_{11}} & \cdots & -\dfrac{a_{1n}}{a_{11}} \\ -\dfrac{a_{21}}{a_{11}} & 0 & \cdots & -\dfrac{a_{2n}}{a_{22}} \\ \vdots & \vdots & \vdots & \vdots \\ -\dfrac{a_{n1}}{a_{nn}} & -\dfrac{a_{n2}}{a_{nn}} & \cdots & 0 \end{bmatrix}$$

显然有 $\|\boldsymbol{J}\|_\infty<1$，故 $\rho(\boldsymbol{J})<1$，从而 Jacobi 迭代法收敛.

Gauss-Seidel 迭代法的特征方程为

$$|\lambda\boldsymbol{I}-(\boldsymbol{D}-\boldsymbol{L})^{-1}\boldsymbol{U}|=0\Leftrightarrow|\lambda(\boldsymbol{D}-\boldsymbol{L})-\boldsymbol{U}|=0$$

令 $\boldsymbol{C}=\lambda(\boldsymbol{D}-\boldsymbol{L})-\boldsymbol{U}$，有 $|\boldsymbol{C}|=0$.

现在证明 $|\lambda|<1$. 采用反证法，若 $|\lambda|\geqslant 1$，则由 $\boldsymbol{A}$ 为严格对角占优阵有

$$|\lambda||a_{ii}|>|\lambda|\sum_{\substack{j=1\\ j\neq i}}^{n}|a_{ij}|>|\lambda|\sum_{j=1}^{i-1}|a_{ij}|+\sum_{j=i+1}^{n}|a_{ij}|\quad(i=1,\cdots,n)$$

从而 $\boldsymbol{C}$ 为严格对角占优阵. 由定理 6.7 可知，$|\boldsymbol{C}|\neq 0$，矛盾，因此只

能$|\lambda|<1$，即$\rho(\boldsymbol{G})<1$，从而 Gauss-Seidel 迭代法收敛.

**定理 6.9** 若$\boldsymbol{A}$为严格对角占优或不可约对角占优，$0<\omega\leqslant 1$，则 SOR 迭代法收敛.

**证明** 只就严格对角占优情形给出证明，其余留作习题. SOR 法的特征方程为

$$\det\{\lambda\boldsymbol{I}-(\boldsymbol{D}-\omega\boldsymbol{L})^{-1}[(1-\omega)\boldsymbol{D}+\omega\boldsymbol{U}]\}$$
$$=0\Leftrightarrow\det\{\lambda(\boldsymbol{D}-\omega\boldsymbol{L})-[(1-\omega)\boldsymbol{D}+\omega\boldsymbol{U}]\}=0$$

即

$$\det[(\lambda+\omega-1)\boldsymbol{D}-\lambda\omega\boldsymbol{L}-\omega\boldsymbol{U}]=0$$

设$\lambda$是上述方程的任一根，我们只需证明$|\lambda|<1$. 采用反证法，假设$|\lambda|\geqslant 1$，由已知$0<\omega\leqslant 1$，则$\lambda+\omega-1\neq 0$，于是

$$\det\left(\boldsymbol{D}-\frac{\lambda\omega}{\lambda+\omega-1}\boldsymbol{L}-\frac{\omega}{\lambda+\omega-1}\boldsymbol{U}\right)=0$$

令$\boldsymbol{C}=\boldsymbol{D}-\dfrac{\lambda\omega}{\lambda+\omega-1}\boldsymbol{L}-\dfrac{\omega}{\lambda+\omega-1}\boldsymbol{U}$，有$\det(\boldsymbol{C})=0$.

由于

$$\left|\frac{\omega}{\lambda+\omega-1}\right|\leqslant\frac{|\lambda|\omega}{|\lambda-(1-\omega)|}\leqslant\frac{|\lambda|\omega}{|\lambda|-(1-\omega)}\leqslant\frac{|\lambda|\omega}{|\lambda|-|\lambda|(1-\omega)}\leqslant 1$$

所以$\boldsymbol{C}$也为严格对角占优矩阵. 由定理 6.7 可知，$|\boldsymbol{C}|\neq 0$，与已知矛盾. 因而只能$|\lambda|<1$，即$\rho(\boldsymbol{L}_\omega)<1$，于是 SOR 法收敛. 证毕.

**【例 6.6】** 考虑系数矩阵

$$\boldsymbol{A}_1=\begin{bmatrix}5&-1&-2\\1&4&-2\\-1&-1&5\end{bmatrix},\boldsymbol{A}_2=\begin{bmatrix}5&-5&0\\-1&2&-1\\0&-1&2\end{bmatrix}$$

的方程组. 显然，$\boldsymbol{A}_1$为严格对角占优，$\boldsymbol{A}_2$为不可约对角占优矩阵，故对这两类方程组，Jacobi 法和 Gauss-Seidel 法均收敛. 若松弛参数$\omega\in(0,1]$，则 SOR 法也收敛.

## 6.3.2 对称正定矩阵

很多实际应用往往涉及求解对称正定方程组，对该类方程组我们有如下结果.

**定理 6.10** 若$\boldsymbol{A}$为对称正定矩阵，则解$\boldsymbol{Ax}=\boldsymbol{b}$的 Gauss-Seidel 迭代法收敛.

证明略.

**定理 6.11** 若$\boldsymbol{A}$为对称正定矩阵，则解$\boldsymbol{Ax}=\boldsymbol{b}$的 SOR 法收敛的充要条件为$0<\omega<2$.

证明略.

【例 6.7】 考虑系数矩阵为

$$A_2=\begin{bmatrix}2 & -1 & 0\\ -1 & 2 & -1\\ 0 & -1 & 2\end{bmatrix}$$

的方程组. 显然，$A$ 对称正定且不可约对角占优，故 Jacobi 迭代法和 Gauss-Seidel 迭代都收敛. 若松弛因子取 $\omega\in(0,2)$，则 SOR 迭代法也收敛.

## 6.4　迭代法在数值求解偏微分方程中的应用

含有未知函数的偏导数的方程称为偏微分方程. 当研究的问题需要用多个自变量的函数来描述时，就会遇到偏微分方程. 与常微分方程相比，偏微分方程的定解区域至少是二维的，常常是三位甚至更高维的. 由于定解区域的复杂性，求解偏微分方程比求解常微分方程问题要困难得多，计算复杂度也高得多，这就对数值求解方法的选择和设计提出了较高的要求.

偏微分方程主要分为椭圆形方程、抛物形方程以及双曲形方程三类. 其中，海洋、水利等的流体动力学问题、弦的振动和波动过程等，一般归结为双曲形方程；定常热传导、导体电流分布、静电学和静磁学、弹性理论与渗流理论问题一般归结为椭圆形偏微分方程；而非定向热传导、气体膨胀、电磁场分布等问题一般归结为抛物形偏微分方程. 现以二维情形为例给出上述三类偏微分方程的方程表述.

① 椭圆形方程（Poisson 方程）

$$\frac{\partial^2 u}{\partial x^2}+\frac{\partial^2 u}{\partial y^2}=f(x,y)$$

② 抛物形方程（热传导方程）

$$\frac{\partial u}{\partial t}=a^2\frac{\partial^2 u}{\partial x^2}$$

③ 双曲形方程（对流方程）

$$\frac{\partial u}{\partial t}+a\frac{\partial u}{\partial x}=f(x,t)$$

这些泛定方程加上适当的定解条件，就构成了偏微分方程定解问题. 定解条件分为两类：一类为边界条件，另一类为初始条件. 初始条件描述所研究系统的初始状态，而边界条件描述物理问题在边界上受约束的状态，具体可归结为三类：第一类边界条件（Dirichlet 边界条件）

给出未知函数在边界上的分布值；第二类边界条件（Neumann边界条件）给出未知函数在边界上的法向导数值；第三类边界条件（Robbins边界条件）是前两类边界条件的线性组合. 这些定解问题只有很少一部分可以给出解析解，绝大多数都必须通过近似方法执行数值求解. 目前，在数值求解偏微分方程方面较为成熟的方法主要包括有限差分法、有限元法等方法. 本节主要介绍有限差分法以及迭代法在该方法中的应用.

有限差分法是应用于偏微分方程定解问题求解的一种最广泛的数值方法，其基本思想是用离散的只含有有限个未知量的差分方程组去近似代替连续变量的偏微分方程和定解条件，并把差分方程组的解作为偏微分方程和定解问题的近似解. 一般来说，有限差分法求解偏微分方程定解问题主要包括如下三步.

① 将求解区域进行网格剖分，一般可采用平行于坐标轴的直线形成的网覆盖求解区域，数值生成网格后依据网格点信息将定解区域离散化.

② 将偏微分方程及其定解条件离散为代数方程组.

③ 求解第②步得到的代数方程组.

本节主要讨论迭代法在求解椭圆形方程中的应用. 具体地，考虑如下矩形区域内的二维Poisson方程第一类边值问题

$$\begin{cases} -\left(\dfrac{\partial^2 u}{\partial x^2}+\dfrac{\partial^2 u}{\partial y^2}\right)=f(x,y), & (x,y)\in\Omega \\ u(x,y)=g(x,y), & (x,y)\in\partial\Omega \end{cases} \tag{6-16}$$

其中，$\Omega=\{(x,y)\mid 0<x,y<1\}$，$\partial\Omega$ 为 $\Omega$ 的边界，我们用差分方法近似求解问题(6-16).

用直线 $x=x_i$，$y=y_j$ 在 $\Omega$ 上打上网格，其中

$$x_i=ih,y_j=jh,h=\frac{1}{N+1}$$

分别记网格内点和边界点的集合为

$$\Omega_{\mathrm{h}}=\{(x_i,y_j)\mid i,j=1,2,\cdots,N\}$$

$$\partial\Omega_{\mathrm{h}}=\{(x_i,0),(x_i,1),(0,y_j),(1,y_j)\mid i,j=0,1,2,\cdots,N+1\}$$

利用泰勒（Taylor）公式，可以用网格点上的差商表示二阶偏导数

$$\left.\frac{\partial^2 u}{\partial x^2}\right|_{(x_i,y_j)}=\frac{1}{h^2}[u(x_{i+1},y_j)-2u(x_i,y_j)+u(x_{i-1},y_j)]+O(h^2)$$

$$\left.\frac{\partial^2 u}{\partial y^2}\right|_{(x_i,y_j)}=\frac{1}{h^2}[u(x_i,y_{j+1})-2u(x_i,y_j)+u(x_i,y_{j-1})]+O(h^2)$$

略去 $O(h^2)$ 项，并用 $u_{ij}$ 表示 $u(x_i,y_j)$ 的近似值，则微分方程可以离

散化为如下差分方程

$$-\left(\frac{u_{i+1,j}-2u_{ij}+u_{i-1,j}}{h^2}+\frac{u_{i,j+1}-2u_{ij}+u_{i,j-1}}{h^2}\right)=f_{ij}$$

其中 $f_{ij}=f(x_i,y_j)$，上式经进一步整理，得到

$$4u_{ij}-u_{i+1,j}-u_{i-1,j}-u_{i,j+1}-u_{i,j-1}=h^2f_{ij} \tag{6-17}$$

其中$(i,j)$对应的$(x_i,y_j)\in\Omega_h$，该式称为 Poisson 方程的五点差分格式. 若(6-17) 左端有某项对应$(x_k,y_l)\in\partial\Omega_h$，则该项 $u_{kl}=g(x_k,y_l)$. 为将差分方程写成矩阵形式，我们把网格点按逐行自左至右和自下至上的自然次序记为

$$\boldsymbol{u}=(u_{11},u_{21},\cdots,u_{N1},u_{12},\cdots,u_{N2},\cdots,u_{1N},\cdots,u_{NN})^{\mathrm{T}}$$

则式(6-17) 可写成矩阵形式

$$\boldsymbol{Au}=\boldsymbol{b} \tag{6-18}$$

其中向量 $\boldsymbol{b}$ 由 $h$、$f(x,y)$ 以及边界条件 $g(x,y)$ 决定，系数矩阵 $\boldsymbol{A}$ 按分块形式写成

$$\boldsymbol{A}=\begin{bmatrix}\boldsymbol{D}_{11} & -\boldsymbol{I} & & & \\ -\boldsymbol{I} & \boldsymbol{D}_{22} & -\boldsymbol{I} & & \\ & \ddots & \ddots & \ddots & \\ & & & & -\boldsymbol{I} \\ & & & -\boldsymbol{I} & \boldsymbol{D}_{NN}\end{bmatrix}\in\mathscr{R}^{N^2\times N^2} \tag{6-19}$$

其中

$$\boldsymbol{D}_{ii}=\begin{bmatrix}4 & -1 & & & \\ -1 & 4 & -1 & & \\ & \ddots & \ddots & \ddots & \\ & & & & -1 \\ & & & -1 & 4\end{bmatrix}\in\mathscr{R}^{N\times N},i=1,2,\cdots,N$$

这样 $\boldsymbol{A}$ 的每行最多只有五个非零元，而一般 $N$ 是个较大的数，所以 $\boldsymbol{A}$ 是一个稀疏矩阵.

由于迭代法可保证在计算过程中不破坏系数矩阵的稀疏性，故对于稀疏线性方程组(6-18)，可考虑用本章介绍的 Jacobi 方法、Gauss-Seidel 方法以及 SOR 方法分别求解. 为判别用各类迭代法求解方程组(6-18) 的收敛性和收敛速度，给出如下结果.

**定理 6.12**　对于 Poisson 方程经五点差分格式离散化后得到的方程组(6-18)，记 $\boldsymbol{B}_{\mathrm{J}}$、$\boldsymbol{B}_{\mathrm{G-S}}$以及 $\boldsymbol{B}_{\omega_{\mathrm{pt}}}$ 分别为用 Jacobi 迭代法、Gauss-Seidel 迭代法以及 SOR 迭代法（基于最佳松弛因子 $\omega_{\mathrm{pt}}$）求解式(6-18) 对应的迭代矩阵，则 $\boldsymbol{B}_{\mathrm{J}}$的特征值为 $\mu_{ij}=\dfrac{\cos i\pi h+\cos j\pi h}{2}$，$i$，$j=1,\cdots,N$.

当 $i=j=1$ 时得到 $\boldsymbol{B}_{\mathrm{J}}$ 的谱半径

$$\rho(\boldsymbol{B}_{\mathrm{J}})=\cos\pi h=1-\frac{1}{2}\pi^2h^2+O(h^4)$$

而对 Gauss-Seidel 迭代法，有

$$\rho(\boldsymbol{B}_{\mathrm{G-S}})=\cos^2\pi h=1-\pi^2h^2+O(h^4)$$

对 SOR 迭代法，最佳松弛因子及相应的迭代矩阵谱半径分别为

$$\omega_{\mathrm{pt}}=\frac{2}{1+\sin\pi h}$$

$$\rho(\boldsymbol{B}_{\omega_{\mathrm{pt}}})=\omega_{\mathrm{pt}}-1=\frac{\cos^2\pi h}{(1+\sin\pi h)^2}$$

证明略.

基于定理 6.12，易推出 Jacobi 方法、Gauss-Seidel 方法和 SOR 方法的渐进收敛速度分别是

$$\boldsymbol{R}(\boldsymbol{B}_{\mathrm{J}})=-\ln\rho(\boldsymbol{B}_{\mathrm{J}})=\frac{1}{2}\pi^2h^2+O(h^4)$$

$$\boldsymbol{R}(\boldsymbol{B}_{\mathrm{G-S}})=-\ln\rho(\boldsymbol{B}_{\mathrm{G-S}})=\pi^2h^2+O(h^4)$$

$$\boldsymbol{R}(\boldsymbol{B}_{\omega_{\mathrm{pt}}})=-\ln(\omega_{\mathrm{pt}}-1)=-2[\ln\cos\pi h-\ln(1+\sin\pi h)]=2\pi h+O(h^3)$$

可见，$\boldsymbol{R}(\boldsymbol{B}_{\omega_{\mathrm{pt}}})$ 与 $\boldsymbol{R}(\boldsymbol{B}_{\mathrm{J}})$ 和 $\boldsymbol{R}(\boldsymbol{B}_{\mathrm{G-S}})$ 相比，差了一个 $h$ 的数量级. 为了使迭代 $k$ 步后的残量满足 $\|\boldsymbol{e}^{(k)}\|\leqslant10^{-s}\|\boldsymbol{e}^{(0)}\|$，对 SOR 方法有

$$k\approx\frac{s\ln10}{2\pi h}$$

对 Jacobi 方法有

$$k\approx\frac{2s\ln10}{\pi^2h^2}$$

对 Gauss-Seidel 方法有

$$k\approx\frac{s\ln10}{\pi^2h^2}$$

由以上估计可知，对于利用迭代法求解问题(6-18)，三者收敛速度：SOR 方法>Gauss-Seidel 方法>Jacobi 方法. 具体地，在相同收敛精度的条件下，基于最佳松弛因子的 SOR 迭代法所需迭代步数比 Jacobi 方法和 Gauss-Seidel 方法低一个数量级，而 Jacobi 方法所需迭代步数约为 Gauss-Seidel 方法迭代步数的两倍.

最后，通过一个例子比较各类迭代法.

**【例 6.8】** 分别用 Gauss-Seidel 方法和基于最佳松弛因子的 SOR 方法求解基于五点差分格式的 Laplace 方程第一边值问题

$$
\begin{cases}
-\left(\dfrac{\partial^2 u}{\partial x^2}+\dfrac{\partial^2 u}{\partial y^2}\right)=0, & 0<x,y<1 \\
u(0,y)=u(x,0)=u(x,1)=0, u(1,y)=\sin\pi y
\end{cases}
\tag{6-20}
$$

在利用迭代法求解之前，先给出该问题的解析解如下（推导过程略）

$$
u(x,y)=\frac{\text{sh}\pi x}{sh\,\pi}\sin\pi y,\quad 0<x,y<1
$$

接下来，用如上介绍的网格剖分方法，取网格边长为 $h=\dfrac{1}{N+1}$，再用两类迭代法分别求解，具体结果见表 6-1 和表 6-2. 表中 $N^2$ 表示网格剖分产生的内部结点数，$\omega_{pt}$ 为 SOR 最佳松弛因子，$\rho$ 为迭代矩阵的谱半径，$K$ 为程序迭代的次数，$e_r$ 为结点处计算解与解析解的最大误差.

**表 6-1　五点差分格式下的 Gauss-Seidel 方法实验数据**（误差限 1e－008）

| $N^2$ | $10^2$ | $20^2$ | $40^2$ | $60^2$ | $80^2$ |
|---|---|---|---|---|---|
| $\rho$ | 0.9206 | 0.9778 | 0.9941 | 0.9973 | 0.9985 |
| $K$ | 182 | 606 | 2077 | 4291 | 7183 |
| $e_r$ | 0.0023 | 6.4274e－004 | 1.6814e－004 | 7.3660e－005 | 3.8343e－005 |

**表 6-2　五点差分格式下的 SOR 方法实验数据**（误差限 1e－008）

| $N^2$ | $10^2$ | $20^2$ | $40^2$ | $60^2$ | $80^2$ |
|---|---|---|---|---|---|
| $\omega_{pt}$ | 1.5604 | 1.7406 | 1.8578 | 1.9021 | 1.9253 |
| $\rho$ | 0.5604 | 0.7406 | 0.8578 | 0.9021 | 0.9253 |
| $K$ | 40 | 74 | 139 | 201 | 265 |
| $e_r$ | 0.0023 | 6.4306e－004 | 1.6944e－004 | 7.6600e－005 | 4.3446e－005 |

由以上两表可以得出，无论是 Gauss-Seidel 方法还是 SOR 方法，迭代矩阵谱半径均随着网格剖分结点数的增加而增大，相应地，要达到规定精度的迭代次数也迅速增加. 另一方面，尽管网格增多导致了更多的迭代次数，但却换来了计算精度的提高. 两种方法相比，在同样的网格剖分条件下，SOR 方法的迭代矩阵谱半径总是小于 Gauss-Seidel 方法的迭代矩阵谱半径，相应地，SOR 的迭代次数总是小于 Gauss-Seidel 的迭代次数，并且两者差距随着网格结点增多而迅速增大. 例如，当 $N^2=80^2$ 时，Gauss-Seidel 方法需迭代 7183 次，而 SOR 方法仅需 265 次迭代. 因此，在实际计算中，基于最佳松弛因子的 SOR 方法收敛速度远优于 Gauss-Seidel 方法和 Jacobi 方法.

## 习题 6

6-1 对线性方程组 $Ax=b$，其中 $A=[5, 2, 1; -1, 4, 2; 2, -3, 10]$，$b=[-10, 20, 5]^T$，考察分别用 Jacobi 迭代法和 Gauss-Seidel 迭代方求解的收敛性.

6-2 用 SOR 迭代法求解 $Ax=b$（取 $\omega=0.9$），其中 $A=[5, 2, 1; -1, 4, 2; 2, -3, 10]$，$b=[-12, 20, 3]^T$，要求当 $\|x^{(k+1)}-x^{(k)}\|_\infty<10^{-4}$ 时迭代终止.

6-3 求证 $\lim\limits_{k\to\infty}A_k=A$ 的充要条件是，对于任何向量 $x$ 都有 $\lim\limits_{k\to\infty}A_kx=Ax$.

6-4 对于给定方程组，写出 SOR 迭代法的 Matlab 程序. 要求输入 $A$，$b$，$x_0$，$\omega$ 以及其他必要的参数(如误差限)，返回解的近似值.

6-5 设 $A$ 为 $10\times10$ 的三对角矩阵，其中对角元为 4，两条次对角线上元素均为 $-1$，右端向量 $b$ 是全 1 向量，取相对误差 $10^{-6}$，分别用 Jacobi、Gauss-Seidel 和 SOR 迭代法求解 $Ax=b$ 并加以说明，其中参数 $\omega$ 可由试探得到.

6-6 利用 Matlab 命令 rand 生成 50 个 $100\times100$ 的随机矩阵，比较其 Jacobi 迭代和 Gauss-Seidel 迭代矩阵的谱半径 $\rho(M)$，并加以说明.

6-7 设有方程组 $Ax=b$，其中 $A$ 为对称正定阵，迭代公式 $x^{(k+1)}=x^{(k)}+\omega(b-Ax^{(k)})$，试证明当 $0<\omega<\frac{2}{\beta}$ 时上述迭代法收敛(其中 $0<\alpha\leqslant\lambda(A)\leqslant\beta$).

6-8 对方程组 $Ax=b$，试证明当 $A$ 为不可约对角占优矩阵时，Jacobi 迭代法和 Gauss-Seidel 迭代法均收敛；进一步地，若松弛因子 $0<\omega\leqslant1$，则 SOR 迭代法也收敛.

6-9 设 $Ax=b$，其中 $A$ 为非奇异矩阵.

(1) 求证 $A^TA$ 为对称正定矩阵.

(2) 求证 $\mathrm{cond}(A^TA)_2=(\mathrm{cond}(A)_2)^2$.

6-10 证明矩阵 $A=[1, a, a; a, 1, a; a, a, 1]$ 对于一切 $-\frac{1}{2}<a<1$ 是正定的，而 Jacobi 迭代只对 $-\frac{1}{2}<a<\frac{1}{2}$ 是收敛的.

# 第 7 章

# 非线性方程求根

在许多实际应用中，方程不能直接处理或通过分析得到显式解；即使可以通过分析得到显式解，但过程也很繁琐，而且我们也很难从解的表达式中看出解的大小，还要借助于前面的插值或者逼近去估计解的大小. 本章我们主要讨论非线性方程

$$f(x)=0 \tag{7-1}$$

的求根问题，这里 $x\in\mathscr{R}$，$f(x)\in C[a,b]$.

方程 $f(x)=0$ 的根 $x^*$，又称为函数 $f(x)$的零点. 所谓非线性方程求根就是求 $x^*$. 通常对特殊的情形有特殊的方案：如果 $f(x)$是二次式，则可使用求根公式，$\sin(x)$的零点大家都知道，但是我们需要求解的往往不是这些特殊的情形，最简单的例子是像 $\cos(x)-x=0$ 这样的方程以及 5 次及 5 次以上的多项式方程，根本没有求根公式，只能采取逼近求解的技术.

非线性方程的求根通常分为三个步骤：一是根的判断，即有没有根和有几个根的问题；二是根的搜索，即找出有根区间把每个根隔离开来，这个步骤实际上是获得各根的初始近似；三是根的精确化，即根据某种方法将根逐步精确化，直到满足预先设定的精度为止.

对前两步，除了运用微积分的相关知识进行理论推导外，常用的方法就是逐次搜索法或增量搜索方法：从某一点 $x_0$开始，以适当的步长 $h$ 搜索，考虑函数值 $f(x)$在点 $x_i=x_0+ih$，$i=1,2,\cdots$上的正负号，当 $f(x)$连续且 $f(x_{i-1})f(x_i)<0$ 时，则区间$[x_{i-1}, x_i]$为有根区间. 只要 $h$ 充分小，则根的估计值也就变得越来越精确.

## 7.1 二分法

设函数 $f(x)\in C[a,b]$，且有

$$f(a)f(b)<0$$

则由连续函数介值定理，$f(x)$在$(a,b)$内必有零点，即$(a,b)$为方程(7-1)的有根区间. 下面我们考虑如何逐步精确地找到根，不妨设$f(a)<0$，$f(b)>0$. 取 $x_0=\dfrac{a+b}{2}$，若 $f(x_0)=0$，则 $x=x_0$就是方程(7-1)的解. 否则，若 $f(x_0)<0$，取 $a_1=x_0$，$b_1=b$；若 $f(x_0)>0$，取 $a_1=a$，$b_1=x_0$，则有

$$[a_1,b_1]\subset[a,b],\ b_1-a_1=\frac{b-a}{2}$$

且 $f(x)$在$[a_1,b_1]$上连续，满足 $f(a_1)f(b_1)<0$，如图 7-1 所示. 重复上述过程又可得到区间$[a_2,b_2]$，满足$[a_2,b_2]\subset[a_1,b_1]$，$b_2-a_2=\dfrac{b_1-a_1}{2}$，且 $f(a_2)f(b_2)<0$. 如此继续下去，得到一个含根的区间套

$$[a,b]\supset[a_1,b_1]\supset\cdots[a_n,b_n]\supset\cdots$$

满足

$$f(a_n)f(b_n)<0,b_n-a_n=\frac{b-a}{2^n}$$

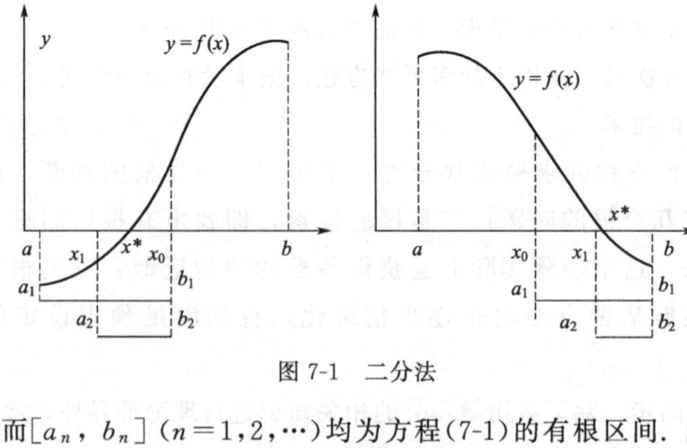


图 7-1　二分法

因而$[a_n,b_n]$ $(n=1,2,\cdots)$均为方程(7-1)的有根区间. 由区间套定理，存在 $x^*\in[a,b]$，使得

$$\lim_{n\to\infty}a_n=\lim_{n\to\infty}b_n=x^*$$

且 $x=x^*$ 是方程(7-1)的根. 若取 $x_n=\dfrac{a_n+b_n}{2}$作为根 $x^*$ 的近似

值，则误差为

$$|x^* - x_n| \leqslant \frac{b_n - a_n}{2} = \frac{b-a}{2^{n+1}} \tag{7-2}$$

上述求方程(7-1)的近似解的方法称为二分法(bisection method)，也称二元截断法、区间等分法或 Bolzano 方法，也是一种增量搜索方法. 式(7-2)表明，只要 $f(x)$连续，二分法总是收敛的.

式(7-2)不仅可以估计二分法近似解的误差，而且可以由给定的误差事先估计需二分区间的次数. 设要求近似解的误差不超过 ε，则由式(7-2)

$$|x^* - x_n| \leqslant \frac{b-a}{2^{n+1}} \leqslant \varepsilon$$

可得

$$2^{n+1} \geqslant \frac{b-a}{\varepsilon}$$

从而有

$$n \geqslant \frac{\ln(b-a) - \ln\varepsilon}{\ln 2} - 1$$

当然这是非常复杂的，实际上并不可行，常采用的迭代停止准则为 $|x_{k+1} - x_k| < \varepsilon$ 或者 $|f(x_k)| < \varepsilon$，两者结合使用，因为对一些函数来说仅有后者是不行的，如图 7-2 所示的函数.

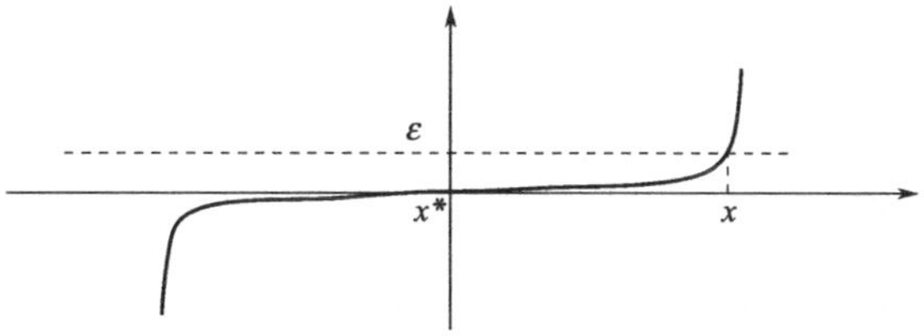


图 7-2　停止准则图示

# 7.2　简单迭代法及其收敛性

## 7.2.1　不动点迭代法

设一元函数 $f$ 是连续函数，要解的方程是

$$f(x) = 0$$

将其写成等价的形式

$$x = \varphi(x)$$

其中 $\varphi(x)$为连续函数. 于是 $f(x^*)=0 \Leftrightarrow x^*=\varphi(x^*)$，称 $x^*$ 为$\varphi(x)$的不动点，即求 $f(x)$的零点等价于求 $\varphi(x)$的一个不动点.

求函数(算子)的不动点，一般采用迭代法. 选取初值 $x_0$，构造迭代格式

$$x_{k+1}=\varphi(x_k),k=0,1,2,\cdots \tag{7-3}$$

$\varphi(x)$称为迭代函数，可得一个迭代序列$\{x_k\}$. 如果 $\lim\limits_{k\to\infty}x_k=x^*$，则称迭代格式(7-3)收敛，且 $x^*=\varphi(x^*)$为 $\varphi(x)$的不动点，故称式(7-3)为不动点迭代法，也称为简单定点迭代法、单点迭代法或逐次迭代法.

上述迭代法是一种逐次逼近法，其基本思想是将隐式方程(7-1)归结为一组显式的计算公式(7-3)，就是说，迭代过程实质上是一个逐步显式化的过程.

**【例 7.1】** 求方程 $x^3-x-1=0$ 在 $x_0=1.5$ 附近的根.

**【解】** 我们构造迭代格式.

方法一：将原方程化为与其等价的方程 $x=x^3-1$，即采用 $\varphi_1(x)=x^3-1$为迭代函数，则迭代格式为

$$x_{k+1}=x_k^3-1$$

以初值 $x_0=1.5$ 代入，迭代 3 次的结果为：

| $k$ | 0 | 1 | 2 | 3 |
|---|---|---|---|---|
| $x_k$ | 1.5 | 2.375 | 12.4 | 1903.8 |

继续迭代下去已经没有必要，因为结果显然会越来越大，不可能趋于某个定数，这种不收敛的迭代过程称作是发散的. 一个发散的迭代过程，纵使进行了千百次迭代，其结果也是毫无价值的.

方法二：将原方程 $x^3-x-1=0$ 改写成 $x=\sqrt[3]{x+1}$. 取迭代函数为 $\varphi_2(x)=\sqrt[3]{x+1}$，则迭代格式为

$$x_{k+1}=\sqrt[3]{x_k+1}$$

取初值 $x_0=1.5$，反复计算得结果如下.

| $k$ | 0 | 1 | 2 | 3 | … | 7 | 8 |
|---|---|---|---|---|---|---|---|
| $x_k$ | 1.5 | 1.25721 | 1.33086 | 1.32588 | … | 1.32472 | 1.32472 |

可见迭代 8 次，近似解便已稳定在 1.32472 上.

例 7.1 表明，原方程可转化成多种等价形式，因此有多种迭代格式，有的收敛，有的发散，只有收敛的迭代格式才有意义. 为此我们必须研究 $\varphi(x)$的不动点的存在性及迭代法的收敛性.

### 7.2.2　不动点的存在性与迭代法的收敛性

我们先看图 7-3，图中 $\varphi(x)$在根 $x^*$ 附近的导数值的绝对值有两个大于 1，两个小于 1，四种情况中，收敛与发散各半，请读者自己去判断并给出一个初步的猜想.

现在我们考察 $\varphi(x)$在$[a,\ b]$上不动点的存在唯一性.

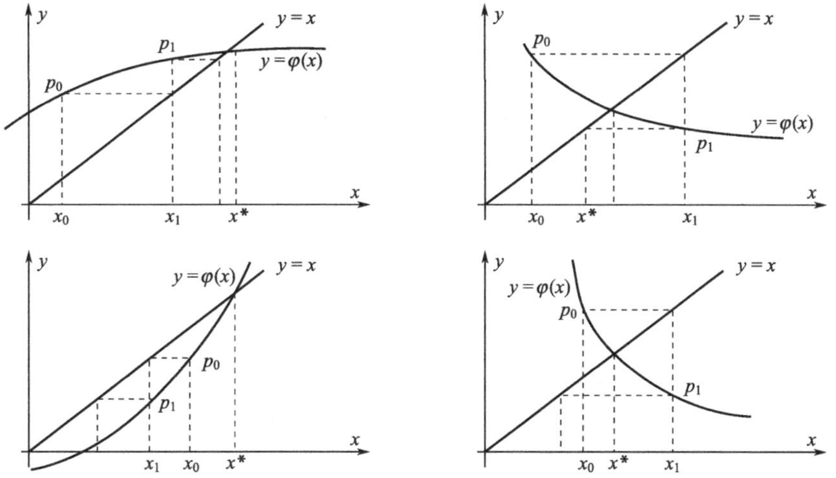


图 7-3　收敛情况图

**定理 7.1**　设 $\varphi\in C[a,\ b]$，如果满足

① $\varphi(x)\in[a,\ b]$，$\forall x\in[a,\ b]$　　(7-4)

② 存在常数 $L\in(0,\ 1)$，使

$$|\varphi(x)-\varphi(y)|\leqslant L|x-y|,\forall x,y\in[a,b] \tag{7-5}$$

则 $\varphi(x)$在$[a,\ b]$上存在唯一不动点. 且对任意初值 $x_0\in[a,\ b]$，由(7-3)得到的迭代序列$\{x_k\}$收敛到 $\varphi$ 的不动点 $x^*$，并有

$$|x^*-x_k|\leqslant\frac{1}{1-L}|x_{k+1}-x_k| \tag{7-6}$$

$$|x^*-x_k|\leqslant\frac{L^k}{1-L}|x_1-x_0| \tag{7-7}$$

**证明**　先证不动点的存在性. 令 $\psi(x)=x-\varphi(x)$，由式(7-4)有

$$\psi(a)=a-\varphi(a)\leqslant 0,\psi(b)=b-\varphi(b)\geqslant 0$$

若此二式中有一个等号成立，则 $a$ 或 $b$ 就是 $\varphi$ 的不动点. 若二式中不等号严格成立，由连续函数介值定理，存在 $x^*\in(a,\ b)$，使得 $\psi(x^*)=0$，即 $x^*=\varphi(x^*)$，$x^*$ 为 $\varphi(x)$的不动点.

再证唯一性. 设 $x_1^*$ 和 $x_2^*$ 都是 $\varphi(x)$的不动点，且 $x_1^*\neq x_2^*$，由式

(7-5)得

$$|x_1^*-x_2^*|=|\varphi(x_1^*)-\varphi(x_2^*)|\leqslant L|x_1^*-x_2^*|<|x_1^*-x_2^*|$$

导出矛盾，唯一性得证.

对任意 $x_0\in[a,b]$，式(7-4)保证了 $x_k\in[a,b]$，$k=1,2,\cdots$. 再由式(7-5)

$$|x_k-x^*|=|\varphi(x_{k-1})-\varphi(x^*)|\leqslant L|x_{k-1}-x^*| \tag{7-8}$$

递推得

$$|x_k-x^*|\leqslant L^k|x_0-x^*|$$

因 $0<L<1$，所以 $\lim\limits_{k\to\infty}x_k=x^*$.

利用式(7-8)得

$$|x_{k+1}-x_k|\geqslant|x^*-x_k|-|x^*-x_{k+1}|\geqslant(1-L)|x^*-x_k|$$

从而有

$$|x^*-x_k|\leqslant\frac{1}{1-L}|x_{k+1}-x_k| \tag{7-9}$$

由式(7-9)，注意到

$$|x_{k+1}-x_k|=|\varphi(x_k)-\varphi(x_{k-1})|\leqslant L|x_k-x_{k-1}|$$

递推得

$$|x^*-x_k|\leqslant\frac{1}{1-L}|x_{k+1}-x_k|\leqslant\frac{L}{1-L}|x_k-x_{k-1}|\leqslant\cdots\leqslant\frac{L^k}{1-L}|x_1-x_0|$$

条件式(7-5)通常称为 **Lipschitz** 条件，$L$ 称 **Lipschitz** 常数. $0<L<1$ 可看成 $\varphi$ 满足“压缩”性质. 定理 7.1 又称压缩映照原理，或不动点原理，或全局收敛性定理，是本章的基本依据. 由定理可知，$L$ 越小，迭代序列收敛得越快，当 $L$ 接近 1 时收敛缓慢. 式(7-7)是一个误差的事前估计式，可由此根据给定的精度 $\varepsilon$ 来估计迭代的次数 $k$. 若要使 $|x_k-x^*|<\varepsilon$，只要 $\frac{L^k}{1-L}|x_1-x_0|<\varepsilon$，即 $k>\left(\ln\varepsilon+\lg\frac{1-L}{|x_1-x_0|}\right)/\lg L$. 若能估计出 $L$ 的值，便可由所给精度 $\varepsilon$ 估计出迭代的次数 $k$. 但由于 $L$ 不容易求得，因此在实际计算中，常采用误差的事后估计式(7-8)，当相邻两次迭代值达到 $|x_{k+1}-x_k|<\varepsilon$ 时，则有 $|x_k-x^*|<\frac{\varepsilon}{1-L}$，在 $L$ 不太接近 1 的情况下，当相邻两次迭代值足够接近时，误差也足够小. 故常采用 $|x_{k+1}-x_k|<\varepsilon$ 来控制迭代过程是否结束，但当 $L$ 接近 1 时，即使 $|x_{k+1}-x_k|<\varepsilon$ 已很小，误差还可能很大，这时用这种方法控制迭代过程就不可靠.

**推论 7.1** 若 $\varphi\in C[a,b]$，满足式(7-7)，且 $\varphi\in C^1(a,b)$，存在

常数 $L\in(0,\ 1)$，使

$$|\varphi'(x)|\leqslant L,\forall x\in(a,b)$$

则 $\varphi(x)$在$[a,\ b]$上存在唯一的不动点.

该推论给出了图 7-3 所示现象的理论解释.

### 7.2.3 局部收敛性与收敛阶

上面给出了迭代序列$\{x_k\}$在区间$[a,\ b]$上的收敛性，通常称为全局收敛性. 有时不易检验条件，实际应用时通常只在不动点 $x^*$ 的邻近考察其收敛性，即局部收敛性.

**定义 7.1** 设 $\varphi(x)$有不动点 $x^*$，如果存在 $x^*$ 的某个邻域 $R$：$|x-x^*|\leqslant\delta$，对任意 $x_0\in R$，迭代格式(7-6)产生的序列$\{x_k\}\in R$，且收敛到 $x^*$，则称迭代法(7-3)局部收敛.

**定理 7.2** 设 $x^*$ 为 $\varphi(x)$的不动点，$\varphi'(x)$在 $x^*$ 的某个邻域连续，且$|\varphi'(x^*)|<1$，则迭代法(7-3)局部收敛.

**证明** 由连续函数的性质，存在 $x^*$ 的某个邻域 $R$：$|x-x^*|\leqslant\delta$，使对任意 $x\in R$ 成立

$$|\varphi'(x)|\leqslant L<1$$

此外，对于任意 $x\in R$，总有 $\varphi(x)\in R$，这是因为

$$|\varphi(x)-x^*|=|\varphi(x)-\varphi(x^*)|\leqslant L|x-x^*|<|x-x^*|$$

于是对任意的初值 $x_0\in R$，由迭代格式 $x_{k+1}=\varphi(x_k)$所产生的序列$\{x_k\}$收敛于 $x^*$.

**定义 7.2** 设序列$\{x_k\}$收敛于 $x^*$，记误差 $e_k=x_k-x^*$，若存在实数 $p\geqslant1$，使

$$\lim_{k\to\infty}\frac{e_{k+1}}{e_k^p}=C(\text{常数 }C\neq0)$$

则称$\{x_k\}$为 $p$ 阶收敛，$C$ 为渐近误差常数. 特别地，$p=1(|C|<1)$时称线性收敛，$p>1$ 时称超线性收敛；$p=2$ 时称平方收敛.

显然，收敛阶 $p$ 的大小刻画了序列$\{x_k\}$的收敛速度，$p$ 越大，收敛越快.

**定理 7.3** 设迭代函数 $\varphi(x)$在其不动点 $x^*$ 的邻域内有充分多阶连续导数，则迭代格式 $x_{k+1}=\varphi(x_k)$产生的序列$\{x_k\}$在 $x^*$ 邻近是 $p$ 阶收敛的充分必要条件是

$$\varphi^{(k)}(x^*)=0\ (k=1,2,\cdots,p-1),\varphi^{(p)}(x^*)\neq0 \qquad (7\text{-}10)$$

**证明** 先证充分性. 因有 $\varphi'(x^*)=0$，定理 7.2 保证了$\{x_k\}$的局部收敛性. 由 Taylor 展开式得

$$\varphi(x_k)=\varphi(x^*)+\varphi'(x^*)(x_k-x^*)+\cdots+$$
$$\frac{\varphi^{(p-1)}(x^*)}{(p-1)!}(x_k-x^*)^{p-1}+\frac{\varphi^{(p)}(\xi)}{p!}(x_k-x^*)^p$$

其中$\xi$在$x_k$与$x^*$之间．利用(7-10)有

$$x_{k+1}-x^*=\varphi(x_k)-\varphi(x^*)=\frac{\varphi^{(p)}(\xi)}{p!}(x_k-x^*)^p$$

取充分接近$x^*$的$x_0$，设$x_0\neq x^*$，有$x_k\neq x^*(k=1,2,\cdots)$(由上面的Taylor展开式，可证明)．于是当$k\to\infty$时有

$$\lim_{k\to\infty}\frac{e_{k+1}}{e_k^p}=\frac{\varphi^{(p)}(x^*)}{p!}\neq 0$$

因此$\{x_k\}$是$p$阶收敛的．

必要性．设$\{x_k\}$是$p$阶收敛的，如果式(7-13)不成立，那么必有最小的正整数$p_0$，使下式成立

$$\varphi^{(k)}(x^*)=0\ (k=1,2,\cdots,p_0-1),\varphi^{(p_0)}(x^*)\neq 0$$

其中$p_0\neq p$．由已证明的充分性知$\{x_k\}$是$p_0$阶收敛的，于是产生矛盾，故(7-10)成立．

## 7.3 牛顿法

### 7.3.1 牛顿法及其收敛性

将非线性方程线性化，以线性方程的解逐步逼近非线性方程的解，这就是牛顿法的基本思想．

设$f(x)$在其零点$x^*$邻近一阶连续可微，且$f'(x)\neq 0$，当$x_0$充分接近$x^*$时，由Taylor公式有

$$f(x)\approx f(x_0)+f'(x_0)(x-x_0)$$

这样以右端的线性函数代替$f(x)$，从而以方程

$$f(x_0)+f'(x_0)(x-x_0)=0$$

近似方程$f(x)=0$，其解

$$x_1=x_0-\frac{f(x_0)}{f'(x_0)}$$

可作为方程$f(x)=0$的近似解．重复以上过程，得迭代公式

$$x_{k+1}=x_k-\frac{f(x_k)}{f'(x_k)}\ (k=0,1,2,\cdots) \tag{7-11}$$

这就是牛顿法．

牛顿法有明显的几何解释．如图7-4所示，从几何上看，$y=f(x_0)+f'(x_0)(x-x_0)$为曲线$y=f(x)$过点$(x_0,\ f(x_0))$的切线，

$x_1$为切线与 $x$ 轴的交点，$x_2$则是曲线上点$(x_1, f(x_1))$处的切线与 $x$ 轴的交点. 如此继续下去，$x_{k+1}$为曲线上点$(x_k, f(x_k))$处的切线与 $x$ 轴的交点. 因此牛顿法是以曲线的切线与 $x$ 轴的交点作为曲线与 $x$ 轴的交点的近似，故牛顿法又称切线法.

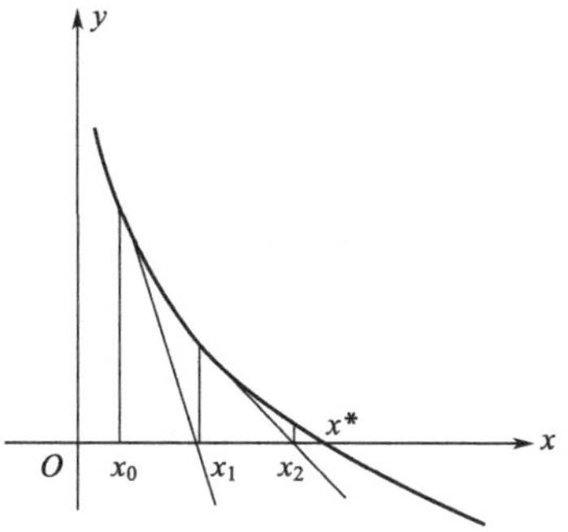


图 7-4　牛顿法几何意义

在用迭代法解 $f(x)=0$ 时，对于何时停止迭代必须作出决定. 最自然的一种误差检验是检查下式是否成立

$$|f(x_1)|<\varepsilon$$

若此式满足，则终止迭代并取 $x_1$为根的近似值，否则继续迭代. 但是有时这种方法也不是一种好的检验法. 事实上，利用中值定理

$$f(x_k)=f(x_k)-f(x^*)=f'(\xi_k)(x_k-x^*)$$

即

$$x^*-x_k=-\frac{f(x_k)}{f'(\xi_k)}$$

$\xi_k$介于 $x^*$ 与 $x_k$ 之间，于是，当 $|f'(x^*)|\approx 1$ 时 $|x^*-x_k|=|f(x_k)|$，近似根 $x_k$ 将充分精确. 但如果 $|f'(x^*)|\ll 1$，则 $|x^*-x_k|$看来比预定的精度 $\varepsilon$ 大得多；又当 $|f'(x^*)|\gg 1$ 时，$|x^*-x_k|$比预定精度小得多，产生不必要的计算.

对于牛顿迭代格式，只要 $x_k$足够接近 $x^*$，以使近似等式 $f'(x_k)\approx f'(\xi_k)$成立，则

$$x_{k+1}-x_k=-\frac{f(x_k)}{f'(x_k)}\approx-\frac{f(x_k)}{f'(\xi_k)}=x^*-x_k$$

于是可由$|x_{k+1}-x_k|\leqslant\varepsilon$ 推得$|x^*-x_k|\leqslant\varepsilon$. 因此，另一个误差检验法是，当

$$|x_{k+1}-x_k|\leqslant\varepsilon$$

时终止迭代，取 $x_{k+1}$作为近似值. 这个检验也可以从简单迭代的误差

估计式

$$|x^{*}-x_{k}|\leqslant\frac{1}{1-L}|x_{k+1}-x_{k}|$$

得到解释.

如果感兴趣的是相对误差而非绝对误差，可使用

$$\frac{|x_{k+1}-x_{k}|}{|x_{k+1}|}\leqslant\varepsilon$$

作为终止条件.

**【例 7.2】** 用牛顿法求方程 $f(x)=x^3+10x-20=0$ 的根，取 $x_0=1.5$.

**【解】** 因为 $f'(x)=3x^2+10$，故牛顿迭代公式为

$$x_{k+1}=x_{k}-\frac{x_{k}^{3}+10x_{k}-20}{3x_{k}^{2}+10}$$

代入初值得

$$x_1=1.5970149, x_2=1.5945637,$$
$$x_3=1.5945621,\ x_4=1.5945621$$

迭代 3 次所得近似解就准确到 8 位有效数字，可见牛顿法收敛很快. 一般地，有

**定理 7.4** 设函数 $f(x)$ 在其零点 $x^*$ 邻域二阶连续可微，且 $f'(x^*)\neq 0$，则存在 $\delta>0$，使得对任意$[x_0-\delta,\ x_0+\delta]$，牛顿法所产生的序列$\{x_k\}$至少二阶收敛于 $x^*$.

**证明** 牛顿法迭代函数为

$$\varphi(x)=x-\frac{f(x)}{f'(x)}$$

于是

$$\varphi'(x)=1-\frac{[f'(x)]^2-f(x)f''(x)}{[f'(x)]^2}=\frac{f(x)f''(x)}{[f'(x)]^2}$$

由已知 $f''(x)$在 $x^*$ 邻近连续，因而 $\varphi'(x)$在 $x^*$ 邻近连续，且

$$\varphi'(x^*)=\frac{f(x^*)f''(x^*)}{[f'(x^*)]^2}=0$$

根据定理 7.3，牛顿法所产生的序列$\{x_k\}$至少二阶收敛于 $x^*$.

定理 7.4 表明，若 $f'(x^*)\neq 0$，即 $x^*$ 是单根时，牛顿法具有收敛速度快，稳定性好，精度高等优点，是求解非线性方程的有效方法之一. 但牛顿法也有明显的缺点. 首先，是一个局部方法，对初值 $x_0$ 的选择要求比较高，只有初值充分接近 $x^*$，才能保证迭代收敛，如图 7-5 所示.

一般可由问题的实际背景来预测或者由二分区间法提供较好的初

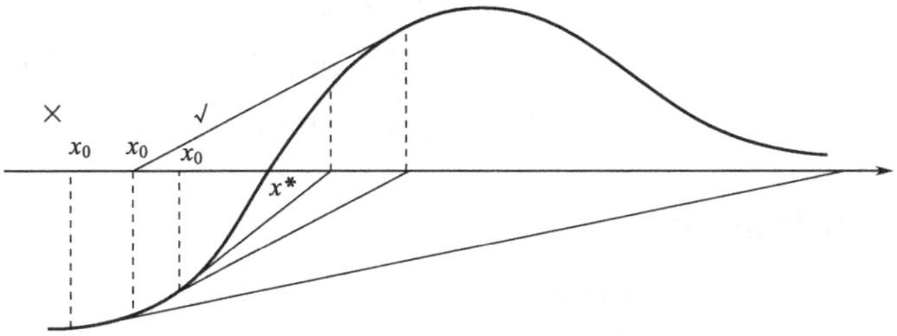


图 7-5　初值对收敛的影响

值. 其次，每次迭代均需要计算函数值与导数值，故计算量较大，而且当导数值提供有困难时，牛顿法无法进行.

## 7.3.2 Newton 迭代法的整体收敛性

**定理 7.5**　设 $f(x)$在有限区间$[a, b]$上二阶导数存在，且满足：

① $f(a)f(b)<0$；

② $f'(x)\neq 0$，$x\in[a, b]$；

③ $f''(x)$不变号，$x\in[a, b]$；

④ 初值 $x_0\in[a, b]$且使 $f''(x_0)f(x_0)>0$.

则牛顿迭代序列$\{x_k\}$收敛于 $f(x)=0$ 在$[a, b]$内的唯一根.

请读者分四种情况证明该定理.

定理 7.5 中：条件①保证了区间$[a, b]$内根存在；条件②表明函数单调，根唯一；条件③表示 $f(x)$的图形在$(a, b)$上凹凸不变；条件④保证了 $x\in[a, b]$时，$\varphi(x)=x-\dfrac{f(x)}{f'(x)}\in[a, b]$.

## 7.3.3 牛顿法应用举例

对于给定的正数 $C$，应用牛顿法解二次方程

$$x^2-C=0$$

可导出求开方值$\sqrt{C}$的计算程序

$$x_{k+1}=\frac{1}{2}\left(x_k+\frac{C}{x_k}\right) \tag{7-12}$$

请读者利用“单调有界数列必有极限”这一原理证明，这种迭代公式对于任意初值 $x_0>0$ 都是收敛的.

**【例 7.3】**　求$\sqrt{115}$.

**【解】**　取初值 $x_0=10$，对 $C=115$，按式(7-12)迭代 3 次便得到精度为 $10^{-6}$的结果(见表 7-1).

**表 7-1　例 7.3 计算过程**

| $k$ | $x_k$ | $k$ | $x_k$ | $k$ | $x_k$ |
|---|---|---|---|---|---|
| 0 | 10 | 2 | 10.723837 | 4 | 10.723805 |
| 1 | 10.75 | 3 | 10.723805 | | |

由于式(7-12)对任意初值 $x_0>0$ 均收敛，并且收敛的速度很快，因此我们可取确定的初值如 $x_0=1$ 编制通用程序. 用这个通用程序求 $\sqrt{115}$，也只要迭代 7 次便得到了上面的结果 10.723805.

### 7.3.4 重根的情形

重根给很多数值方法带来不便：

① 在偶数重根处函数不改变符号，二分法不适用；

② 因为 $f(x)$和 $f'(x)$在根处为 0，这给牛顿法带来问题，因为其分母中包含导数，当解收敛到离根非常近时，可能会导致除以 0 的错误；

③ 可以证明，$x^*$ 的重数 $m\geqslant 2$ 时，即 $f(x)=(x-x^*)^m g(x)$，$g(x^*)\neq 0$，则牛顿法是线性收敛的. 事实上，牛顿法的迭代函数是

$$\varphi(x)=x-\frac{f(x)}{f'(x)}$$

设 $f(x)$具有充分多阶的连续导数. 令 $x=x^*+h$，将 $f(x)$，$f'(x)$在 $x^*$ 进行 Taylor 展开得

$$f(x^*+h)=\frac{f^{(m)}(x^*)}{m!}h^m+O(h^{m+1})=\frac{f^{(m)}(x^*)}{m!}h^m[1+O(h)] \tag{7-13}$$

$$f'(x^*+h)=\frac{f^{(m)}(x^*)}{(m-1)!}h^{m-1}+O(h^m)=\frac{f^{(m)}(x^*)}{(m-1)!}h^{m-1}[1+O(h)]$$

$$\frac{f(x^*+h)}{f'(x^*+h)}=\frac{h}{m}[1+O(h)] \tag{7-14}$$

所以

$$\varphi(x^*+h)=x^*+h-\frac{h}{m}[1+O(h)]=x^*+(1-\frac{1}{m})h+O(h^2)$$

于是

$$\varphi'(x^*)=\lim_{h\to 0}\frac{\varphi(x^*+h)-\varphi(x^*)}{h}=1-\frac{1}{m}$$

所以当 $m\geqslant 2$ 时，牛顿法是线性收敛的. 为了提高迭代法的收敛速度，须对原来的迭代格式作适当修改. 若把迭代函数改为

$$\varphi(x)=x-m\frac{f(x)}{f'(x)}$$

则 $\varphi'(x^*)=0$，此时的迭代仍能保持平方收敛.

实际计算时，因为根的重数 $m$ 一般是不知道的，为解决此困难，

Ralston 和 Rabinowitz(1978)定义了一个新函数

$$\mu(x)=\frac{f(x)}{f'(x)}$$

若 $x^*$ 是 $f(x)$的 $m$ 重根，则 $x^*$ 便是 $\mu(x)$的单根，对 $\mu(x)$使用单根的牛顿迭代法

$$x_{k+1}=x_k-\frac{\mu(x_k)}{\mu'(x_k)}$$

迭代函数

$$\varphi(x)=x-\frac{\mu(x)}{\mu'(x)}=x-\frac{f(x)f'(x)}{[f'(x)]^2-f(x)f''(x)}=x-\frac{\mu(x)}{1-\dfrac{f''(x)}{f'(x)}\mu(x)}$$

这需要计算二阶导数 $f''(x)$，为了避免这一点，我们作如下修改. 考虑函数

$$\psi(x)=\frac{\ln|f(x)|}{\ln|\mu(x)|}$$

由式(7-13)得

$$\ln|f(x)|=m\ln|h|+\ln\left|\frac{f^{(m)}(x^*)}{m!}[1+O(h)]\right|$$

由式(7-14)得

$$\ln|\mu(x)|=\ln|h|+\ln\left|\frac{1}{m!}[1+O(h)]\right|$$

于是可知

$$\lim_{h\to0}\psi(x)=\lim_{h\to0}\frac{\ln|f(x)|}{\ln|\mu(x)|}=m$$

即当 $x\to x^*$ 时，$\psi(x)\to m$. 因此，当 $x^*$ 的重数不知道时，可采用如下迭代函数

$$\varphi(x)=x-\psi(x)\mu(x)$$

这样，既提高了迭代过程的收敛阶，又避免了计算 $f''(x)$的值. 至于 $\psi(x)$的计算问题. 当有了 $f(x)$与 $f'(x)$之后，并不增加多少工作量.

用牛顿法求方程的根，每步除计算 $f(x_k)$外还要算 $f'(x_k)$，当函数 $f(x)$比较复杂时，计算 $f'(x)$往往较困难，为此可以利用已求函数值 $f(x_k),f(x_{k-1}),\cdots$来回避导数值 $f'(x_k)$的计算. 比如我们可以用插值多项式 $p(x)$代替 $f(x)$，然后用 $p(x)$的零点近似 $f(x)$的零点，插值类方法比较著名的就是用线性插值代替 $f(x)$导出的弦截法和用抛物插值代替 $f(x)$导出的抛物线法. 它们都是多步法，我们不再展开讨论.

## 7.4 非线性方程组的解法

下面是含有两个未知量的二阶非线性方程组

$$x_1^2+x_1x_2=10 \tag{7-15a}$$

$$x_2+3x_1x_2^2=57 \tag{7-15b}$$

和单个非线性方程求根时一样，一般将这样的方程组表示成

$$\begin{cases} f_1(x_1,x_2,\cdots,x_n)=0 \\ \qquad\cdots \\ f_n(x_1,x_2,\cdots,x_n)=0 \end{cases} \tag{7-16}$$

若记 $\boldsymbol{x}=[x_1,\cdots,x_n]^{\mathrm{T}}$，$\boldsymbol{F}(\boldsymbol{x})=[f_1(\boldsymbol{x}),\cdots,f_n(\boldsymbol{x})]^{\mathrm{T}}$，则方程组可简记成向量形式

$$\boldsymbol{F}(\boldsymbol{x})=\boldsymbol{0} \tag{7-17}$$

### 7.4.1 逐次代换法

沿用不动点迭代和高斯-赛德尔方法的策略，可以得到式(7-16)的一种简单解法. 也就是说，从每一个方程中解出一个未知量，然后利用这些方程反复迭代，计算出新值，使之收敛于真解(希望如此). 这种方法称为逐次代换(successive substitution)，详见例 7.4.

**【例 7.4】** 求解非线性方程组的逐次代换法.

问题描述：利用逐次代换法求解式(7-15)的根. 注意精确解为$x_1=2$ 和 $x_2=3$. 计算的初始值猜测为 $x_1=1.5$ 和 $x_2=3.5$.

**【解】** 求解式(7-15a)得

$$x_1=\frac{10-{x_1}^2}{x_2}$$

求解式(7-15b)得

$$x_2=57-3x_1{x_2}^2$$

在初始猜测值的基础上，计算出 $x_1$的新值

$$x_1=\frac{10-(1.5)^2}{3.5}=2.21429$$

将这个结果与初始值 $x_2=3.5$ 代入，得到 $x_2$的新值

$$x_2=57-3(2.21429)(3.5)^2=-24.37516$$

看起来，方法似乎是发散的. 在进行了第二次迭代之后，这种现象更加明显了.

$$x_1=\frac{10-(2.21429)^2}{-24.37516}=-0.20910$$

$$x_2=57-3(-0.20910)(-24.37516)^2=429.709$$

显然，迭代过程偏离了精确解.

下面将原方程写成另一种形式，然后重复上述计算. 例如，式(7-15a)的解还可以表示为

$$x_1=\sqrt{10-x_1x_2}$$

式(7-15b)的解还可以表示为

$$x_2=\sqrt{\frac{57-x_2}{3x_1}}$$

现在得到的结果更加令人满意

$$x_1=\sqrt{10-1.5(3.5)}=2.17945$$

$$x_2=\sqrt{\frac{57-3.5}{3(2.17945)}}=2.86051$$

$$x_1=\sqrt{10-2.17945(2.86051)}=1.94053$$

$$x_2=\sqrt{\frac{57-2.86051}{3(1.94053)}}=3.04955$$

因此，迭代过程收敛到精确解 $x_1=2$ 和 $x_2=3$.

前面的例子暴露出逐次代换法的一个严重的缺点，即收敛性一般取决于将方程表示成什么样子的公式. 此外，就算迭代公式收敛，如果初始值不是足够接近于真解，那么迭代法也会发散. 这些要求是如此严苛，使得不动点迭代在求解非线性方程组方面的功能受到限制.

## 7.4.2 牛顿法

和不动点迭代一样，牛顿方法也可以用来求解非线性方程组. 回顾前文，牛顿方法利用导数(梯度)估计函数与自变量轴的截距，即方程的根. 利用一阶泰勒级数展开

$$f(x_{i+1})=f(x_i)+(x_{i+1}-x_i)f'(x_i) \tag{7-18}$$

其中，$x_i$是根的初始估计值，$x_{i+1}$是切线与 $x$ 轴的交点. 在这个交点上，定义 $f(x_{i+1})$等于0，由式(7-18)知

$$x_{i+1}=x_i-\frac{f(x_i)}{f'(x_i)} \tag{7-19}$$

这就是单个方程情况下的牛顿方法.

多个方程情况下公式的推导过程是完全一样的. 只不过因为根的位置与多个变量相关，所以必须使用多元泰勒级数. 对于两变量情况，每个非线性方程的一阶泰勒级数可写为

$$f_{1,i+1}=f_{1,i}+(x_{1,i+1}-x_{1,i})\frac{\partial f_{1,i}}{\partial x_1}+(x_{2,i+1}-x_{2,i})\frac{\partial f_{1,i}}{\partial x_2}$$

$$f_{2,i+1}=f_{2,i}+(x_{1,i+1}-x_{1,i})\frac{\partial f_{2,i}}{\partial x_1}+(x_{2,i+1}-x_{2,i})\frac{\partial f_{2,i}}{\partial x_2}$$

和单个方程的情况一样，根的估计值就是令 $f_{1,i+1}$和 $f_{2,i+1}$等于0后解出的 $x_1$和 $x_2$的值. 此时，上式可重新表示为

$$\frac{\partial f_{1,i}}{\partial x_1}x_{1,i+1}+\frac{\partial f_{1,i}}{\partial x_2}x_{2,i+1}=-f_{1,i}+\frac{\partial f_{1,i}}{\partial x_1}x_{1,i}+\frac{\partial f_{1,i}}{\partial x_2}x_{2,i} \tag{7-20a}$$

$$\frac{\partial f_{2,i}}{\partial x_1}x_{1,i+1}+\frac{\partial f_{2,i}}{\partial x_2}x_{2,i+1}=-f_{2,i}+\frac{\partial f_{2,i}}{\partial x_1}x_{1,i}+\frac{\partial f_{2,i}}{\partial x_2}x_{2,i} \tag{7-20b}$$

所有下标为 $i$ 的量都是已知的(它们对应于最新的猜测值或者近似值)，只有 $x_{1,i+1}$ 和 $x_{2,i+1}$ 未知. 因此，上式是含有两个未知量的二阶线性方程组. 于是，由线性代数方程组解法(例如克拉默法则)得

$$x_{1,i+1}=x_{1,i}-\frac{f_{1,i}\frac{\partial f_{2,i}}{\partial x_2}-f_{2,i}\frac{\partial f_{1,i}}{\partial x_2}}{\frac{\partial f_{1,i}}{\partial x_1}\frac{\partial f_{2,i}}{\partial x_2}-\frac{\partial f_{1,i}}{\partial x_2}\frac{\partial f_{2,i}}{\partial x_1}} \tag{7-21a}$$

$$x_{2,i+1}=x_{2,i}-\frac{f_{2,i}\frac{\partial f_{1,i}}{\partial x_1}-f_{1,i}\frac{\partial f_{2,i}}{\partial x_1}}{\frac{\partial f_{1,i}}{\partial x_1}\frac{\partial f_{2,i}}{\partial x_2}-\frac{\partial f_{1,i}}{\partial x_2}\frac{\partial f_{2,i}}{\partial x_1}} \tag{7-21b}$$

每个方程的分母在形式上记为方程组的雅克比行列式(Jacobian).

**【例 7.5】** 非线性方程组的牛顿解法.

问题描述：利用多元牛顿-拉弗森方法求解式(7-15)的根. 计算的初值设为 $x_1=1.5$ 和 $x_2=3.5$.

**【解】** 首先计算偏导数在初始值 $x$ 和 $y$ 处的取值.

$$\frac{\partial f_{1,0}}{\partial x_1}=2x_1+x_2=2(1.5)+3.5=6.5$$

$$\frac{\partial f_{1,0}}{\partial x_2}=x_1=1.5$$

$$\frac{\partial f_{2,0}}{\partial x_1}=3x_2^2=3(3.5)^2=36.75$$

$$\frac{\partial f_{2,0}}{\partial x_2}=1+6x_1x_2=1+6(1.5)(3.5)=32.5$$

然后计算第一步迭代的雅克比行列式.

$6.5(32.5)-1.5(36.75)=156.125$

函数在初始值处的取值为

$$f_{1,0}=(1.5)^2+1.5(3.5)-10=-2.5$$

$$f_{2,0}=3.5+3(1.5)(3.5)^2-57=1.625$$

将这些值代入式(7-21)得

$$x_1=1.5-\frac{-2.5(32.5)-1.625(1.5)}{156.125}=2.03603$$

$$x_2=3.5-\frac{1.625(6.5)-(-2.5)(36.75)}{156.125}=2.84388$$

可以看出，结果收敛于真解 $x_1=2$ 和 $x_2=3$. 重复上述迭代过程，直到数值解的精度可以接受为止.

牛顿方法求解多个方程时的收敛速度与求解单个方程时一样快，仍然是二阶收敛. 不过，就像逐次代换法一样，如果初始猜测值没有重复靠近真解的话，该方法可能发散. 对单个方程，可以使用绘图法求出一个比较好的初始值，而多个方程的情况就没有这么简单了. 尽管也有一些高级方法可以用来估计初始值，但是这些值通常必须在反复试验和对物理模型足够了解的前提下才能得到.

两个方程的牛顿方法可推广到 $n$ 阶联立方程的求解. 为此，写出关于第 $k$ 个方程的式(7-20)

$$\begin{aligned}&\frac{\partial f_{k,i}}{\partial x_1}x_{1,i+1}+\frac{\partial f_{k,i}}{\partial x_2}x_{2,i+1}+\cdots+\frac{\partial f_{k,i}}{\partial x_n}x_{n,i+1}\\&=-f_{k,i}+\frac{\partial f_{k,i}}{\partial x_1}x_{1,i}+\frac{\partial f_{k,i}}{\partial x_2}x_{2,i}+\cdots+\frac{\partial f_{k,i}}{\partial x_n}x_{n,i}\end{aligned} \tag{7-22}$$

其中，第一个下标 $k$ 表示方程或未知量. 第二个下标用于指明被讨论的方程或变量的取值是在当前步($i$)还是下一步($i+1$). 注意，只有上式左端的 $x_{k,i+1}$项是未知的. 其他的量都取当前值($i$)，所以在每次迭代中都是已知的. 于是，一般形式为式(7-22)(取 $k=1,2,\cdots,n$)的一组方程构成联系线性方程组，该方程组可利用前面章节中介绍的消元法进行数值求解.

应用矩阵符号，式(7-22)可简洁地表示为

$$\boldsymbol{J}\{\boldsymbol{x}_{i+1}\}=-\{\boldsymbol{f}\}+\boldsymbol{J}\{\boldsymbol{x}_i\} \tag{7-23}$$

其中偏导数在 $i$ 点处的取值组成雅克比矩阵(Jacobian matrix)

$$\boldsymbol{J}=\begin{pmatrix}\dfrac{\partial f_{1,i}}{\partial x_1} & \dfrac{\partial f_{1,i}}{\partial x_2} & \cdots & \dfrac{\partial f_{1,i}}{\partial x_n}\\ \dfrac{\partial f_{2,i}}{\partial x_1} & \dfrac{\partial f_{2,i}}{\partial x_2} & \cdots & \dfrac{\partial f_{2,i}}{\partial x_n}\\ \vdots & \vdots & \vdots & \vdots\\ \dfrac{\partial f_{n,i}}{\partial x_1} & \dfrac{\partial f_{n,i}}{\partial x_2} & \cdots & \dfrac{\partial f_{n,i}}{\partial x_n}\end{pmatrix}$$

初值和终值可表示成向量形式为

$$\{\boldsymbol{x}_i\}^{\mathrm{T}}=(x_{1,i}\quad x_{2,i}\quad \cdots\quad x_{n,i})$$

和

$$\{\boldsymbol{x}_{i+1}\}^{\mathrm{T}}=(x_{1,i+1} \quad x_{2,i+1} \quad \cdots \quad x_{n,i+1})$$

最后，函数在 $i$ 点处的取值表示为

$$\{\boldsymbol{f}\}^{\mathrm{T}}=(f_{1,i} \quad f_{2,i} \quad \cdots \quad f_{n,i})$$

对于式(7-23)可采用像高斯消元法这样的方法求解. 仿照例题中两阶方程组的求解，重复上述迭代过程，直到估计值足够精确为止.

如果采用逆矩阵法求解式(7-23)，还可以进一步考察解的其他性质. 回顾前文，单个方程的牛顿方法为

$$\boldsymbol{x}_{i+1}=\boldsymbol{x}_i-\frac{\boldsymbol{f}(\boldsymbol{x}_i)}{\boldsymbol{f}'(\boldsymbol{x}_i)} \tag{7-24}$$

如果式(7-23)两边同时乘以雅克比矩阵的逆，则结果是

$$\{\boldsymbol{x}_{i+1}\}=\{\boldsymbol{x}_i\}-\boldsymbol{J}^{-1}\{\boldsymbol{f}\} \tag{7-25}$$

比较式(7-24)和式(7-25)，很显然，两者结果类似. 其实，雅克比矩阵就相当于多元函数的导数.

这些矩阵计算在 Matlab 中执行的效率特别高. 下面将利用 Matlab 重现例题中的计算. 定义了初始猜测值之后，可以计算雅克比矩阵和函数值.

```
>>x=[1.5;3.5];
>>J=[2*x(1)+x(2)   x(1);
      3*x(2)^2   1+6*x(1)*x(2)]
      J= 6.5000    1.5000
      36.7500   32.5000
>>f=[x(1)^2+x(1)*x(2)-10;
      x(2)+3*x(1)*x(2)^2-57]
f=-2.5000
   1.6250
```

然后执行式(7-25)得到改进后的估计值

```
>>x=x-J/f
x=   2.0360
     2.8439
```

虽然这个迭代过程也可以在命令模式下重复，但最好还是将算法编写成 M 文件. 如图 7-6，这个例行程序通过一个 M 文件来计算给定 $x$ 值处的函数值和雅克比矩阵. 程序在一步迭代中先调用这个函数，再计算式(7-25)，然后重复这个过程. 只有达到迭代步的上界或者指定的相对误差百分比时，迭代过程才结束.

需要指出的是，前述方法中存在两个缺点. 首先，雅克比矩阵有时

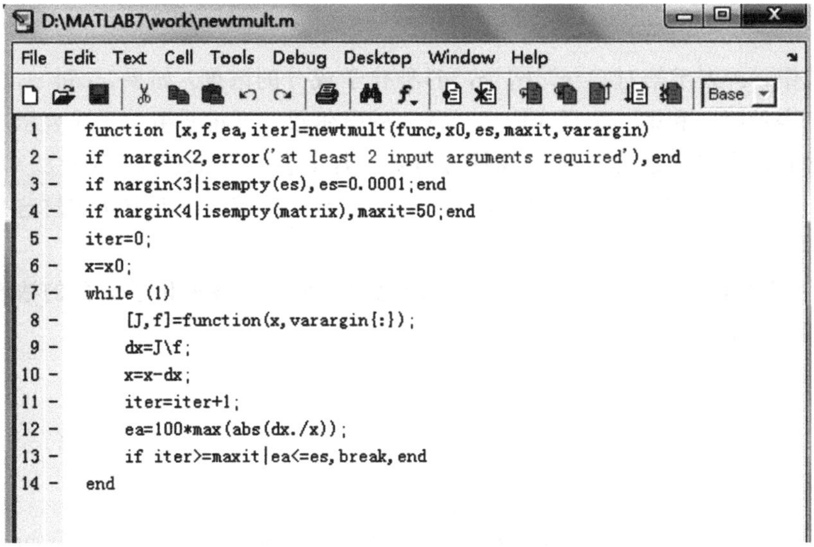


图 7-6　牛顿法 M 文件示例

不好计算，因此，需要对牛顿方法进行变形，以解决这个问题. 和设想的一样，绝大多数方法都采用了有限差分来近似 $\boldsymbol{J}$ 中的偏导数. 对方程牛顿方法的第二个缺点是，通常要求初始猜测值选取得非常好才能保证收敛. 因为这个要求有时候很难或者不方便满足，所以人们构造了一些替代方法，这些替代方法的收敛速度虽然比牛顿方法慢，但是收敛性更好. 其中一种方法是，将非线性方程组重新表示成单个方程的形式

$$F(x)=\sum_{i=1}^{n}[f_i(x_1,x_2,\cdots,x_n)]^2$$

其中 $f_i(x_1,x_2,\cdots,x_n)$ 是由式(7-25)表示的原方程组中的第 $i$ 个方程. 使这个函数取最小值的 $x$ 值就是非线性方程组的解，因此，可以采用非线性最优化的方法来求解.

## 7.4.3　一个案例

**【背景】** 在研究化学反应的特性时，经常会遇到非线性方程组. 例如，在某些封闭系统中发生下列化学反应

$$2A+B \rightleftharpoons C \tag{7-26}$$

$$A+D \rightleftharpoons C \tag{7-27}$$

达到平衡时，系统的特征量为

$$K_1=\frac{c_c}{c_a{}^2 c_b} \tag{7-28}$$

$$K_2=\frac{c_c}{c_a c_d} \tag{7-29}$$

式中，$c_i$表示第$i(i=\text{a, b, c, d})$种化学成分的浓度. 如果$x_1$和$x_2$分别表示第一和第二个反应中生成的$c$的摩尔数，试将平衡关系式表示成含有两个未知量的二阶非线性方程组. 若$K_1=4\times10^{-4}$，$K_2=3.7\times10^{-2}$，$c_{a,0}=50$，$c_{b,0}=20$，$c_{c,0}=5$，$c_{d,0}=10$，应用牛顿方法求解这些方程组.

**【解】** 由式(7-26)和式(7-27)的化学计量知，各种化学成分的浓度都可以由$x_1$和$x_2$表示

$$\begin{aligned}
c_a &= c_{a,0}-2x_1-x_2 \\
c_b &= c_{b,0}-x_1 \\
c_c &= c_{c,0}+x_1+x_2 \\
c_d &= c_{d,0}-x_2
\end{aligned} \tag{7-30}$$

其中下标 0 表示化学成分的初始浓度. 将这些值代入式(7-28)和式(7-29)得

$$K_1=\frac{c_{c,0}+x_1+x_2}{(c_{a,0}-2x_1-x_2)^2(c_{b,0}-x_1)}$$

$$K_2=\frac{c_{c,0}+x_1+x_2}{(c_{a,0}-2x_1-x_2)(c_{d,0}-x_2)}$$

给定参数取值，就得到含有两个未知量的二阶非线性方程组. 于是，求解这个方程组就是要确定下式的根

$$f_1(x_1,x_2)=\frac{5+x_1+x_2}{(50-2x_1-x_2)^2(20-x_1)}-4\times10^{-4}$$

$$f_2(x_1,x_2)=\frac{5+x_1+x_2}{(50-2x_1-x_2)(10-x_2)}-3.7\times10^{-2}$$

为了使用牛顿方法，需要求出上式的雅克比矩阵，即计算偏导数. 虽然这可以实现，但计算偏导数比较耗时. 不妨照修正割线法，用有限差分来代替偏导数. 例如，组成雅克比矩阵的偏导数为

$$\frac{\partial f_1}{\partial x_1}=\frac{f_1(x_1+\delta x_1,x_2)-f_1(x_1,x_2)}{\delta x_1}$$

$$\frac{\partial f_1}{\partial x_2}=\frac{f_1(x_1,\ x_2+\delta x_2)-f_1(x_1,\ x_2)}{\delta x_2}$$

$$\frac{\partial f_2}{\partial x_1}=\frac{f_2(x_1+\delta x_1,x_2)-f_2(x_1,x_2)}{\delta x_1}$$

$$\frac{\partial f_2}{\partial x_2}=\frac{f_2(x_1,x_2+\delta x_2)-f_2(x_1,x_2)}{\delta x_2}$$

然后将这些关系式写出 M 文件，函数值和雅克比矩阵计算如图 7-7 所示.

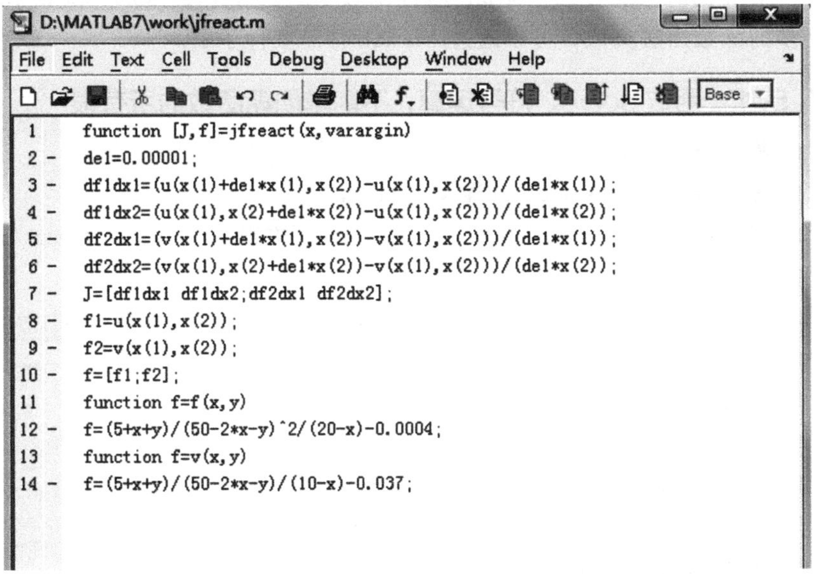


```
function [J,f]=jfreact(x,varargin)
del=0.00001;
df1dx1=(u(x(1)+del*x(1),x(2))-u(x(1),x(2)))/(del*x(1));
df1dx2=(u(x(1),x(2)+del*x(2))-u(x(1),x(2)))/(del*x(2));
df2dx1=(v(x(1)+del*x(1),x(2))-v(x(1),x(2)))/(del*x(1));
df2dx2=(v(x(1),x(2)+del*x(2))-v(x(1),x(2)))/(del*x(2));
J=[df1dx1 df1dx2;df2dx1 df2dx2];
f1=u(x(1),x(2));
f2=v(x(1),x(2));
f=[f1;f2];
function f=f(x,y)
f=(5+x+y)/(50-2*x-y)^2/(20-x)-0.0004;
function f=v(x,y)
f=(5+x+y)/(50-2*x-y)/(10-x)-0.037;
```

图 7-7 计算函数值和雅可比矩阵的 M 文件

给定初始猜测值 $x_1 = x_2 = 3$，然后利用函数 newtmult 求解出方程组的根

```
>>format short e
>>[x, f, ea, iter]=newtmult(@jfreact, x0)
  x=   3.3366e+000
       2.6772e+000
  f=  -7.1286e-017
       8.5973e-014
  ea=  5.2237e-010
  iter=  4
```

迭代四步后得到解 $x_1 = 3.3366$ 和 $x_2 = 2.6772$. 然后将这些值代入式 (7-30)，计算出各化学成分达到平衡后的浓度

$$c_a = 50 - 2(3.3366) - 2.6772 = 40.6496$$

$$c_b = 20 - 3.3366 = 16.6634$$

$$c_c = 5 + 3.3366 + 2.6772 = 11.0138$$

$$c_d = 10 - 2.6772 = 7.3228$$

## 7.5 Matlab 实现

本节我们主要介绍 Matlab 内置函数 solve、root、fsolve 和 fzero，更多的函数用法类似，可以通过 Matlab 帮助文件了解.

### 7.5.1 函数 solve：符号运算，不能求周期函数的所有根

调用格式如下.

解方程：　x=solve('方程','变量')；

解方程组：e1=sym('方程 1')；e2=sym('方程 2')；…；en=sym('方程 n')；

[x1，x2，…，xn]=solve(e1，e2，…，en，x1，x2，…，xn)

使用举例如下.

① $\sin(\cos(2x^3))=0$

```
>> x=solve('sin(cos(2*x^2))=0','x')
x=
-(2^(1/2)*(acos(pi*l) + 2*pi*k)^(1/2))/2
  (2^(1/2)*(acos(pi*l) + 2*pi*k)^(1/2))/2
-(2^(1/2)*(2*pi*k - acos(l*pi))^(1/2))/2
  (2^(1/2)*(2*pi*k - acos(l*pi))^(1/2))/2
>> latex(x)
```

$$-\frac{\sqrt{2}\sqrt{\arccos(\pi l)+2\pi k}}{2},\frac{\sqrt{2}\sqrt{\arccos(\pi l)+2\pi k}}{2},$$

$$-\frac{\sqrt{2}\sqrt{2\pi k-\arccos(\pi l)}}{2},\frac{\sqrt{2}\sqrt{2\pi k-\arccos(\pi l)}}{2}.$$

② $a\sin(\cos(4))+5\tan(a+3)=0$

```
>> a=solve('a*sin(cos(4))+5*tan(a+3)=0','a')
  a = 0.16119401066553615097161776302515
```

③ $a\sin(\cos(x))+b\tan(a)=0$

```
>> x=solve('a*sin(cos(x))+b*tan(a)=0','x')
  x =
  acos (pi + asin((b*tan(a))/a) + 2*pi*l) + 2*pi*k
       acos(2*pi*l - asin((b*tan(a))/a)) + 2*pi*k
2*pi*k - acos(pi + asin((b*tan(a))/a) + 2*l*pi)
        2*pi*k - acos(2*l*pi - asin((b*tan(a))/a))
>> latex(x)
```

$$\arccos\left(\pi+\arcsin\left(\frac{b\tan(a)}{a}\right)+2\pi l\right)+2\pi k,$$

$$\arccos\left(2\pi l-\arcsin\left(\frac{b\tan(a)}{a}\right)\right)+2\pi k,$$

$$2\pi k-\arccos\left(\pi+\arcsin\left(\frac{b\tan(a)}{a}\right)+2\pi l\right),$$

$$2\pi k-\arccos\left(2\pi l-\arcsin\left(\frac{b\tan(a)}{a}\right)\right)$$

④ $x^y-4=0$，$2xy+y=1$

```
>> e1=sym('x^y-4=0')
e1 = x^y - 4 = 0
>> e2=('2*x*y+x=1');
>> [x,y]=solve(e1,e2)
x =
0.56360635347270112807822673112907*i +
0.10239835032821608847359079408986
y =
-0.85879589836531197002337047198025*i -
  0.34397038337236255793097623718 78
```

## 7.5.2　函数 root: 解多项式方程（组）

调用格式如下.

```
x=roots(fa)          % fa为多项式 f(x)系数向量,x为 f(x)=0 的所
                       有根
dfa=polyder(fa)      %多项式求导
dfx=poly2sym(dfa)    % 将向量表示的多项式转成符号形式
```

使用举例如下.

解方程 $8x^9+17x^3-3x=-1$，并求 $f(x)=8x^9+17x^3-3x+1$ 的导数.

```
>> fa=[8 0 0 0 0 0 17 0 -3 1]; x=roots(fa)
x =-0.9578 + 0.5907i
    -0.9578 - 0.5907i
    -0.0062 + 1.1577i
    -0.0062 - 1.1577i
     0.9627 + 0.5748i
     0.9627 - 0.5748i
    -0.5328
     0.2676 + 0.1958i
```

```
    0.2676 - 0.1958i
>> dfa=polyder(fa)
dfa = 72     0     0     0     0     0    51    0    -3
>> dfx=poly2sym(dfa)
dfx =72 * x^8 + 51 * x^2 - 3
```

### 7.5.3 函数 fsolve: 数值求解函数

调用格式　　　X=fsolve('fun',X0,option),

其中，X 为返回的解；fun 是用于定义需求解的非线性方程组的函数文件名；X0 是求根过程的初值；option 为最优化工具箱的选项设定. 最优化工具箱提供了 20 多个选项，用户可以使用 optimset 命令将它们显示出来. 如果想改变其中某个选项，则可以调用 optimset()函数来完成. 例如，Display 选项决定函数调用时中间结果的显示方式，其中'off'为不显示，'iter'表示每步都显示，'final'只显示最终结果. optimset('Display', 'off')将设定 Display 选项为'off'.

使用举例.

① 求 $8x^9+17x^3-3x=-1$ 的一个实根.

```
>> f=inline('8 * x^9+17 * x^3-3 * x+1','x')
 f =
     Inline function:
     f(x) = 8 * x^9+17 * x^3-3 * x+1
>> x=fsolve(f,-0.5)
Equation solved.
fsolve completed because the vector of function values is near zero as
measured by the default value of the function tolerance, and the problem ap-
pears regular as measured by the gradient.
<stopping criteria details>
x = -0.5328
>> f(x)
ans = -1.7610e-008
>> x=fsolve(f,2.5)
No solution found.
fsolve stopped because the problem appears regular as measured by the gradi-
ent, but the vector of function values is not near zero as measured by the de-
fault value of the function tolerance.
<stopping criteria details>
```

x = 0.2425

>> f(x)

ans =0.5150

② 求非线性方程组 $x-0.6\sin(x)-0.3\cos(y)=0$，$y-0.6\cos(x)+0.3\sin(y)=0$ 在(0.5，0.5) 附近的数值解.

首先建立函数文件 myfun.m.

```
function q=myfun(p)
x=p(1); y=p(2);  q(1)=x-0.6*sin(x)-0.3*cos(y); q(2)=y-
0.6*cos(x)+0.3*sin(y);
```

其次，在给定的初值 $x_0=0.5$，$y_0=0.5$ 下，调用 fsolve 函数求方程的根.

```
>> x=fsolve('myfun', [0.5, 0.5], optimset('Display','off'))
   x = 0.6354      0.3734
```

将求得的解代回原方程，可以检验结果是否正确，命令如下.

```
>> myfun(x)
ans = 1.0e-009 *
        0.2375     0.2957
```

可见得到了较高精度的结果.

③ 求方程 $\sin(3x)=0$ 的二、三个实根.

```
>> f=inline('sin(3*x)','x');
>> x=fsolve(f, [1, 4])
Equation solved.
fsolve completed because the vector of function values is near zero as
measured by the default value of the function tolerance, and the problem ap-
pears regular as measured by the gradient.
<stopping criteria details>
x = 1.0472      4.1888
>> f(x)
ans =1.0e-012 *
-0.0003      0.4614
>> x=fsolve(f,[2,3,4], optimset('Display','iter'))
```

| | | | Norm of | First-order | Trust-region |
|---|---|---|---|---|---|
| Iteration | Func-count | f(x) | step | optimality | radius |
| 0 | 4 | 0.535825 | | 1.36 | 1 |
| 1 | 8 | 0.00564029 | 0.277607 | 0.208 | 1 |
| 2 | 12 | 1.26072e−008 | 0.025087 | 0.000336 | 1 |
| 3 | 16 | 2.13971e−025 | 3.74273e−005 | 1.38e−012 | 1 |

Equation solved.

fsolve completed because the vector of function values is near zero as measured by the default value of the function tolerance, and the problem appears regular as measured by the gradient.

```
<stopping criteria details>
x = 2.0944    3.1416    4.1888
>> f(x)
ans = 1.0e-012 *
    0.0006   -0.0334    0.4614
```

## 7.5.4 函数 fzero: 用于求单个方程的根

调用格式如下.

X=fzero(f,x0,options)

其中，f 是待求解的函数；x0 是初始估计；options 是最优化参数(该参数可以通过函数 optimset 修改)，如果没有 options 参数，程序将使用默认值. 该函数可以使用一个初始值，也可以使用两个，若使用两个初始值，程序就假设待求根在它们之间.

使用举例如下.

求函数 $f(x)=x^{10}-1$ 在区间[0，4]内的根.

```
>> x0=[0 4];
>> x=fzero(inline('x^10-1'), x0)
x = 1
>> x0=0;
>> x=fzero(inline('x^10-1'), x0)
x = -1
```

可以使用 optimset 设置求解过程中显示实际迭代情况：

```
>> x0=0;
>> option=optimset('DISP','ITER');
>> x=fzero(inline('x^10-1'), x0, option)
```

Search for an interval around 0 containing a sign change：

| Func-count | a | f(a) | b | f(b) | Procedure |
|---|---|---|---|---|---|
| 1 | 0 | −1 | 0 | −1 | initial interval |
| 3 | −0.0282843 | −1 | 0.0282843 | −1 | search |
| 5 | −0.04 | −1 | 0.04 | −1 | search |
| 7 | −0.0565685 | −1 | 0.0565685 | −1 | search |
| 9 | −0.08 | −1 | 0.08 | −1 | search |
| 11 | −0.113137 | −1 | 0.113137 | −1 | search |
| 13 | −0.16 | −1 | 0.16 | −1 | search |
| 15 | −0.226274 | −1 | 0.226274 | −1 | search |
| 17 | −0.32 | −0.999989 | 0.32 | −0.999989 | search |
| 19 | −0.452548 | −0.99964 | 0.452548 | −0.99964 | search |
| 21 | −0.64 | −0.988471 | 0.64 | −0.988471 | search |
| 23 | −0.905097 | −0.631065 | 0.905097 | −0.631065 | search |
| 24 | −1.28 | 10.8059 | 0.905097 | −0.631065 | search |

Search for a zero in the interval [−1.28，0.905097]：

| Func−count | x | f(x) | Procedure |
|---|---|---|---|
| 24 | 0.905097 | −0.631065 | initial |
| 25 | 0.784528 | −0.911674 | interpolation |
| 26 | −0.247736 | −0.999999 | bisection |
| 27 | −0.763868 | −0.932363 | bisection |
| 28 | −1.02193 | 0.242305 | bisection |
| 29 | −1.02193 | 0.242305 | interpolation |
| 30 | −0.996873 | −0.0308299 | interpolation |
| 31 | −0.999702 | −0.00297526 | interpolation |
| 32 | −1 | 5.53132e−006 | interpolation |
| 33 | −1 | −7.41965e−009 | interpolation |
| 34 | −1 | −1.88738e−014 | interpolation |
| 35 | −1 | 0 | interpolation |

Zero found in the interval [−1.28，0.905097]

x = −1

上面的结果说明了提供一个估计值时使用 fzero 函数的策略．首先，在估计值附近搜索直到检测到一次符号改变．然后，结合二分法和插值类方法追溯根．

**【例 7.6】** 在工程和科学计算的许多领域中，确定流体通过管道和罐体是一个常见的问题．在机械和航空工程中，典型的应用包括液体和气体通过冷却系统的情况.

流体在这种管道中流动的阻力用一个无量纲的数字来参数化，该数字称为摩擦因子，用 $f$ 表示. 对于湍流，Colebrook 方程提供了一个计算摩擦因子 $f$ 的一种方式：

$$\frac{1}{\sqrt{f}}+2\log\left(\frac{\varepsilon}{3.7D}+\frac{2.51}{Re\sqrt{f}}\right)=0 \tag{7-31}$$

式中，$\varepsilon$ 是粗糙度，m；$D$ 是直径，m；$Re$ 是 Reynoids 数. 其计算公式如下.

$$Re=\frac{\rho VD}{\mu}$$

其中，$\rho$ 是流体的密度，kg/m$^3$；$V$ 是流体速度，m/s；$\mu$ 是动态黏性，N·s/m$^2$.

除了在式(7-31)中使用之外，Reynoids 数还用作流体是否为湍流的条件($Re>400$).

我们设参数 $\rho=1.23$kg/m$^3$，$\mu=1.79\times10^{-5}$ N·s/m$^2$，$D=0.005$m，$V=40$m/s，$\varepsilon=0.0015$mm，注意摩擦因子的取值范围是 0.008～0.08. 另外，可以用 Swamee-Jain 公式

$$f=\frac{1.325}{\left[\ln\left(\frac{\varepsilon}{3.7D}+\frac{5.74}{Re^{0.9}}\right)\right]^2} \tag{7-32}$$

去近似估计.

**【解】** 计算 Reynoids 数

$$Re=\frac{\rho VD}{\mu}=13743$$

把这个值与其他参数代入式(7-31)，左端的函数

$$g(f)=\frac{1}{\sqrt{f}}+2\log\left(\frac{0.0000015}{3.7\times0.005}+\frac{2.51}{13743\sqrt{f}}\right)$$

在求根之前，最好画出函数图，以确定初始估计值，并估计可能的困难.

```
>> rho=1.23;mu=1.79e-5;D=0.005;V=40;e=0.0012/1000;
>> Re=rho * V * D/mu;
>> g=@(f) 1/sqrt(f)+2 * log10(e/(3.7 * D)+2.51/(Re * sqrt(f)));
>> fplot(g,[0.008 0.08]),grid,xlabel('f'),ylabel('g(f)')
```

如图 7-8 所示，根大概在 0.03 附近.

由于提供了初始估计值 0.008 和 0.08，可以使用二分法计算，迭代 22 次的结果是 $f=0.0289678$，相对误差是 $5.926\times10^{-7}$，尽管能得

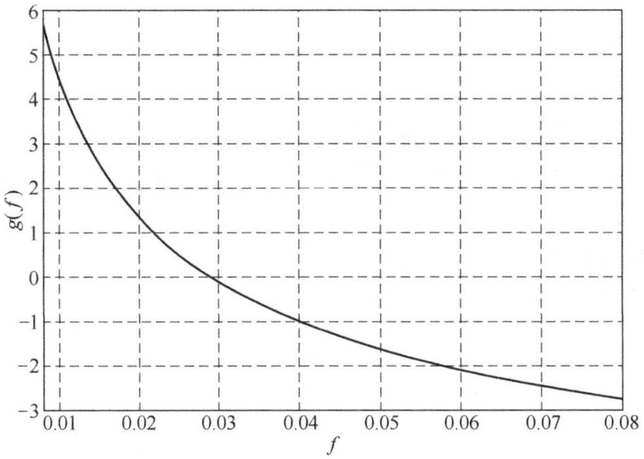


图 7-8　例 7.6 根的估计图

到正确的结果，但效率并不高，这对于单次应用而言并不重要，但如果要进行多次计算，就不应该使用这种方法.

由于 $g(f)$ 微分并不困难，使用牛顿法比较合适. 如果取范围下界 0.008 作为初始近似值，牛顿法迭代 6 次就可以收敛于 0.0289678，其近似误差为 $6.87\times10^{-8}$. 但是如果使用取值范围上界 0.08 作为初值近似值，牛顿法就会发散.

观察图 7-6 会发现，函数在初始估计值的斜率会使第一次迭代变成负值. 继续计算会发现，对本例，只有初始估计值约小于 0.066，牛顿法才会收敛.

因此，尽管牛顿法很高效，但需要一个合理的初始估计值. 对于 Colebrook 方程，一个好的策略是使用式(7-32)提供初始估计值

$$f=\frac{1.325}{\left[\ln\left(\frac{\varepsilon}{3.7D}+\frac{5.74}{Re^{0.9}}\right)\right]^2}=0.029031$$

这种情况下，牛顿法 3 次迭代后就收敛于 0.0289678，近似误差是 $8.51\times10^{-12}$.

与牛顿法一样，fzero 函数在使用单个初始估计值时，也可能发散，而且，fzero 函数在使用取值范围下界时会发散：

```
>> fzero(g,0.008)
Exiting fzero: aborting search for an interval containing a sign change because complex function value encountered during search. (Function value at -0.00224 is -4.82687-22.475i.)
Check function or try again with a different starting value.
```

ans =

NaN

如果使用 optimset 显示迭代情况会发现，在检测到函数的符号改变之前就出现了负值，导致过程终止. 但如果单个初始估计值大于 0.016 时，该过程会正常进行. 例如，初始估计值为 0.08 会使牛顿法出现问题，但 fzero 会收敛：

```
>> fzero(g,0.08)
ans =0.028967810171441
```

最后看看简单定点迭代法是否收敛. 最简单的版本是求解式(7-31)中的第一个 $f$ 得到迭代格式

$$f_{k+1}=\phi(f_k)\triangleq\frac{0.25}{\left(\log\left(\frac{\varepsilon}{3.7D}+\frac{2.51}{Re\sqrt{f_k}}\right)\right)^2}$$

这个函数的双曲线图给出了一个令人惊讶的结果，如图 7-9 所示，当 $y_2$ 曲线有相对平坦的斜率(即 $|\phi'(\xi)|<1$)时，定点迭代就会收敛，$y_2$ 曲线在 0.008 和 0.08 之间比较平坦，因此定点迭代不仅会收敛，而且收敛得非常快. 实际上，无论从 0.008 和 0.08 之间的怎么取初始估计值，定点迭代都会在 6 次以内得到预计的值，且相对误差的估计值小于 $8\times10^{-7}$. 因此，这个简单的方法非常适合本例，而且它只需要一个估计值，不需要估计导数.

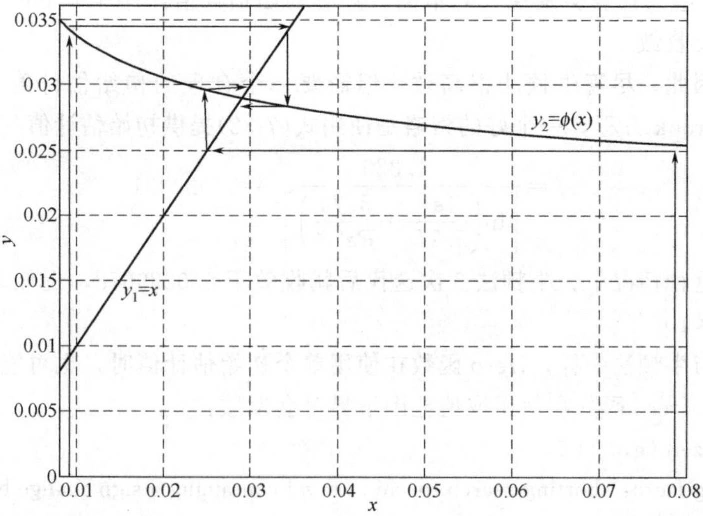


图 7-9 例 7.6 计算图示

从本例可以看出，即使是优秀的专业开发软件，如 Matlab 等，也不总是可靠的. 而且，通常不只有一种方法适用于求解工程问题. 高级用户应了解各种数值方法的特点，理解数值计算的基本理论，以便高效地处理各种工程计算问题，这也是学习本课程的初衷所在.

## 习题 7

7-1　用不动点迭代方法求解 $x^5-17x+2=0$. 写成不动点迭代格式 $x_{k+1}=\dfrac{x_k^5+2}{17}$，$k=0$，1，…. 取 $x_0=0$，问该算法属于多项式方法吗？再取 $x_0=3$，这时该算法属于何种类型？你还可再试着变化不动点迭代格式，取不同的初始解，你有什么体会？

7-2　根据“单调递增上有界的数列存在极限”的结论，试研究数列$\sqrt{2}$，$\sqrt{2+\sqrt{2}}$，…，$\sqrt{2+\underbrace{\sqrt{2+\cdots+\sqrt{2}}}_{n\text{个根号}}}$，…的收敛性，进而研究不动点迭代格式 $x=\varphi(x)$ 收敛于何值，其中迭代函数 $\varphi(x)=\sqrt{2+x}$，$x=\sqrt{2+\sqrt{2+\cdots+\sqrt{2}}}$（含 $n$ 个根号），取初始迭代值为 $x_0=0$. 请体会不动点迭代格式的作用.

7-3　有一农民老汉十分崇敬梁山泊好汉，他准备一批马匹，要送给 108 位好汉，见到一位好汉就送他当时所有马匹的 1/4 给这位好汉，而这些好汉也很有礼貌，每人接受礼物后，都回送自己的一匹马给老汉. 这样，给 108 位好汉的礼都送完后，老汉还剩下 4 匹马. 试用迭代格式建立数学模型，求老汉原有多少匹马？

7-4　一个半径为 $r$ 密度为 $\rho$ 的木球放入水里，问此球浸入水中部分的深度 $h$ 等于多少？试用浮力原理建立关于深度 $h$ 的方程. 若 $r=5\text{cm}$，$\rho=0.638\text{kg/cm}^3$，写出方程的具体系数，用求三次方程的卡丹公式(如不知道该公式，请查数学手册)求解本题. 另直接调用数学软件 Matlab 的求根函数 roots 求解本题. 比较两种方法得出的结果.

7-5　工程中常需要高温热处理某些材料. 高温炉由加热装置和炉墙构成. 根据热量的对流与辐射，炉内温度 $x$ 的变化率与炉内外的温差成某种关系. 由实验和数学处理(如本课程研究的曲线拟合方法)，某炉的温度变化过程为下列模型：

$$\dot{x}(t)=a(T^4-x^4)+b(T-x)+cI^2.$$

其中，$a$、$b$、$c$ 均为常数，反映炉的保温指标；$T$ 为炉外环境温度；$I$ 为加热电流. 右边第一项表示辐射散热，第二项表示对流散热，第三项表示加热装置的电流作用. 现需要得到稳态温度，令 $\dot{x}(t)=0$，得

$$a(T^4-x^4)+b(T-x)+cI^2=0$$

这是个非线性方程. 取 $a=50$，$b=2\times10^{-7}$，$c=8\times10^2$，$I=21$，$T=20℃=293.15\text{K}$(热力学温度)，写出该方程的具体形式，用求四次方程的方法求解之. 另外再调用 Matlab 求根函数 roots 求解，比较两者的结果.

7-6　应用牛顿迭代法于方程 $x^3-a=0$，导出求立方根$\sqrt[3]{a}$的迭代公式，并讨论其收敛性.

7-7　证明迭代公式

$$x_{k+1}=\frac{x_k({x_k}^2+3a)}{3{x_k}^2+a}$$

是计算$\sqrt{a}$的三阶方法. 假定初值 $x_0$充分靠近根 $x^*=\sqrt{a}$，求

$$\lim_{k\to\infty}\frac{\sqrt{a}-x_{k+1}}{(\sqrt{a}-x_k)^2}$$

# 第 8 章

# 代数特征值问题

本章介绍矩阵特征值的数值计算方法. 设给定矩阵 $\boldsymbol{A}\in\mathcal{R}^{n\times n}$ （或 $C^{n\times n}$），特征值问题是：求 $\lambda\in\mathcal{R}$ 和非零向量 $\boldsymbol{x}\in\mathcal{R}^{n}$，使

$$\boldsymbol{A}\boldsymbol{x}=\lambda\boldsymbol{x} \tag{8-1}$$

其中，$\lambda$ 称为矩阵 $\boldsymbol{A}$ 的特征值，而 $\boldsymbol{x}$ 为矩阵 $\boldsymbol{A}$ 属于特征值 $\lambda$ 的**特征向量**. $\boldsymbol{A}$ 的全体特征值组成的集合称为矩阵 $\boldsymbol{A}$ 的谱，记为 $\mathrm{sp}(\boldsymbol{A})$. 求解矩阵 $\boldsymbol{A}$ 的特征值和对应特征向量的问题称为矩阵特征值问题. 特征值问题产生于许多科学和工程的应用领域，其中重要的一类就是各种振动问题，如弹簧-质点振动系统、桥梁或建筑物的振动、机械机件的振动及飞机机翼的颤动等.

求 $\boldsymbol{A}$ 的特征值问题式(8-1)等价于求 $\boldsymbol{A}$ 的特征方程

$$p(\lambda)=\det(\lambda\boldsymbol{I}-\boldsymbol{A})=0 \tag{8-2}$$

的根，其本质上是一个求解如下形式的 $n$ 次多项式零点问题：

$$p(\lambda)=\lambda^{n}+a_{1}\lambda^{n-1}+\cdots+a_{n-1}\lambda+a_{n}=0$$

数学上已经证明，次数大于或等于 5 的多项式零点一般不能用有限次运算求得，因此矩阵特征值的计算方法本质上都是迭代的. 当前已有不少成熟的数值方法用于计算矩阵的全部或部分特征值和特征向量，本章重点介绍求解部分特征值问题的幂迭代法、反幂迭代法以及求解全部特征值的 QR 方法.

## 8.1 特征值问题的基本性质和估计

### 8.1.1 特征值问题的基本性质

首先给出一些有关特征值问题的重要结论，这些结论可以在线性代

数教科书中找到.

**定理 8.1** 相似矩阵具有相同的谱.

**定理 8.2** 设 $\boldsymbol{A}\in\mathscr{R}^{n\times n}$ 为对称矩阵，则其特征值都是实数，设其排列为 $\lambda_1\geqslant\lambda_2\geqslant\cdots\geqslant\lambda_n$，对应的特征向量构成一正交向量组，且存在正交矩阵 $\boldsymbol{U}$ 使

$$\boldsymbol{U}^{\mathrm{T}}\boldsymbol{A}\boldsymbol{U}=\begin{bmatrix}\lambda_1 & & & \\ & \lambda_2 & & \\ & & \ddots & \\ & & & \lambda_n\end{bmatrix}$$

并有

$$\lambda_1=\max_{\substack{x\in\mathscr{R}^n\\ x\neq 0}}\frac{(\boldsymbol{Ax},\boldsymbol{x})}{(\boldsymbol{x},\boldsymbol{x})},\ \lambda_n=\min_{\substack{x\in\mathscr{R}^n\\ x\neq 0}}\frac{(\boldsymbol{Ax},\boldsymbol{x})}{(\boldsymbol{x},\boldsymbol{x})}\tag{8-3}$$

记 $\boldsymbol{R}(\boldsymbol{x})=\dfrac{(\boldsymbol{Ax},\ \boldsymbol{x})}{(\boldsymbol{x},\ \boldsymbol{x})}$，$\boldsymbol{x}\neq 0$，称 $\boldsymbol{R}(\boldsymbol{x})$ 为矩阵 $\boldsymbol{A}$ 的瑞利(Rayleigh)商.

对于复矩阵 $\boldsymbol{A}\in\mathscr{R}^{n\times n}$，也有类似性质. 但要注意定理 8.2 中的“$\boldsymbol{A}$ 为对称矩阵”应改为“$\boldsymbol{A}$ 为 Hermite 矩阵”，即 $\boldsymbol{A}^{\mathrm{H}}=\boldsymbol{A}$，其特征值都是实数，特征向量同样构成正交向量组，且存在酉矩阵 $\boldsymbol{U}$，使得 $\boldsymbol{U}^{\mathrm{H}}\boldsymbol{A}\boldsymbol{U}$ 为对角阵.

## 8.1.2 特征值的估计和扰动

**定理 8.3** (Gerschgorin 圆盘定理) 设 $\boldsymbol{A}=(a_{ij})_{n\times n}\in\mathscr{R}^{n\times n}$，则 $\boldsymbol{A}$ 的每一个特征值必属于下述某个圆盘之中，

$$|\lambda-a_{ii}|\leqslant\sum_{\substack{j=1\\ j\neq i}}^{n}|a_{ij}|,\quad i=1,2,\cdots,n\tag{8-4}$$

或者说，$\boldsymbol{A}$ 的特征值都在复平面上 $n$ 个圆盘的并集中.

**证明** 设 $\lambda$ 为 $\boldsymbol{A}$ 的任一特征值，$\boldsymbol{x}$ 是相应的特征向量，即

$\boldsymbol{Ax}=\lambda\boldsymbol{x}$. 记 $|\boldsymbol{x}_k|=\max\limits_{1\leqslant i\leqslant n}|\boldsymbol{x}_i|=\|\boldsymbol{x}\|_\infty$，考虑 $\boldsymbol{Ax}=\lambda\boldsymbol{x}$ 的第 $k$ 个方程，即

$$\sum_{j=1}^{n}a_{kj}\boldsymbol{x}_j=\lambda\boldsymbol{x}_k,\quad \text{或}(\lambda-a_{kk})\boldsymbol{x}_k=\sum_{j\neq k}a_{kj}\boldsymbol{x}_j$$

于是

$$|\lambda-a_{kk}|\,|\boldsymbol{x}_k|\leqslant\sum_{j\neq k}|a_{kj}|\,|x_j|\leqslant|\boldsymbol{x}_k|\sum_{j\neq k}|a_{kj}|$$

即

$$|\lambda-a_{kk}|\leqslant\sum_{j\neq k}|a_{kj}|=r_k$$

这说明，$\lambda$ 属于复平面上以 $a_{kk}$ 为圆心，$\sum_{j\neq k}|a_{kj}|$ 为半径的圆盘.

该定理不仅指出了 $\boldsymbol{A}$ 的每一个特征值必位于 $\boldsymbol{A}$ 的一个圆盘中，并且指出，相应的特征值 $\lambda$ 一定位于第 $k$ 个圆盘中(其中 $k$ 是对应特征向量 $\boldsymbol{x}$ 绝对值最大的分量的下标). 有了这个定理，我们可以从 $\boldsymbol{A}$ 的元素估得特征值所在范围. $\boldsymbol{A}$ 的 $n$ 个特征值落在 $n$ 个圆盘上，但不一定每个圆盘都有一个特征值.

下面简要讨论特征值的扰动问题. 设 $\boldsymbol{A}$ 有扰动，我们需估计由此产生的特征值扰动. 这里仅讨论一种重要情形，即 $\boldsymbol{A}$ 具有完备特征向量系(即 $\boldsymbol{A}$ 可相似于对角矩阵)的情形.

**定理 8.4** (Bauer-Fike 定理) 设 $\mu$ 是 $\boldsymbol{A}+\boldsymbol{E}\in\mathscr{R}^{n\times n}$ 的一个特征值，且

$$\boldsymbol{P}^{-1}\boldsymbol{A}\boldsymbol{P}=\boldsymbol{D}=\operatorname{diag}(\lambda_1,\lambda_2,\cdots,\lambda_n)$$

则

$$\min_{\lambda\in sp(\boldsymbol{A})}|\lambda-\mu|\leqslant\|\boldsymbol{P}^{-1}\|_p\|\boldsymbol{P}\|_p\|\boldsymbol{E}\|_p$$

其中 $\|\cdot\|_p$ 为矩阵的 $p$-范数，$p=1,\ 2,\ \infty$.

由定理 8.4 可知，$\|\boldsymbol{P}^{-1}\|_p\|\boldsymbol{P}\|_p=\operatorname{cond}_p(\boldsymbol{P})$ 可衡量矩阵扰动对特征值扰动的影响程度. 注意到将 $\boldsymbol{A}$ 化为对角矩阵的相似变换矩阵 $\boldsymbol{P}$ 不是唯一的. 基于此，将**特征值问题的条件数**定义如下

$$\nu(\boldsymbol{A})=\inf\{\operatorname{cond}(\boldsymbol{P})\,|\,\boldsymbol{P}^{-1}\boldsymbol{A}\boldsymbol{P}=\operatorname{diag}(\lambda_1,\cdots,\lambda_n)\}$$

只要 $\nu(\boldsymbol{A})$ 不是很大，矩阵微小扰动只带来特征值的微小扰动. 但是 $\nu(\boldsymbol{A})$ 往往难以计算，有时对于一个 $\boldsymbol{P}$，用 $\operatorname{cond}(\boldsymbol{P})$ 代替 $\nu(\boldsymbol{A})$ 来分析. 需要注意的是，特征值问题的条件数和解方程组时讨论的条件数是两个不同的概念，对一个矩阵 $\boldsymbol{A}$，可能出现一者大而另一者小的情形，对此下一小节给出两个实例.

矩阵特征值和特征向量的计算问题可分为两类：一类是求部分特征值(如模取最大或最小的特征值)及其对应的特征向量；另一类是求矩阵 $\boldsymbol{A}$ 的全部特征值及特征向量. 对前者本章将介绍幂迭代法和反幂迭代法，对后者将介绍 QR 方法，其主要涉及 Householder 正交相似变换和 QR 迭代两过程.

### 8.1.3 Matlab 函数

如我们所期望的一样，Matlab 具有强大可靠的求特征值和特征向量的功能. 命令 eig 就是这样一个函数，可以用它来求解特征值，如下

```
>> e = eig(A)
```

其中，e 为包含方阵 A 特征值的向量. 此外，还可以调用命令

```
>> [V, D] = eig(A)
```

其中，D 为以特征值为对角元的对角阵，V 为满秩矩阵，其列向量为对应的特征向量. 为了解其他选项，可输入

```
>> help eig
```

尤其要注意的是，为了改善矩阵的条件，该命令将使用默认的平衡程序. 虽然本书讨论的条件数仅限于线性方程组，但条件数的思想同样适用于其他问题. 对于非线性去根问题，病态性与根的重数有关. 当矩阵 **A** 接近有重特征值的矩阵时，特征值问题是病态的. Matlab 命令 condeig 可用来计算矩阵特征值的条件数，输入：

```
>> H = hilb(10);
>> cond(H)
>> condeig(H)
```

可以发现，虽然 $10\times10$ 的 Hilbert 矩阵关于求解线性方程组是极其病态的，但它关于特征值问题却是非常良态的. 再如，输入

```
>> A = [2, 1; 0, 2];
>> cond(A)
>> condeig(A)
```

可以发现，虽然这个矩阵关于线性方程组的求解是良态的，但由于它是亏损的（只有一个线性无关的特征向量），所以关于特征值问题是非常病态的.

类似于线性方程组求解的条件数依赖于 $\boldsymbol{A}$ 和 $\boldsymbol{A}^{-1}$，特征值的条件数依赖于特征向量矩阵及其逆. 如果 **A** 是对称的，则由定理 8.2 可知，其特征向量矩阵一定是正交阵，因而逆矩阵容易计算. 为了解 Matlab 中如何计算特征值条件数，输入

```
>> type condeig
```

从帮助文件中可以看到，condeig 可以同时计算特征值、特征向量和条件数.

此外，Matlab 命令 poly 可以求出矩阵 **A** 的特征多项式，但速度较慢. 输入

```
>> type poly
```

可以看到 Matlab 先用 eig 命令求出特征多项式 $p(\lambda)$ 的根，然后再形成多项式的系数. 通常通过特征方程的根求 $p(\lambda)$ 系数的成本极高，而且即使特征值问题本身是良态的，相应的求根问题 $p(\lambda)=0$ 也是病态的. 因此，最佳方案还是利用命令 eig 直接求矩阵的特征值.

# 8.2 幂迭代法和反幂迭代法

## 8.2.1 幂迭代法

设$\boldsymbol{A}\in\mathscr{R}^{n\times n}$是可对角化的，即存在$n$个线性无关的特征向量$\boldsymbol{x}_1$，$\boldsymbol{x}_2,\cdots,\boldsymbol{x}_n$，其对应的特征值是$\lambda_1,\lambda_2,\cdots,\lambda_n$，而且满足

$$|\lambda_1|>|\lambda_2|\geqslant|\lambda_3|\geqslant\cdots\geqslant|\lambda_n| \tag{8-5}$$

把矩阵$\boldsymbol{A}$的按绝对值(模)最大的特征值，称为$\boldsymbol{A}$的主特征值. 幂迭代法是一种计算矩阵主特征值$\lambda_1$及对应特征向量$\boldsymbol{x}_1$的迭代方法，特别适用于大型稀疏矩阵.

设$\boldsymbol{v}_0$是任一非零向量，则必存在$n$个不全为零的数$\alpha_i$ $(i=1,\cdots,n)$，使得$\boldsymbol{v}_0=\sum\limits_{j=1}^{n}\alpha_j\boldsymbol{x}_j$ (并假定$\alpha_1\neq0$). 幂法的基本思想是用矩阵$\boldsymbol{A}$连续左乘$\boldsymbol{v}_0$，构造迭代过程. 由假设$\boldsymbol{v}_0=\sum\limits_{i=1}^{n}\alpha_i\boldsymbol{x}_i$，用$\boldsymbol{A}$左乘两边得

$$\boldsymbol{v}_1=\boldsymbol{A}\boldsymbol{v}_0=\sum_{i=1}^{n}\alpha_i\boldsymbol{A}\boldsymbol{x}_i=\sum_{i=1}^{n}\alpha_i\lambda_i\boldsymbol{x}_i$$

再用$\boldsymbol{A}$左乘上式，得

$$\boldsymbol{v}_2=\boldsymbol{A}\boldsymbol{v}_1=\boldsymbol{A}^2\boldsymbol{v}_0=\sum_{i=1}^{n}\alpha_i\lambda_i^2\boldsymbol{x}_i$$

一直这样做下去，一般地有

$$\begin{aligned}\boldsymbol{v}_k&=\boldsymbol{A}\boldsymbol{v}_{k-1}=\boldsymbol{A}^k\boldsymbol{v}_0=\sum_{i=1}^{n}\alpha_i\lambda_i^k\boldsymbol{x}_i\\&=\lambda_1^k\left[\alpha_1\boldsymbol{x}_1+\sum_{i=1}^{n}\alpha_i\left(\frac{\lambda_i}{\lambda_i}\right)^k\boldsymbol{x}_i\right]\quad(k=1,2,\cdots)\end{aligned}$$

因此有

$$\lim_{k\to\infty}\frac{\boldsymbol{v}_k}{\lambda_1^k}=\alpha_1\boldsymbol{x}_1 \tag{8-6}$$

当$k$足够大时，和号各项可略去，即有

$$\boldsymbol{v}_k\approx\lambda_1^k\alpha_1\boldsymbol{x}_1 \tag{8-7}$$

这表明序列$\left\{\frac{\boldsymbol{v}_k}{\lambda_1^k}\right\}$越来直接近$\boldsymbol{A}$的相应于$\lambda_1$的特征向量. 下面我们来计算$\lambda_1$. 由于

$$\boldsymbol{v}_{k+1}=\boldsymbol{A}\boldsymbol{v}_k=\boldsymbol{A}^{k+1}\boldsymbol{v}_0=\lambda_1^{k+1}\left[\alpha_1\boldsymbol{x}_1+\sum_{i=1}^{n}\alpha_i\left(\frac{\lambda_i}{\lambda_1}\right)^{k+1}\boldsymbol{x}_i\right]$$

当$k$充分大时，$\boldsymbol{v}_{k+1}\approx\lambda_1^{k+1}\alpha_1\boldsymbol{x}_1$. 用$\max(\boldsymbol{x})$表示向量$\boldsymbol{x}$的按模为最大

的分量，容易证明对任何实数 $t$，总有 $\max(t\boldsymbol{x})=t\max(\boldsymbol{x})$. 因此，有

$$\frac{\max(\boldsymbol{v}_{k+1})}{\max(\boldsymbol{v}_k)}\approx\frac{\lambda_1^{k+1}\max(\alpha_1\boldsymbol{x}_1)}{\lambda_1^k\max(\alpha_1\boldsymbol{x}_1)}=\lambda_1$$

因此，当 $k$ 充分大时，有

$$\lambda_1\approx\frac{\max(\boldsymbol{v}_{k+1})}{\max(\boldsymbol{v}_k)} \tag{8-8}$$

需要说明的是，在使用式(8-7)、式(8-8)计算矩阵 $\boldsymbol{A}$ 的主特征值及对应特征向量时，有一个巨大的隐患，这就是：当 $|\lambda_1|>1$ 时，$\boldsymbol{A}^k\boldsymbol{v}_0=\boldsymbol{v}_k$ 不等于零的分量，将随 $k\to\infty$，而无限变大，在计算时就可能导致数据溢出；而当 $|\lambda_1|<1$ 时，$\boldsymbol{v}_k$ 的各分量又都将随着 $k\to\infty$ 而趋于零. 为克服这个缺点，在实际计算中加上规范化的步骤.

**定理 8.5**　设 $\boldsymbol{A}$ 有 $n$ 个线性无关的特征向量 $\boldsymbol{x}_1,\cdots,\boldsymbol{x}_n$，其对应的特征值为 $\lambda_1,\cdots,\lambda_n$，且满足

$$|\lambda_1|>|\lambda_2|\geqslant|\lambda_3|\geqslant\cdots\geqslant|\lambda_n|$$

从任一非零向量 $\boldsymbol{v}_0=\boldsymbol{u}_0$（$a_1\neq0$）出发，按下列公式构造向量列 $\{\boldsymbol{u}_k\}$ 及数列 $\{\mu_k\}$：

$$\begin{cases}\boldsymbol{v}_k=\boldsymbol{A}\boldsymbol{u}_{k-1}\\ \mu_k=\max(\boldsymbol{v}_k)\\ \boldsymbol{u}_k=\boldsymbol{v}_k/\mu_k\quad(k=1,2,\cdots)\end{cases} \tag{8-9}$$

则有

$$\begin{cases}\lim\limits_{k\to\infty}\boldsymbol{u}_k=\dfrac{\boldsymbol{x}_1}{\max(\boldsymbol{x}_1)}\\ \lim\limits_{k\to\infty}\mu_k=\lambda_1\end{cases} \tag{8-10}$$

请读者自行推导.

用式(8-9)、式(8-10) 计算矩阵 $\boldsymbol{A}$ 的主特征值及主特征向量的方法叫**幂迭代法**，因为它使用了 $\boldsymbol{A}$ 的幂与初始向量 $\boldsymbol{v}_0$ 的乘积. 一般地，幂法的收敛速度由比值 $r=\lambda_2/\lambda_1$ 来确定，$r$ 越小则收敛越快，但当 $r\approx1$ 时收敛可能会很慢.

**【例 8.1】**　用幂法求矩阵

$$\boldsymbol{A}=\begin{bmatrix}2&3&2\\10&3&4\\3&6&1\end{bmatrix}$$

的主特征值及对应的特征向量.

【解】 取 $v_0=[0,0,1]^T$，由迭代序列(8-9)求得

$$v_1=Av_0=\begin{bmatrix}2&3&2\\10&3&4\\3&6&1\end{bmatrix}[0,0,1]^T=[2,4,1]^T$$

可知 $\mu_1=4$，$u_1=\left[\frac{1}{2},1,\frac{1}{4}\right]^T=[0.5,1.0,0.25]^T$. 依次继续迭代，计算结果列于表 8-1 中.

**表 8-1 例 8.1 计算过程**

| $k$ | $u_k^T$ | | | $\mu_k=\max(v_k)$ |
|---|---|---|---|---|
| 0 | 0 | 0 | 1.0000 | 1.0000 |
| 1 | 0.5000 | 1.0000 | 0.2500 | 4.0000 |
| 2 | 0.5000 | 1.0000 | 0.8611 | 9.0000 |
| 3 | 0.5000 | 1.0000 | 0.7306 | 11.4400 |
| 4 | 0.5000 | 1.0000 | 0.7535 | 10.9224 |
| 5 | 0.5000 | 1.0000 | 0.7493 | 11.0140 |
| 6 | 0.5000 | 1.0000 | 0.7501 | 10.9927 |
| 7 | 0.5000 | 1.0000 | 0.7500 | 11.0004 |
| 8 | 0.5000 | 1.0000 | 0.7500 | 11.0000 |

于是得主特征值的近似值 $\lambda_1=11.0000$，对应的特征向量为 $x_1=[0.5000,1.0000,0.7500]^T$. 其实，该矩阵的准确特征值为 11，−3，−2.

**【例 8.2】** 用幂法计算 $A$ 的主特征值和相应的特征向量. 计算过程如表 8-2.

$$A=\begin{bmatrix}10&10&5\\10&10&2.5\\5&2.5&20\end{bmatrix}$$

**表 8-2 例 8.2 计算过程**

| $k$ | $u_k^T$ | $\mu_k=\max(v_k)$ |
|---|---|---|
| 0 | (1,1,1) | |
| 1 | (0.9091,0.8182,1) | 27.50 000 0 |
| 5 | (0.7651,0.6674,1) | 25.58 791 8 |
| 10 | (0.7494,0.6508,1) | 25.38 002 9 |
| 15 | (0.7483,0.6497,1) | 25.36 625 6 |
| 16 | (0.7483,0.6497,1) | 25.36 584 0 |
| 17 | (0.7482,0.6497,1) | 25.36 559 8 |
| 18 | (0.7482,0.6497,1) | 25.36 545 6 |
| 19 | (0.7482,0.6497,1) | 25.36 537 4 |
| 20 | (0.7482,0.6497,1) | 25.36 532 3 |

下述结果是用 8 位浮点数字进行运算得到的，$\boldsymbol{u}_k$ 的分量值是舍入值. 于是得到

$$\lambda_1 \approx 25.365323$$

及相应的特征向量 $[0.7482, 0.6497, 1]^{\mathrm{T}}$. $\lambda_1$ 和相应的特征向量的真值（8 位数字）为

$$\lambda_1 = 25.365258,\ \tilde{\boldsymbol{x}}_1 = [0.74822116, 0.64966116, 1]^{\mathrm{T}}$$

## 8.2.2　幂法在 PageRank（网页排序）中的应用

随着互联网搜索技术的发展和大数据时代的来临，搜索引擎的重要性与日俱增. 如何在海量数据中有效地查找需要的信息是非常关键的，一个好的搜索引擎可以极大地节省用户查找信息的时间. 搜索引擎包含多个组成部分，其中网页排序是搜索引擎设计的核心问题，排序结果的准确率直接决定了搜索引擎的性能和用户体验. 信息检索领域中有许多网页排序算法，而 PageRank 技术在著名的 Google 搜索引擎中被成功应用，使得 Google 的搜索精度大大超过了以前的搜索引擎.

PageRank 是一种由搜索引擎根据网页之间相互的超链接计算的技术，而作为网页排名的要素之一，以 Google 公司创办人拉里・佩奇（Larry Page）之姓来命名. Google 用它来体现网页的相关性和重要性，在搜索引擎优化操作中是经常被用来评估网页优化的成效因素之一. Google 的创始人拉里・佩奇和谢尔盖・布林于 1998 年在斯坦福大学发明了这项技术.

PageRank 技术对数以亿计的网页的重要性排序的基本思想是：一个网页的重要性由链接到它的其他网页的数量及其重要性决定. 假定网页 $P_j$ 有 $l_j$ 个链接. 如果这些链接中的一个链接到网页 $P_i$，那么网页 $P_j$ 将会将其重要性的 $1/l_j$ 赋给 $P_i$. 网页 $P_i$ 的重要性就是所有指向这个网页的其他网页所贡献的重要性的加和. 换言之，如果令 $I(P)$ 代表网页 $P$ 的重要性，并记链接到网页 $P_i$ 的网页集合为 $B_i$，那么就有

$$I(P_i) = \sum_{P_j \in B_i} \frac{I(P_j)}{l_j} \tag{8-11}$$

该问题可由矩阵形式表述. 首先建立一个矩阵 $\boldsymbol{H} = (h_{ij}) \in \mathscr{R}^{n \times n}$，称为超链矩阵（hyperlink matrix），其第 $i$ 行第 $j$ 列的元素为

$$h_{ij} = \begin{cases} \dfrac{1}{l_j}, & \boldsymbol{P}_j \in \boldsymbol{B}_i \\ 0, & \boldsymbol{P}_j \in \boldsymbol{B}_i \end{cases}$$

注意到矩阵 $\boldsymbol{H}$ 有如下性质：

① 它的所有元素非负；

② 除非对应这一列的网页没有任何链接，它的每一列的和为 1.

这类矩阵又被称为随机矩阵. 不难推导，矩阵 $\boldsymbol{H}$ 的谱半径为 1，且 1 是该矩阵的一个特征值.

此外，还需要定义刻画所有网页重要性的 $n$ 维向量

$$\boldsymbol{I}=(\boldsymbol{I}(\boldsymbol{P}_i))$$

式(8-11) 改写为矩阵形式即为

$$\boldsymbol{I}=\boldsymbol{H}\boldsymbol{I}$$

这表明向量 $\boldsymbol{I}$ 为矩阵 $\boldsymbol{H}$ 关于特征值 1 的特征向量. 我们也称该向量为 $\boldsymbol{H}$ 的平稳向量（stationary vector).

**【例 8.3】** 图 8-1 表示一个网页集合，箭头表示链接.

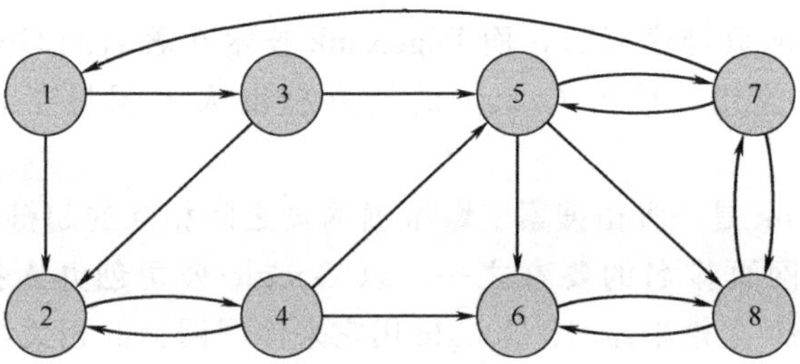


图 8-1 网页集合

根据图 8-1，不难得出，相应的超链矩阵以及平稳向量分别为

$$\boldsymbol{H}=\begin{bmatrix} 0 & 0 & 0 & 0 & 0 & 0 & \frac{1}{3} & 0 \\ \frac{1}{2} & 0 & \frac{1}{2} & \frac{1}{3} & 0 & 0 & 0 & 0 \\ \frac{1}{2} & 0 & 0 & 0 & 0 & 0 & 0 & 0 \\ 0 & 1 & 0 & 0 & 0 & 0 & 0 & 0 \\ 0 & 0 & \frac{1}{2} & \frac{1}{3} & 0 & 0 & \frac{1}{3} & 0 \\ 0 & 0 & 0 & \frac{1}{3} & \frac{1}{3} & 0 & 0 & \frac{1}{2} \\ 0 & 0 & 0 & 0 & \frac{1}{3} & 0 & 0 & \frac{1}{2} \\ 0 & 0 & 0 & 0 & \frac{1}{3} & 1 & \frac{1}{3} & 0 \end{bmatrix},\boldsymbol{I}=\begin{bmatrix} 0.0600 \\ 0.0675 \\ 0.0300 \\ 0.0675 \\ 0.0975 \\ 0.2025 \\ 0.1800 \\ 0.2950 \end{bmatrix}$$

根据平稳向量 $\boldsymbol{I}$ 的各分量大小不同，可以得到各网页重要性的排序. 在该例中，编号为 8 的网页对应的分量最大，这说明 8 号网页的重要性最高，其最受用户欢迎.

PageRank 的核心问题是如何求出平稳向量，这是一个求解超大规模矩阵特征向量问题. 据统计，目前全球大约存在 250 亿个不同链接的网页，也就是说超链矩阵 $\boldsymbol{H}$ 大约有 250 亿行和列. 如果采用线性代数中传统的求解特征向量方法，计算量将是一个天文数字. 为有效求解该问题，需要最大限度挖掘矩阵 $\boldsymbol{H}$ 的结构特征. 注意到该矩阵的大部分位置元素都为 0，这时因为每个网页一般只链接到非常有限的网页. 研究表明，每个网页平均约有 10 个链接，平均而言每一列中仅有 10 个非零元.

幂法对于求解该类问题具有天然优势. 在可行性方面，注意到平稳向量是模最大特征值对应的特征向量. 因此，只要定理 8.5 中特征值排序条件

$$l=|\lambda_1|>|\lambda_2|\geqslant|\lambda_3|\geqslant\cdots\geqslant|\lambda_n| \tag{8-12}$$

成立，则使用幂法一定可以求出平稳向量. 在计算效率方面，幂法在迭代过程中只涉及矩阵-向量乘积运算，能够最大限度利用矩阵 $\boldsymbol{H}$ 的稀疏性，相对于其他方法大大节省了运算量.

对例 8.3，不妨采用 $\boldsymbol{I}^0=[1,0,0,0,0,0,0,0]^{\mathrm{T}}$ 作为初始迭代向量，通过幂法逐次迭代可得到表 8-3 中各值. 该表表明，当迭代到第 61 次左右时，迭代向量已基本收敛，其迭代向量 $\boldsymbol{I}^{61}$ 与例 8.3 中求出的平稳向量精确值一致，这说明了幂法求解该问题的有效性.

幂法求解 PageRank 问题的理论局限在于迭代向量 $\boldsymbol{I}^k$ 的收敛性问题. 由前述分析可知，若式(8-12) 不满足，则算法收敛性无法保证，且即使收敛，收敛到的向量也未必是平稳向量，如例 8.4.

**表 8-3　例 8.3 计算过程**

| $\boldsymbol{I}^0$ | $\boldsymbol{I}^1$ | $\boldsymbol{I}^2$ | $\boldsymbol{I}^3$ | $\boldsymbol{I}^4$ | … | $\boldsymbol{I}^{60}$ | $\boldsymbol{I}^{61}$ |
|---|---|---|---|---|---|---|---|
| 1 | 0 | 0 | 0 | 0.0278 | … | 0.06 | 0.06 |
| 0 | 0.5 | 0.25 | 0.1667 | 0.0833 | … | 0.0675 | 0.0675 |
| 0 | 0.5 | 0 | 0 | 0 | … | 0.03 | 0.03 |
| 0 | 0 | 0.5 | 0.25 | 0.1667 | … | 0.0675 | 0.0675 |
| 0 | 0 | 0.25 | 0.1667 | 0.1111 | … | 0.0975 | 0.0975 |
| 0 | 0 | 0 | 0.25 | 0.1806 | … | 0.2025 | 0.2025 |
| 0 | 0 | 0 | 0.0833 | 0.0972 | … | 0.18 | 0.18 |
| 0 | 0 | 0 | 0.0833 | 0.3333 | … | 0.295 | 0.295 |

【例 8.4】

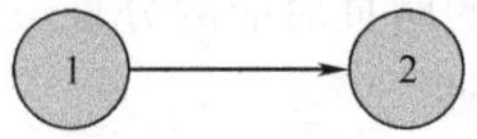

图 8-2 例 8.4 图

由图 8-2 易知，该模型对应的超链矩阵为

$$\boldsymbol{H}=\begin{bmatrix}0 & 0\\1 & 0\end{bmatrix}$$

使用幂法求出的迭代向量如表 8-4.

表 8-4 例 8.4 表

| $\boldsymbol{I}^0$ | $\boldsymbol{I}^1$ | $\boldsymbol{I}^2$ | $\boldsymbol{I}^3=\boldsymbol{I}$ |
|---|---|---|---|
| 1 | 0 | 0 | 0 |
| 0 | 1 | 0 | 0 |

在这个例子中，两个网页的重要性都为 0，这样我们无法获知两个网页间的相对重要性信息. 产生该问题的关键在于网页 2 没有任何链接. 因此，在每个迭代步骤中，它从网页 1 获取了一些重要性，却没有赋给其他任何网页. 这样将耗尽网络中的所有重要性. 没有任何链接的网页称为悬挂点（dangling nodes），显然在我们研究的实际网络中存在很多这样的点.

为克服悬挂点问题，需要对超链矩阵先作合理修正再调用幂法求解. 一般地，在网页访问中，如果我们随机地跳转网页，在某种程度上，我们肯定会被困在某个悬挂点上，因为这个网页没有给出任何链接. 为了能够顺利进行，我们需要随机地选取下一个要访问的网页，也就是说，我们假定悬挂点可以以某概率（如等概率）链接到其他任何一个网页.

以例 8.4 为例，若假定悬挂点网页 2 以等概率链接到网页 1 和网页 2，则超链矩阵被修正为

$$\boldsymbol{H}=\begin{bmatrix}0 & 1/2\\1 & 1/2\end{bmatrix}$$

易知，该矩阵的两个特征值分别为 $\lambda_1=1$，$\lambda_2=-0.5$. 因此，用幂法求解该问题一定可以获得平稳向量. 经过计算，得出平稳向量 $\boldsymbol{I}=[1/3,2/3]^{\mathrm{T}}$，即得到结果：网页 2 的重要性是网页 1 的两倍，符合我们的直观认知.

除了悬挂点问题，还有若干其他实际问题会导致条件式(8-12) 不

满足，因而需要根据实际情况对超链矩阵作合理修正使得幂法能够对其适用. 该领域普遍共识是将超链矩阵修正为一个**本源**（primitive）不可约矩阵（该类矩阵 $|\lambda_2|<1$，且平稳向量的所有元均为正数），再调用幂法求解，其细节在此不再赘述.

### 8.2.3 反幂迭代法

反幂迭代法简称反幂法，是计算矩阵按模最小特征值和特征向量的方法，也是修正特征值、求相应特征向量最有效的方法. 设 $\boldsymbol{A}\in\mathscr{R}^{n\times n}$，其特征值为 $\lambda_1,\lambda_2,\cdots,\lambda_n$；相应地，特征向量为 $\boldsymbol{x}_1,\boldsymbol{x}_2,\cdots,\boldsymbol{x}_n$，且

$$|\lambda_1|\geqslant|\lambda_2|\geqslant\cdots>|\lambda_n|>0$$

则矩阵 $\boldsymbol{A}^{-1}$ 的特征值为 $\dfrac{1}{\lambda_i}(i=1,\cdots,n)$；相应地，特征向量为 $\boldsymbol{x}_1$，$\boldsymbol{x}_2$，$\cdots,\boldsymbol{x}_n$，且

$$\left|\frac{1}{\lambda_n}\right|>\left|\frac{1}{\lambda_{n-1}}\right|\geqslant\cdots\geqslant\left|\frac{1}{\lambda_1}\right|>0$$

即 $\dfrac{1}{\lambda_n}$ 为 $\boldsymbol{A}^{-1}$ 的主特征值. 因此对矩阵 $\boldsymbol{A}^{-1}$ 应用幂法求主特征值 $\dfrac{1}{\lambda_n}$，就是对 $\boldsymbol{A}$ 求按模最小的特征值. 用 $\boldsymbol{A}^{-1}$ 代替 $\boldsymbol{A}$ 作幂法计算，称为反幂法. 反幂法的计算过程写成

$$\begin{cases}\boldsymbol{u}_0=\boldsymbol{v}_0\\ \boldsymbol{A}\boldsymbol{v}_k=\boldsymbol{u}_{k-1}\\ \mu_k=\max(\boldsymbol{v}_k)\\ \boldsymbol{u}_k=\boldsymbol{v}_k/\mu_k\end{cases}\tag{8-13}$$

类似幂法的分析可得到 $k\to\infty$ 时，有

$$\boldsymbol{u}_k\to\frac{\boldsymbol{x}_n}{\max(\boldsymbol{x}_n)},\ \mu_k=\lambda_n^{-1}\left[1+O\left(\left|\frac{\lambda_n}{\lambda_{n-1}}\right|^k\right)\right]\to\lambda_n^{-1}$$

用反幂法迭代一次，需要解一个方程组. 实际计算可以先将 $\boldsymbol{A}$ 作 $\boldsymbol{LU}$ 分解，这样每次迭代只要解两个三角方程组. 易知，反幂法的迭代收敛速度取决于 $\left|\dfrac{\lambda_n}{\lambda_{n-1}}\right|$.

**【例 8.5】** 用反幂法求矩阵

$$\boldsymbol{A}=\begin{bmatrix}2&8&9\\8&3&4\\9&4&7\end{bmatrix}$$

按模最小的特征值及其对应的特征向量.

【解】首先对 $\boldsymbol{A}$ 作 LU 分解，可得

$$\boldsymbol{L}=\begin{bmatrix}1 & & \\ 4 & 1 & \\ 4.5 & 1.1034 & 1\end{bmatrix},\boldsymbol{U}=\begin{bmatrix}2 & 8 & 9\\ & -29 & -32\\ & & 1.8103\end{bmatrix}$$

取初始向量 $\boldsymbol{u}_0=\boldsymbol{v}_0=(1,1,1)^{\mathrm{T}}$，用式(8-13) 计算，结果列于表 8-5.

**表 8-5　例 8.5 计算过程**

| $k$ | $\boldsymbol{u}_k$ | | | $\max(\boldsymbol{v}_k)$ |
|---|---|---|---|---|
| 0 | 1.0000 | 1.0000 | 1.0000 | 1.0000 |
| 1 | 0.4348 | 1.0000 | −0.4783 | 4.5652 |
| 2 | 0.1902 | 1.0000 | −0.8834 | 0.9877 |
| 3 | 0.1843 | 1.0000 | −0.9124 | 0.8245 |
| 4 | 0.1831 | 1.0000 | −0.9329 | 0.8134 |
| 5 | 0.1832 | 1.0000 | −0.9130 | |

迭代 5 次，可得 $\frac{1}{\lambda_1}\approx 0.8134$，对应的特征向量为 $\boldsymbol{x}_3\approx(0.1832,1.0000,-0.9130)^{\mathrm{T}}$. 于是矩阵 $\boldsymbol{A}$ 按模最小的特征值为 $\lambda_1=\frac{1}{0.8134}=1.2294$，对应的特征向量为 $\boldsymbol{x}_3$.

反幂法不仅可以用来求解模最小的特征值及相应特征向量，当矩阵 $\boldsymbol{A}$ 有一个近似的特征值为已知时，用反幂法可以很快地使其准确化. 如果矩阵 $(\boldsymbol{A}-p\boldsymbol{I})^{-1}$ 存在，设 $p$ 是 $\boldsymbol{A}$ 的特征值 $\lambda_i$ 的一个近似值，显然 $(\lambda_j-p)^{-1}$，$j=1,\cdots,n$ 是 $(\boldsymbol{A}-p\boldsymbol{I})^{-1}$ 的特征值，且 $\boldsymbol{x}_1,\cdots,\boldsymbol{x}_n$ 仍是它的特征向量. 由于

$$0<|\lambda_i-p|\ll|\lambda_j-p|\ (i\neq j)$$

则 $\frac{1}{\lambda_i-p}$ 是 $(\boldsymbol{A}-p\boldsymbol{I})^{-1}$ 的主特征值. 于是对 $\boldsymbol{A}-p\boldsymbol{I}$ 进行反幂迭代

$$\begin{cases}\boldsymbol{u}_0=\boldsymbol{v}_0\\ (\boldsymbol{A}-p\boldsymbol{I})\boldsymbol{v}_k=\boldsymbol{u}_{k-1}\\ \mu_k=\max(\boldsymbol{v}_k)\\ \boldsymbol{u}_k=\boldsymbol{v}_k/\mu_k\end{cases}\tag{8-14}$$

可得 $\mu_k=(\lambda_i-p)^{-1}$，$\boldsymbol{u}_k\to\frac{\boldsymbol{x}_i}{\max(\boldsymbol{x}_i)}$. 迭代格式(8-14) 称为**带原点位移的反幂迭代法**. 只要参数 $p$ 足够接近 $\boldsymbol{A}$ 的特征值 $\lambda_i$，收敛将是较快

的. 但当 $p$ 越接近 $\lambda_i$ 时，$\boldsymbol{A}-p\boldsymbol{I}$ 就会趋向奇异阵，自然会担心作反幂迭代时舍入误差是否会影响结果. 可以证明在此情况下，只要 $\boldsymbol{A}$ 关于特征值的条件数不是很大，且初始向量选择得较好，就能计算出比较好的结果. 因此，带原点位移的反幂法是求单个特征值和特征向量的有效方法. 对于近似解 $p$ 的选择，可以利用圆盘定理或其他有关特征值的信息.

**【例 8.6】** 用反幂法求

$$\boldsymbol{A}=\begin{bmatrix}0.2 & 0.1 & 0\\ 0.1 & 0.3 & 0.1\\ 0 & 0.1 & 0.4\end{bmatrix}$$

的对应于计算特征值 $\lambda=0.12679$（精确特征值为 $\lambda_3=0.3-\sqrt{3}/10$）的特征向量.

**【解】** 用部分选主元的三角分解将 $\boldsymbol{A}-p\boldsymbol{I}$（其中 $p=0.12679$）分解为

$$\boldsymbol{P}(\boldsymbol{A}-p\boldsymbol{I})=\boldsymbol{L}\boldsymbol{U}$$

其中

$$\boldsymbol{L}=\begin{bmatrix}1 & 0 & 0\\ 0 & 1 & 0\\ 0.7321 & -0.26807 & 1\end{bmatrix}$$

$$\boldsymbol{U}=\begin{bmatrix}0.1 & 0.17321 & 0.1\\ 0 & 0.1 & 0.27321\\ 0 & 0 & 0.29405\times10^{-4}\end{bmatrix}\qquad \boldsymbol{P}=\begin{bmatrix}0 & 1 & 0\\ 0 & 0 & 1\\ 1 & 0 & 0\end{bmatrix}$$

取初始向量 $\boldsymbol{u}_0=\boldsymbol{v}_0=(1,1,1)^{\mathrm{T}}$，用式(8-14) 计算，结果列于表 8-6 中.

**表 8-6　例 8.6 计算过程**

| $k$ | $\boldsymbol{u}_k$ | | | $\max(\boldsymbol{v}_k)$ |
|---|---|---|---|---|
| 0 | 1.0000 | 1.0000 | 1.0000 | 0.10000 |
| 1 | 1.0000 | −0.7320 | 0.2680 | 1269.2 |
| 2 | 1.0000 | −0.7321 | 0.2680 | 2040.4 |

而 $\lambda_3$ 对应的特征向量真值是

$$\boldsymbol{x}_3=(1,1-\sqrt{3},2-\sqrt{3})^{\mathrm{T}}\approx(1,-0.73205,0.26795)^{\mathrm{T}}$$

由此看出 $\boldsymbol{u}_2$ 是 $\boldsymbol{x}_3$ 的相当好的近似. 通过反幂法求出的特征值为

$$\lambda_3 \approx 0.12679 + 1/\mu_2 \approx 0.126794901$$

这也是对 $\lambda_3$ 的真值为 $\lambda_3 = 0.3 - \sqrt{3}/10 \approx 0.126794912$ 的极好近似.

## 8.3 正交变换与 QR 分解

由定理 8.1 可知，求一个给定矩阵的特征值和特征向量等价于求它的相似矩阵的特征值和特征向量. 因此，可考虑采用相似变换，如正交变换等先将给定矩阵转化为容易求特征值的结构矩阵，再对该结构矩阵求特征值. 相对于直接求给定矩阵的特征值，这种方式可以大大减少计算消耗. 正交变换是计算矩阵特征值的有力工具，本节介绍 **Householder** 变换和 **Givens** 变换，并利用它们讨论矩阵的正交分解. 本节主要讨论实矩阵和实向量，这不难推广到复数情形，只是相关讨论中的正交阵应替换成酉矩阵.

### 8.3.1 Householder 变换

**定义 8.1** 设向量 $\boldsymbol{w} \in \mathscr{R}^n$，且 $\boldsymbol{w}^{\mathrm{T}}\boldsymbol{w} = 1$，称矩阵

$$\boldsymbol{H}(\boldsymbol{w}) = \boldsymbol{I} - 2\boldsymbol{w}\boldsymbol{w}^{\mathrm{T}} \tag{8-15}$$

为 **Householder** 矩阵，或 **Householder** 变换.

Householder 矩阵具有如下性质：

(1) $\boldsymbol{H}$ 是对称矩阵，即 $\boldsymbol{H}^{\mathrm{T}} = \boldsymbol{H}$；

(2) $\boldsymbol{H}$ 是正交矩阵，即 $\boldsymbol{H}^{\mathrm{T}}\boldsymbol{H} = \boldsymbol{I}$；

(3) $\boldsymbol{H}$ 是对合阵，即 $\boldsymbol{H}^2 = \boldsymbol{I}$.

设向量 $\boldsymbol{u} \neq 0$，则显然

$$\boldsymbol{H} = \boldsymbol{I} - 2\frac{\boldsymbol{u}\boldsymbol{u}^{\mathrm{T}}}{\|\boldsymbol{u}\|_2^2}$$

是一个 Householder 矩阵.

下面考察 Householder 矩阵的几何意义. 在图 8-3 中，考虑以 $\boldsymbol{w}$ 为法向量且过原点 $O$ 的超平面 $\boldsymbol{S}$：$\boldsymbol{w}^{\mathrm{T}}\boldsymbol{x} = 0$. 设任意向量 $\boldsymbol{v} \in \mathscr{R}^n$，则 $\boldsymbol{v} = \boldsymbol{x} + \boldsymbol{y}$，其中 $\boldsymbol{x} \in \boldsymbol{S}$，$\boldsymbol{y} \in \boldsymbol{S}^{\perp}$. 于是

$$\boldsymbol{H}\boldsymbol{x} = (\boldsymbol{I} - 2\boldsymbol{w}\boldsymbol{w}^{\mathrm{T}})\boldsymbol{x} = \boldsymbol{x} - 2\boldsymbol{w}\boldsymbol{w}^{\mathrm{T}}\boldsymbol{x} = \boldsymbol{x}$$

对于 $\boldsymbol{y} \in \boldsymbol{S}^{\perp}$，有 $\boldsymbol{y} = \alpha\boldsymbol{w}$，$\alpha \in \mathscr{R}$，故

$$\boldsymbol{H}\boldsymbol{y} = (\boldsymbol{I} - 2\boldsymbol{w}\boldsymbol{w}^{\mathrm{T}})\boldsymbol{y} = \boldsymbol{y} - 2\boldsymbol{w}\boldsymbol{w}^{\mathrm{T}}(\alpha\boldsymbol{w}) = -\boldsymbol{y}$$

从而

$$\boldsymbol{H}\boldsymbol{v} = \boldsymbol{x} - \boldsymbol{y} = \boldsymbol{v}'$$

这样 $\boldsymbol{v}$ 经变换后的像 $\boldsymbol{H}\boldsymbol{v}$ 是 $\boldsymbol{v}$ 关于 $\boldsymbol{S}$ 对称的向量. 所以 Householder 变

换又称**镜面反射变换**，Householder 矩阵也被称为**初等反射矩阵**. 如图 8-3 所示.

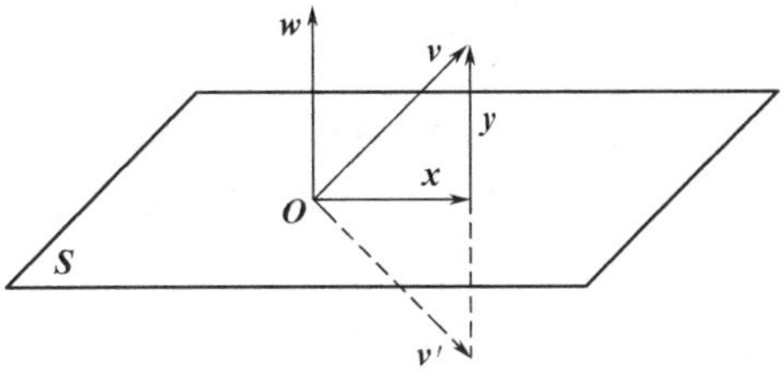


图 8-3　Householder 矩阵几何意义示意

由于 Householder 变换的镜像变换特点，该变换可保持向量欧式长度不变，即$\|\boldsymbol{Px}\|_2=\|\boldsymbol{x}\|_2$，这可从图 8-1 中得到几何解释. 反过来，若给定了 $\boldsymbol{x}$ 和 $\boldsymbol{y}$，满足$\|\boldsymbol{x}\|_2=\|\boldsymbol{y}\|_2$，能否构造出 Householder 矩阵，使得 $\boldsymbol{Hx}=\boldsymbol{y}$？下面的定理给出了肯定的结论.

**定理 8.6**　设 $\boldsymbol{x}$，$\boldsymbol{y}$ 为两个不相等的 $n$ 维向量，$\|\boldsymbol{x}\|_2=\|\boldsymbol{y}\|_2$，则存在一个 Householder 矩阵 $\boldsymbol{H}$ 使得 $\boldsymbol{Hx}=\boldsymbol{y}$.

**证明**　令 $w=\dfrac{\boldsymbol{x}-\boldsymbol{y}}{\|\boldsymbol{x}-\boldsymbol{y}\|_2}$，则得 Householder 矩阵

$$\boldsymbol{H}=\boldsymbol{I}-2ww^{\mathrm{T}}=\boldsymbol{I}-2\frac{\boldsymbol{x}-\boldsymbol{y}}{\|\boldsymbol{x}-\boldsymbol{y}\|_2^2}(\boldsymbol{x}^{\mathrm{T}}-\boldsymbol{y}^{\mathrm{T}})$$

而且

$$\begin{aligned}\boldsymbol{Hx}&=\boldsymbol{x}-2\frac{\boldsymbol{x}-\boldsymbol{y}}{\|\boldsymbol{x}-\boldsymbol{y}\|_2^2}(\boldsymbol{x}^{\mathrm{T}}-\boldsymbol{y}^{\mathrm{T}})\boldsymbol{x}\\&=\boldsymbol{x}-2\frac{(\boldsymbol{x}-\boldsymbol{y})(\boldsymbol{x}^{\mathrm{T}}\boldsymbol{x}-\boldsymbol{y}^{\mathrm{T}}\boldsymbol{x})}{\|\boldsymbol{x}-\boldsymbol{y}\|_2^2}\end{aligned}$$

因为

$$\|\boldsymbol{x}-\boldsymbol{y}\|_2^2=(\boldsymbol{x}-\boldsymbol{y})^{\mathrm{T}}(\boldsymbol{x}-\boldsymbol{y})=2(\boldsymbol{x}^{\mathrm{T}}\boldsymbol{x}-\boldsymbol{y}^{\mathrm{T}}\boldsymbol{x})$$

所以

$$\boldsymbol{Hx}=\boldsymbol{x}-(\boldsymbol{x}-\boldsymbol{y})=\boldsymbol{y}$$

Householder 矩阵在计算上的意义是它能用来约化矩阵，例如设向量 $\boldsymbol{x}\neq 0$，可构造 Householder 矩阵 $\boldsymbol{H}$ 使 $\boldsymbol{Hx}=\boldsymbol{\sigma e}_1$，为此给出如下结果.

**定理 8.7**　设 $\boldsymbol{x}=(x_1,x_2,\cdots,x_n)^{\mathrm{T}}\neq 0$，则存在 Householder 矩阵 $\boldsymbol{H}$ 使 $\boldsymbol{Hx}=-\boldsymbol{\sigma e}_1$，其中

$$\begin{cases}\sigma=\operatorname{sgn}(x_1)\|\boldsymbol{x}\|_2\\ \boldsymbol{u}=\boldsymbol{x}+\sigma\boldsymbol{e}_1\\ \beta=\dfrac{1}{2}\|\boldsymbol{u}\|_2^2=\sigma(\sigma+x_1)\\ \boldsymbol{H}=\boldsymbol{I}-\beta^{-1}\boldsymbol{u}\boldsymbol{u}^{\mathrm{T}}\end{cases}\tag{8-16}$$

**【例 8.7】** 设 $\boldsymbol{x}=(2,2,4,5)^{\mathrm{T}}$，求初等反射阵 $\boldsymbol{H}$，使得 $\boldsymbol{Hx}=-\sigma\boldsymbol{e}_1$.

**【解】** 因为 $\|\boldsymbol{x}\|_2=7$ 及 $x_1=2$，所以

$$\sigma=\operatorname{sgn}(x_1)\|\boldsymbol{x}\|_2=7$$

$$\boldsymbol{u}=\boldsymbol{x}+\sigma\boldsymbol{e}_1=(9,2,4,5)^{\mathrm{T}},\ \|\boldsymbol{u}\|_2^2=126,\ \beta=\frac{1}{2}\|\boldsymbol{u}\|_2^2=63$$

$$\boldsymbol{H}=\boldsymbol{I}-\beta^{-1}\boldsymbol{u}\boldsymbol{u}^{\mathrm{T}}=\frac{1}{63}\begin{bmatrix}-18&-18&-36&-45\\-18&59&-8&-10\\-36&-8&47&-20\\-45&-10&-20&38\end{bmatrix}$$

可直接验证 $\boldsymbol{Hx}=(-7,0,0,0)^{\mathrm{T}}$.

## 8.3.2 Givens 变换

对某个 $\theta$，记 $s=\sin\theta$，$t=\cos\theta$，$\boldsymbol{J}=\begin{bmatrix}t&s\\-s&t\end{bmatrix}$是一个正交矩阵. 若 $x\in\mathscr{R}^2$，$\boldsymbol{Jx}$ 表示将向量 $\boldsymbol{x}$ 旋转 $\theta$ 角所得到的向量. 推广到 $n\times n$ 的情形. 令

$$\boldsymbol{J}(i,j,\theta)=\begin{bmatrix}1&&&&&&&&\\&\ddots&&&&&&&\\&&1&&&&&&\\&&&t&\cdots&s&&&\\&&&&1&&&&\\&&&\vdots&\ddots&\vdots&&&\\&&&&1&&&&\\&&&-s&\cdots&t&&&\\&&&&&&1&&\\&&&&&&&\ddots&\\&&&&&&&&1\end{bmatrix}\begin{matrix}\\ \\ \\ i\\ \\ \\ \\ j\\ \\ \\ \\ \end{matrix}\tag{8-17}$$

称 $\boldsymbol{J}=\boldsymbol{J}(i,j,\theta)=\boldsymbol{J}(i,j)$ 为 **Givens** 矩阵或 **Givens** 变换（旋转变换）. 显然，$\boldsymbol{J}(i,j,\theta)$ 为正交矩阵. 注意到对矩阵左乘 $\boldsymbol{J}(i,j,\theta)\boldsymbol{A}$ 只需更新

$\boldsymbol{A}$ 的第 $i$ 行与第 $j$ 行元素，其他位置元素不变. 具体地，对 $\boldsymbol{A}=(a_{ij})_{m\times n}$有

$$\begin{bmatrix} a'_{il} \\ a'_{jl} \end{bmatrix}=\begin{bmatrix} t & s \\ -s & t \end{bmatrix}\begin{bmatrix} a_{il} \\ a_{jl} \end{bmatrix},\ l=1,2,\cdots,n$$

其中 $t=\cos\theta$，$s=\sin\theta$. 类似地，对矩阵右乘 $\boldsymbol{AJ}(i,j,\theta)$ 只需更新 $\boldsymbol{A}$ 的第 $i$ 列与第 $j$ 列元素

$$[a'_{li},a'_{lj}]=[a_{li},\ a_{lj}]\begin{bmatrix} t & s \\ -s & t \end{bmatrix},\ l=1,2,\cdots,m$$

利用 Givens 变换，可使向量 $\boldsymbol{x}$ 中的指定元素变为零.

**定理 8.8**　设 $\boldsymbol{x}=(x_1,\cdots,x_i,\cdots,x_j,\cdots,x_n)^{\mathrm{T}}$，任选 $i\neq j$，则存在 Givens 变换 $\boldsymbol{J}(i,j,\theta)$使得

$$\boldsymbol{y}=\boldsymbol{Jx}=(y_1,\cdots,y_{j-1},0,y_{j+1},\cdots,y_n)^{\mathrm{T}}$$

其中 $y_i=tx_i+sx_j$，当 $k\neq i$，$j$ 时，$y_k=x_k$.

**证明**　任选 $i$. 若 $x_j=0$，选择 $\theta=0$，有 $t=1$，$s=0$；若 $x_j\neq 0$，选择 $\theta$ 满足

$$t=\cos\theta=\frac{x_i}{\sqrt{x_i^2+x_j^2}},\ s=\sin\theta=\frac{x_j}{\sqrt{x_i^2+x_j^2}}$$

利用矩阵乘法，有

$$\begin{cases} y_i=tx_i+sx_j \\ y_j=-sx_i+tx_j=0 \\ y_k=x_k,k\neq i,j \end{cases}$$

## 8.3.3 矩阵的 QR 分解

**定理 8.9**　设 $\boldsymbol{A}\in\mathscr{R}^{n\times n}$ 非奇异，则存在正交矩阵 $\boldsymbol{P}$，使 $\boldsymbol{PA}=\boldsymbol{R}$，其中 $\boldsymbol{R}$ 为上三角矩阵.

**证明**　这里分别用 Householder 变换和 Givens 变换两种方式构造矩阵 $\boldsymbol{P}$.

(1) 用 Householder 变换构造正交矩阵 $\boldsymbol{P}$

记 $\boldsymbol{A}^{(0)}=\boldsymbol{A}$，其第一列记为 $\boldsymbol{a}_1^{(0)}$. 不妨设 $\boldsymbol{a}_1^{(0)}\neq 0$，可按式(8-16)找到矩阵 $\boldsymbol{H}_1$，使

$$\boldsymbol{H}_1\boldsymbol{a}_1^{(0)}=-\boldsymbol{\sigma}_1\boldsymbol{e}_1$$

于是

$$\boldsymbol{A}^{(1)}=\boldsymbol{H}_1\boldsymbol{A}^{(0)}=\begin{bmatrix} -\boldsymbol{\sigma}_1 & \boldsymbol{b}^{(1)} \\ 0 & \overline{\boldsymbol{A}}^{(1)} \end{bmatrix}$$

其中 $\overline{\boldsymbol{A}}^{(1)}=(a_1^{(1)},a_2^{(1)},\cdots,a_{n-1}^{(1)})\in\mathscr{R}^{(n-1)\times(n-1)}$. 设

$$\boldsymbol{A}^{(j-1)}=\begin{bmatrix}\boldsymbol{D}^{(j-1)} & \boldsymbol{B}^{(j-1)}\\ 0 & \overline{\boldsymbol{A}}^{(j-1)}\end{bmatrix}$$

其中 $\boldsymbol{D}^{(j-1)}$ 为 $j-1$ 阶方阵，其对角线以下元素均为 0，$\overline{\boldsymbol{A}}^{(j-1)}$ 为 $n-j+1$ 阶方阵，设其第一列为 $\boldsymbol{a}_1^{(j-1)}$，我们可选择 $n-j+1$ 阶的 Householder 变换 $\overline{\boldsymbol{H}}_j\in\mathscr{R}^{(n-j+1)\times(n-j+1)}$，使

$$\overline{\boldsymbol{H}}_j a_1^{(j-1)}=-\boldsymbol{\sigma}_j\boldsymbol{e}_1,\ \boldsymbol{e}_1=[1,0,\cdots,0]\in\mathscr{R}^{n-j+1}$$

根据 $\overline{\boldsymbol{H}}_j$ 构造 $n\times n$ 阶的变换矩阵 $\boldsymbol{H}_j$ 为

$$\boldsymbol{H}_j=\begin{bmatrix}\boldsymbol{I}_{j-1} & 0\\ 0 & \overline{\boldsymbol{H}}_j\end{bmatrix}$$

于是有

$$\boldsymbol{A}^{(j)}=\boldsymbol{H}_j\boldsymbol{A}^{(j-1)}=\begin{bmatrix}\boldsymbol{D}^{(j)} & \boldsymbol{B}^{(j)}\\ 0 & \overline{\boldsymbol{A}}^{j}\end{bmatrix}$$

它和 $\boldsymbol{A}^{(j-1)}$ 有类似的形式，只是 $\boldsymbol{D}^{(j)}$ 为 $j$ 阶方阵，其对角线以下元素是 0，这样经过 $n-1$ 步运算得到

$$\boldsymbol{H}_{n-1}\cdots\boldsymbol{H}_1\boldsymbol{A}=\boldsymbol{A}^{(n-1)}=\boldsymbol{R}$$

其中 $\boldsymbol{R}=\boldsymbol{A}^{(n-1)}$ 为上三角矩阵，$\boldsymbol{P}=\boldsymbol{H}_{n-1}\cdots\boldsymbol{H}_1$ 为正交矩阵，从而有 $\boldsymbol{PA}=\boldsymbol{R}$.

(2) 利用 Givens 变换构造正交矩阵 $\boldsymbol{P}$

请读者尝试补充.

**定理 8.10** （QR 分解） 设 $\boldsymbol{A}\in\mathscr{R}^{n\times n}$ 为非奇异矩阵，则存在正交矩阵 $\boldsymbol{Q}$ 与上三角矩阵 $\boldsymbol{R}$，使 $\boldsymbol{A}$ 有分解

$$\boldsymbol{A}=\boldsymbol{QR}$$

且当 $\boldsymbol{R}$ 的对角元素为正时，分解是唯一的.

**证明** 由定理 8.9 可知，只要令 $\boldsymbol{Q}=\boldsymbol{P}^{\mathrm{T}}$ 就有 $\boldsymbol{A}=\boldsymbol{QR}$. 下面证明分解的唯一性，设有两种分解

$$\boldsymbol{A}=\boldsymbol{Q}_1\boldsymbol{R}_1=\boldsymbol{Q}_2\boldsymbol{R}_2$$

其中 $\boldsymbol{Q}_1$、$\boldsymbol{Q}_2$ 为正交矩阵，$\boldsymbol{R}_1$、$\boldsymbol{R}_2$ 为对角元素均为正的上三角矩阵，则

$$\boldsymbol{Q}_2^{\mathrm{T}}\boldsymbol{Q}_1=\boldsymbol{R}_2\boldsymbol{R}_1^{-1}$$

上式左边为正交阵，故右边为上三角的正交阵，从而

$$(\boldsymbol{R}_2\boldsymbol{R}_1^{-1})^{\mathrm{T}}=(\boldsymbol{R}_2\boldsymbol{R}_1^{-1})^{-1}$$

这个式子左边是下三角阵，而右边是上三角阵，因此只能是对角阵，设

$$\boldsymbol{D}=\boldsymbol{R}_2\boldsymbol{R}_1^{-1}=\mathrm{diag}(d_1,\cdots,d_n)$$

则有 $\boldsymbol{DD}^{\mathrm{T}}=\boldsymbol{D}^2=\boldsymbol{I}$，又由于 $d_i>0$，$i=1,\cdots,n$，故有 $\boldsymbol{D}=\boldsymbol{I}$，从而

$R_2=R_1$，$Q_1=Q_2$.

**【例 8.8】** 用 Householder 变换作矩阵 $A$ 的 $QR$ 分解.

$$A=\begin{bmatrix}1&2&3\\4&5&6\\2&3&1\end{bmatrix}$$

**【解】** 按式(8-16) 找 Householder 矩阵 $H_1\in\mathscr{R}^{3\times 3}$，使

$$H_1\begin{bmatrix}1\\4\\2\end{bmatrix}=\begin{bmatrix}-\sqrt{21}\\0\\0\end{bmatrix}$$

这里 $H_1=I-2\dfrac{u_1u_1^{\mathrm{T}}}{\|u_1\|_2^2}$，$u_1=[5.5826,\ 4,\ 2]^{\mathrm{T}}$. 于是

$$H_1=\begin{bmatrix}-0.2182&-0.8729&-0.4364\\-0.8729&0.3746&-0.3127\\-0.4364&-0.3127&0.8436\end{bmatrix}$$

$$H_1A=\begin{bmatrix}-4.5826&-6.1101&-6.3283\\0&-0.8110&-0.6839\\0&0.0945&-2.3419\end{bmatrix}$$

再找 $\overline{H}_2\in\mathscr{R}^{2\times 2}$，使 $\overline{H}_2[-0.8110,0.0945]^{\mathrm{T}}=[\ *\ ,0]^{\mathrm{T}}$，并构造

$$H_2=\begin{bmatrix}1&0\\0&\overline{H}_2\end{bmatrix}=\begin{bmatrix}1&0&0\\0&0.9933&-0.1157\\0&-0.1157&-0.9933\end{bmatrix}$$

从而

$$H_2(H_1A)=\begin{bmatrix}-4.5826&-6.1101&-6.3283\\0&-0.8165&-0.4082\\0&0&2.4054\end{bmatrix}$$

这是一个上三角矩阵，其前两个对角元为负数. 令 $D=\mathrm{diag}(-1,-1,1)$，则有 $R=DH_2H_1A$ 是对角元为正的上三角矩阵. 取

$$Q=(DH_2H_1)^{\mathrm{T}}=\begin{bmatrix}0.2182&-0.8165&-0.5345\\0.8729&-0.4082&0.2673\\0.4364&0.4082&-0.8018\end{bmatrix}$$

则得 $A=QR$.

## 8.3.4 Matlab 函数

Matlab 具有强大可靠的正交变换以及求解矩阵 QR 分解的功能. 首先，命令 givens 可以用来构造一个 Givens 矩阵，如输入

```
>>G=givens(x,y)
```

则 G 表示一个 2 阶 Givens 矩阵，当其左乘以向量 $(x,\ y)^T$ 时，可将其第二个位置的元素消为 0.

对于求解矩阵 $\boldsymbol{A}\in\mathscr{R}^{m\times n}$ 的 QR 分解，Matlab 提供了命令 qr，其基本调用格式如下：

```
>>[Q,R]=qr(A)
```

其中，Q 为一个 $m\times m$ 的酉矩阵，R 为一个 $m\times n$ 的上三角矩阵，满足关系式 $\boldsymbol{A}=\boldsymbol{QR}$. 此外，该命令还可以用来求解所谓"经济型"QR 分解，如下

```
>>[Q,R]=qr(A,0)
```

其中，Q 为一个 $m\times n$ 的列正交矩阵，R 为一个 $n\times n$ 的上三角矩阵，满足关系式 $\boldsymbol{A}=\boldsymbol{QR}$. 为了解其他选项，可输入

```
>>help qr
```

接下来，以例 8.8 为例，利用命令 qr 求解该例矩阵的 QR 分解. 输入

```
>>A=[1,2,3;4,5,6;2,3,1];
>>[Q,R]=qr(A)
Q=
   -0.2182    0.8165   -0.5345
   -0.8729   -0.4082   -0.2673
   -0.4364    0.4082    0.8018
R=
   -4.5826   -6.1101   -6.3283
         0    0.8165    0.4082
         0         0   -2.4054
```

该结果与例 8.8 中通过 Householder 变换计算出的结果除差元素符号外完全一致.

## 8.4 QR 方法

### 8.4.1 Schur 分解

除了 QR 分解，矩阵的 **Schur**（舒尔）分解也是求解特征值问题的重要工具，它解决矩阵 $\boldsymbol{A}\in\mathscr{R}^{n\times n}$ 可约化到什么程度的问题. 对复矩阵 $\boldsymbol{A}\in\mathscr{R}^{n\times n}$，则存在酉矩阵 $\boldsymbol{U}$，使 $\boldsymbol{U}^{\mathrm{H}}\boldsymbol{AU}$ 为一个上三角矩阵 $\boldsymbol{R}$，其对角线元素就是 $\boldsymbol{A}$ 的特征值，$\boldsymbol{A}=\boldsymbol{URU}^{\mathrm{H}}$ 称 $\boldsymbol{A}$ 的 Schur 分解. 对于实矩阵 $\boldsymbol{A}$，

其特征值可能有复数，$\boldsymbol{A}$ 不能用实正交相似变换约化为上三角矩阵，但它可约化为以下形式.

**定理 8.11**（实 Schur 分解）设 $\boldsymbol{A}\in\mathscr{R}^{n\times n}$，则存在正交矩阵 $\boldsymbol{Q}\in\mathscr{R}^{n\times n}$ 使

$$\boldsymbol{Q}^{\mathrm{T}}\boldsymbol{A}\boldsymbol{Q}=\begin{pmatrix}\boldsymbol{R}_{11} & \boldsymbol{R}_{12} & \cdots & \boldsymbol{R}_{1m}\\ & \boldsymbol{R}_{22} & \cdots & \boldsymbol{R}_{2m}\\ & & \ddots & \vdots\\ & & & \boldsymbol{R}_{mm}\end{pmatrix}\tag{8-18}$$

其中对角块 $\boldsymbol{R}_{ii}$（$i=1,2,\cdots,m$）为一阶或二阶方阵，且每个一阶 $\boldsymbol{R}_{ii}$ 是 $\boldsymbol{A}$ 的实特征值，每个二阶对角块 $\boldsymbol{R}_{jj}$ 的两个特征值是 $\boldsymbol{A}$ 的两个共轭复特征值.

Schur 分解在理论上保证了可以通过正交相似变换将矩阵 $\boldsymbol{A}$ 化为上三角阵［或形如式(8-18) 的拟上三角阵］，且 $\boldsymbol{A}$ 的所有特征值信息包含在上三角阵对角元（或拟上三角阵的对角块）中，这就为求解矩阵的所有特征值提供了一种思路.

设方阵 $\boldsymbol{A}\in\mathscr{R}^{n\times n}$，Matlab 提供了命令 schur 求解该矩阵的 Schur 分解，其基本调用格式如下

```
>>[U,R]=schur(A)
```

其中，U 为一个 $n\times n$ 的酉矩阵，R 为一个 $n\times n$ 的上三角矩阵，满足关系式 $\boldsymbol{U}^{\mathrm{H}}\boldsymbol{A}\boldsymbol{U}=\boldsymbol{R}$. 该命令的缺省格式为

```
>>R=schur(A)
```

此时，命令只返回矩阵 A 的 Schur 分解中的上三角阵 R. 特别地，若 $\boldsymbol{A}\in\mathscr{R}^{n\times n}$，命令 schur 还可以用来求解本书讨论的实 Schur 分解（定理 8.11）. 输入：

```
>>[Q,R]=schur(A,'real')
```

该命令返回的矩阵 Q 和 R 分别为式（8-18）中的实正交矩阵和实块上三角阵.

## 8.4.2 基本 QR 方法

QR 方法是计算一般矩阵全部特征值问题的常用方法. 该方法是自电子计算机问世以来，计算数学的最大进展之一，是目前计算中小规模矩阵全部特征值和特征向量的最有效方法之一. 该方法中心思想是利用正交相似变换将给定矩阵逐步约化为上三角阵或拟上三角阵. 在某些条件下，迭代产生的矩阵序列趋于一种实 Schur 分解的形式. QR 方法具有收敛快（基本收敛速度是二次的）、算法稳定等特点. 尤其是当原矩

阵是实对称矩阵时，可达到三次收敛.

对于一般矩阵 $\boldsymbol{A}\in\mathscr{R}^{n\times n}$，由 QR 分解定理可知，$\boldsymbol{A}$ 可分解为

$$\boldsymbol{A}=\boldsymbol{QR}$$

其中，$\boldsymbol{R}$ 为上三角矩阵，$\boldsymbol{Q}$ 为正交矩阵，若规定 $\boldsymbol{R}$ 的对角元素为正，这种分解还是唯一的. 如果令 $\boldsymbol{B}=\boldsymbol{RQ}$，则 $\boldsymbol{B}=\boldsymbol{Q}^{\mathrm{T}}\boldsymbol{AQ}$，说明 $\boldsymbol{B}$ 与 $\boldsymbol{A}$ 有相同的特征值. 对 $\boldsymbol{B}$ 继续作 QR 分解，可得到如下迭代序列

$$\begin{cases}\boldsymbol{A}_1=\boldsymbol{A}\\ \boldsymbol{A}_k=\boldsymbol{Q}_k\boldsymbol{R}_k\,(k=1,2,\cdots)\\ \boldsymbol{A}_{k+1}=\boldsymbol{R}_k\boldsymbol{Q}_k=\boldsymbol{Q}_{k+1}\boldsymbol{R}_{k+1}\end{cases}\tag{8-19}$$

由式(8-19) 得到$\{\boldsymbol{A}_k\}$的方法称为 QR 算法，或基本 QR 算法.

**定理 8.12** 设 $\boldsymbol{A}\in\mathscr{R}^{n\times n}$，由式(8-22) 所产生的序列 $\{\boldsymbol{A}_k\}$ 具有如下性质.

① $\boldsymbol{A}_{k+1}$相似于 $\boldsymbol{A}_k$，即 $\boldsymbol{A}_{k+1}=\boldsymbol{Q}_k^{\mathrm{T}}\boldsymbol{A}_k\boldsymbol{Q}_k$；

② $\boldsymbol{A}_{k+1}=(\boldsymbol{Q}_1\boldsymbol{Q}_2\cdots\boldsymbol{Q}_k)^{\mathrm{T}}\boldsymbol{A}_1(\boldsymbol{Q}_1\boldsymbol{Q}_2\cdots\boldsymbol{Q}_k)=\widetilde{\boldsymbol{Q}}_k^{\mathrm{T}}\boldsymbol{A}_1\widetilde{\boldsymbol{Q}}_k$；

③ $\boldsymbol{A}^k$ 的 $\boldsymbol{QR}$ 分解式为 $\boldsymbol{A}^k=\widetilde{\boldsymbol{Q}}_k\widetilde{\boldsymbol{R}}_k$.

其中$\widetilde{\boldsymbol{Q}}_k=\boldsymbol{Q}_1\boldsymbol{Q}_2\cdots\boldsymbol{Q}_k$，$\widetilde{\boldsymbol{R}}_k=\boldsymbol{R}_k\cdots\boldsymbol{R}_2\boldsymbol{R}_1$.

**证明** 性质①、②显然. 对性质③采用归纳法证. 当 $k=1$ 时有

$$\boldsymbol{A}_1=\boldsymbol{Q}_1\boldsymbol{R}_1=\widetilde{\boldsymbol{Q}}_1\widetilde{\boldsymbol{R}}_1.$$

结论成立. 假设 $\boldsymbol{A}^{k-1}$有分解式

$$\boldsymbol{A}^{k-1}=\widetilde{\boldsymbol{Q}}_{k-1}\widetilde{\boldsymbol{R}}_{k-1}$$

那么，注意到 $\boldsymbol{A}_k=\widetilde{\boldsymbol{Q}}_{k-1}^{\mathrm{T}}\boldsymbol{A}\widetilde{\boldsymbol{Q}}_{k-1}$，$\widetilde{\boldsymbol{Q}}_{k-1}\boldsymbol{A}_k=\boldsymbol{A}\widetilde{\boldsymbol{Q}}_{k-1}$，有

$$\begin{aligned}\widetilde{\boldsymbol{Q}}_k\widetilde{\boldsymbol{R}}_k&=\boldsymbol{Q}_1\boldsymbol{Q}_2\cdots\boldsymbol{Q}_{k-1}(\boldsymbol{Q}_k\boldsymbol{R}_k)\boldsymbol{R}_{k-1}\cdots\boldsymbol{R}_1\\&=\boldsymbol{Q}_1\cdots\boldsymbol{Q}_{k-1}\boldsymbol{A}_k\boldsymbol{R}_{k-1}\cdots\boldsymbol{R}_1\\&=\widetilde{\boldsymbol{Q}}_{k-1}\boldsymbol{A}_k\widetilde{\boldsymbol{R}}_{k-1}=\boldsymbol{A}\widetilde{\boldsymbol{Q}}_{k-1}\widetilde{\boldsymbol{R}}_{k-1}\\&=\boldsymbol{A}^k\end{aligned}$$

关于 QR 方法的收敛性，有各种情况，这里只介绍一种简单情况. 首先，给出如下定义.

**定义 8.2** 若矩阵序列$\{\boldsymbol{A}_k\}$当 $k\to\infty$时，其对角元均收敛，且严格下三角部分元素收敛到零，则称$\{\boldsymbol{A}_k\}$基本收敛到上三角阵.

**定理 8.13** (QR 方法的收敛性) 设 $\boldsymbol{A}=(a_{ij})\in\mathscr{R}^{n\times n}$，如果 $\boldsymbol{A}$ 的特征值满足：$|\lambda_1|>|\lambda_2|>\cdots>|\lambda_n|>0$，且 $\boldsymbol{A}$ 有标准形 $\boldsymbol{A}=\boldsymbol{XDX}^{-1}$，其中 $\boldsymbol{D}=\mathrm{diag}(\lambda_1,\cdots,\lambda_n)$，并且 $\boldsymbol{X}^{-1}$有三角分解 $\boldsymbol{X}^{-1}=\boldsymbol{LU}$ ($\boldsymbol{L}$ 为单位下三角矩阵，$\boldsymbol{U}$ 为上三角矩阵)，则由 QR 方法产生的 $\{\boldsymbol{A}_k\}$ 基本收敛

于上三角矩阵：

$$A_k \longrightarrow R = \begin{bmatrix} \lambda_1 & * & \cdots & * \\ & \lambda_2 & \cdots & * \\ & & \ddots & \vdots \\ & & & \lambda_n \end{bmatrix} \quad (k \to \infty)$$

定理 8.13 表明，通过 QR 方法产生的矩阵序列趋向于一个对角元为 $\lambda_1$，…，$\lambda_n$ 的上三角矩阵，从而可求出矩阵的所有特征值. 基于该定理，易得到如下结论.

**推论 8.1**　如果对称矩阵 $\boldsymbol{A}$ 满足定理 8.15 的条件，则由 QR 方法产生的 $\{\boldsymbol{A}_k\}$ 收敛于对角矩阵 $\boldsymbol{D}=\mathrm{diag}(\lambda_1,\lambda_2,\cdots,\lambda_n)$.

下面通过一个例子揭示 QR 方法的迭代过程.

**【例 8.9】**　利用 QR 方法求矩阵

$$\boldsymbol{A}=\begin{bmatrix} 2.5498 & -0.1151 & 0.5480 \\ -0.1151 & 1.5807 & -0.6625 \\ 0.5480 & -0.6625 & 1.8695 \end{bmatrix}$$

的所有特征值.

直接计算可知，该矩阵特征值为 $\lambda_1=3$，$\lambda_2=2$，$\lambda_1=1$. 应用 QR 迭代式(8-19) 于这一矩阵，得

$$\boldsymbol{A}_2=\begin{bmatrix} 2.7648 & -0.3283 & -0.2859 \\ -0.3283 & 1.9931 & 0.4803 \\ -0.2859 & 0.4803 & 1.2420 \end{bmatrix}$$

$$\boldsymbol{A}_3=\begin{bmatrix} 2.8836 & -0.3031 & 0.1103 \\ -0.3031 & 2.0667 & -0.2274 \\ 0.1103 & -0.2274 & 1.0497 \end{bmatrix}$$

$$\boldsymbol{A}_4=\begin{bmatrix} 2.9452 & -0.2247 & -0.0386 \\ -0.2247 & 2.0444 & 0.1037 \\ -0.0386 & 0.1037 & 1.0104 \end{bmatrix}$$

不难发现，随着迭代的执行，$\boldsymbol{A}_k$ 趋向于上三角阵，且对角元趋于该矩阵的特征值.

## 习题 8

8-1　对矩阵 $\boldsymbol{A}=[2,1;1,2]$，用幂法迭代 3 次求其最大特征值，并计算这 3 次迭代的瑞利商.

8-2　对矩阵 $\boldsymbol{A}=[2,1;1,2]$，分别用反幂法迭代 3 次求最接近 1.2，1.1 和 1.05 的特征值，并说明位移对方法收敛性的影响.

8-3 编写幂法的 Matlab 程序，程序应能够检测收敛失败（没有主特征值），用户只能提供矩阵，执行后返回特征值和相应的特征向量.

8-4 编写反位移幂法的 Matlab 程序，程序应能够检测收敛失败（没有主特征值），用户只能提供矩阵，执行后返回特征值和相应的特征向量.

8-5 若 $\boldsymbol{A}$ 的最大特征值是重的但其他所有特征值的绝对值都小于它，此时幂法是否收敛？试给出证明.

8-6 (1) 用幂法求 10 阶 Hilbert 矩阵的所有特征值，要求精度至少为 $10^{-4}$.

(2) 用反位移幂法重复上述过程，根据某些信息（如用 Gerschgorin 圆盘定理）选择合理的位移并加以说明.

8-7 利用反幂法求矩阵 $\boldsymbol{A}=[6,2,1;2,3,1;1,1,1]$ 的最接近于 6 的特征值及对应的特征向量.

8-8 利用 Householder 变换将 $\boldsymbol{A}=[1,3,4;3,1,2;4,2,1]$ 正交相似约化为对称三对角阵.

8-9 对矩阵 $\boldsymbol{A}=[7,3,-2;3,4,-1;-2,-1,3]$ 和矩阵 $\boldsymbol{B}=[3,-4,3;-4,6,3;3,3,1]$,

(1) 基于 Givens 变换给出 $\boldsymbol{A}$ 和 $\boldsymbol{B}$ 的 QR 分解.

(2) 基于 Householder 变换给出 $\boldsymbol{A}$ 和 $\boldsymbol{B}$ 的 QR 分解.

8-10 分别编写基于 Givens 变换和 Householder 变换的 QR 分解的 Matlab 函数，用户只能提供矩阵，执行后相应正交矩阵 $\boldsymbol{Q}$ 和上三角阵 $\boldsymbol{R}$. 将其与 Matlab 内置函数 qr 在数值稳定性和执行效率方面作比较.

8-11 用带位移的 QR 方法计算矩阵 $\boldsymbol{A}=[1,2,0;2,-1,1;0,1,3]$ 和矩阵 $\boldsymbol{B}=[3,1,0;1,2,1;0,1,1]$ 的全部特征值.

# 第 9 章

# 常微分方程数值解法

在工程和科学技术的实际问题中，常需要求解常微分方程，许多实际问题的数学模型都是常微分方程或常微分方程的定解问题，如物体运动、电路振荡、化学反应及生物群体的变化等. 例如：对于单摆问题（图 9-1），选取摆长 $l=1$ 和质量 $m=1$，我们希望得到摆角 $q$ 的关于时间 $t$ 的函数，来描述单摆运动. 根据力矩与角加速度的关系，经一定的简化后可得到下面二阶常微分方程

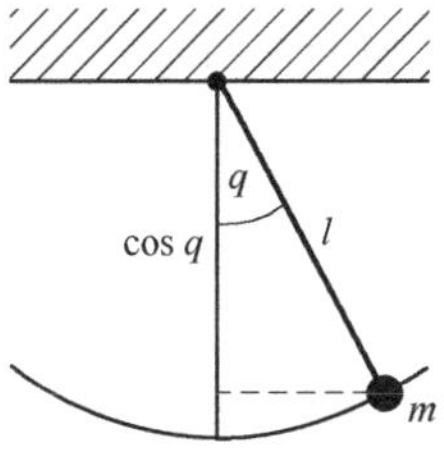


图 9-1 单摆

$$\frac{d^2 q}{dt^2}=-g\sin q$$

式中，$g$ 为重力加速度. 当单摆在摆动开始时刻 $t=t_0$ 时的初始摆角 $q(t_0)=q_0$ 和初始角速度 $\left.\frac{dq}{dt}\right|_{t=t_0}=q'(t_0)=q'_0$ 都确定时，单摆运动规律 $q(t)$ 唯一确定，这就可以写成一个初值问题：

$$\begin{cases}\dfrac{d^2 q}{dt^2}=-g\sin q\\ q(t_0)=q_0, q'(t_0)=q'_0\end{cases}$$

虽然常微分方程广泛存在于众多研究和应用领域，但是常微分方程中往往只有少数较简单和典型的微分方程（例如线性常系数常微分方程等）的解能用初等函数、特殊函数或它们的级数与积分表达，对于变系

数常微分方程的解析求解就比较困难，而一般的非线性常微分方程的求解困难就更不用说了. 大多数情况下，常微分方程只能用近似方法求解. 这种近似解法可分为两大类：一类是近似解析法，如级数解法、逐次逼近法等；另一类是数值解法，它给出方程在一些离散点上的近似解.

在具体求解常微分方程时，需具备某种定解条件，常微分方程和定解条件合在一起组成定解问题. 定解条件有两种：一种是给出积分曲线在初始点的状态，称为初始条件，相应地，定解问题称为初值问题；另一种是给出积分曲线首尾两端的状态，称为边界条件，相应地，定解问题称为边值问题. 本章主要介绍常微分方程初值问题的基本数值方法、理论和算法.

## 9.1 基本概念

### 9.1.1 常微分方程初值问题

常微分方程可分为线性、非线性、高阶方程与方程组等类，其中线性方程包含于非线性类中，高阶方程可化为一阶方程组，若方程组中的所有未知量看作一个向量，则方程组可写成向量形式的单个方程. 因此研究一阶常微分方程的初值问题

$$\begin{cases}\dfrac{\mathrm{d}y}{\mathrm{d}x}=f(x,y),a\leqslant x\leqslant b \\ y(a)=y_0\end{cases} \tag{9-1}$$

的数值解法具有典型性，其中方程的解为 $y: R\to R$.

只有保证问题式(9-1) 的解存在唯一的前提下，其数值解法的研究才有意义. 由常微分方程的基本理论，我们得出如下结论.

**定理 9.1** 如果式(9-1) 中的 $f(x, y)$ 满足条件：

(1) $f(x, y)$在区域 $D=\{(x, y)|\quad a\leqslant x\leqslant b, -\infty<y<+\infty\}$ 上连续；

(2) $f(x, y)$ 在 $D$ 上关于 $y$ 满足 Lipschitz 条件，即存在常数 $L$，使得

$$|f(x,y)-f(x,\bar{y})|\leqslant L|y-\bar{y}|$$

则初值问题式(9-1) 在区间 $[a, b]$ 上存在唯一的连续解 $y=y(x)$.

在本章的讨论中，我们总假定方程满足以上两个条件，从而方程总存在唯一的连续解.

在实际问题的研究中，许多问题最后可以归结为一阶常微分方程组

的初值问题.

$$\begin{cases} y_i'=f_i(x,y_1,y_2,\cdots,y_m) \\ y_i(a)=y_{i0} \end{cases} \quad (i=1,\cdots,m) \tag{9-2}$$

若记 $\boldsymbol{y}=(y_1,y_2,\cdots,y_m)^{\mathrm{T}}$，$\boldsymbol{y}_0=(y_{10},y_{20},\cdots,y_{m0})^{\mathrm{T}}$，$\boldsymbol{f}=(f_1,f_2,\cdots,f_m)^{\mathrm{T}}$，则初值问题(9-2) 可写成如下向量形式的单个方程

$$\begin{cases} \boldsymbol{y}'=\boldsymbol{f}(x,\boldsymbol{y}) \\ \boldsymbol{y}(a)=\boldsymbol{y}_0 \end{cases} \tag{9-3}$$

如果向量函数 $\boldsymbol{f}(x,\boldsymbol{y})$ 在区域 $D$：$a\leqslant x\leqslant b$，$\boldsymbol{y}\in\mathscr{R}^m$ 连续，且关于 $\boldsymbol{y}$ 满足 Lipschitz 条件，即存在 $L>0$，使得对 $\forall x\in[a,b]$，$\boldsymbol{y}_1$，$\boldsymbol{y}_2\in\mathscr{R}^m$，都有

$$\|\boldsymbol{f}(x,\boldsymbol{y}_1)-\boldsymbol{f}(x,\boldsymbol{y}_2)\|\leqslant L\|\boldsymbol{y}_1-\boldsymbol{y}_2\|$$

那么式(9-3) 在 $[a,b]$ 是存在唯一解 $\boldsymbol{y}=\boldsymbol{y}(x)$.

式(9-3) 与式(9-1) 形式上完全相同，故对初值式(9-1) 所建立的各种数值解法都可应用于求解式(9-3)，只需将 $y$ 换成向量 $\boldsymbol{y}$，$f(x,y)$换成 $\boldsymbol{f}(x,\boldsymbol{y})$ 即可.

对于高价常微分方程的初值问题的处理，可以通过变量代换化为一阶常微分方程组初值问题，过程如下：设有 $m$ 阶常微分方程初值问题

$$\begin{cases} y^{(m)}=f(x,y,y',\cdots,y^{(m-1)}), & a\leqslant x\leqslant b \\ y(a)=y_0,y'(a)=y_0^{(1)},\cdots,y^{(m-1)}(a)=y_0^{(m-1)} \end{cases} \tag{9-4}$$

引入新变量 $y_1=y$，$y_2=y',\cdots,y_m=y^{(m-1)}$，式(9-4) 就化为一阶常微分方程组初值问题

$$\begin{cases} y_1'=y_2 & y_1(a)=y_0 \\ y_2'=y_3 & y_2(a)=y_0^{(1)} \\ \quad\vdots & \quad\vdots \\ y_{m-1}'=y_m & y_{m-1}(a)=y_0^{(m-2)} \\ y_m'=f(x,y_1,y_2,\cdots,y_m) & y_m(a)=y_0^{(m-1)} \end{cases}$$

令

$$\boldsymbol{y}=(y_1,y_2,\cdots,y_{m-1},y_m)^{\mathrm{T}},\boldsymbol{y}_0=(y_0,y_0^{(1)},\cdots,y_0^{(m-2)},y_0^{(m-1)})^{\mathrm{T}},$$
$$\boldsymbol{f}=(y_2,y_3,\cdots,y_m,f(x,y_1,y_2,\cdots,y_m))^{\mathrm{T}}$$

则该一阶微分方程组初值问题可写成式(9-3)的向量形式.

### 9.1.2　初值问题数值解法

所谓数值解法，是通过常微分方程离散化而给出解在某些节点上的近似值. 对于式(9-1)，在区间 $[a,b]$引入若干节点：

$$a=x_0<x_1<x_2<\cdots<x_N=b$$

$h_n=x_{n+1}-x_n$，$(n=0,1,\cdots,N-1)$ 称为由 $x_n$ 到 $x_{n+1}$ 的步长，当 $h_n=h$（常数）时称为定步长，否则称为变步长. 多数情况下，采用等步长，即 $h=\dfrac{b-a}{N}$，$x_n=a+nh$ $(n=1,2,\cdots,N)$. 记式(9-1) 的精确解为 $y(x)$，记 $y(x_n)$ 的近似值为 $y_n$，记 $f(x_n, y_n)$ 为 $f_n$，$y_n$ $(n=1,2,\cdots,N)$ 称为式(9-1) 的数值解.

求初值问题数值解的方法一般采用步进法，即在计算出 $y_i$，$i\leqslant n$ 后计算 $y_{n+1}$，方法分为单步法和多步法. 单步法是指在计算 $y_{n+1}$ 时只利用 $y_n$，而多步法在计算 $y_{n+1}$ 时不仅要利用 $y_n$，还要利用前面已经计算出来的若干个 $y_{n-j}$，$j=1,2,\cdots,l-1$. 我们称要用到 $y_n$ 和 $y_{n-j}$，$j=1,2,\cdots,l-1$ 的多步方法为 $l$ 步方法.

不论单步法和多步法，它们都有显式方法和隐式方法之分. 显式单步法的计算公式可以写为

$$y_{n+1}=y_n+h\phi(x_n,y_n,h) \tag{9-5}$$

此公式右端不含 $y_{n+1}$. 隐式单步法的计算公式可以写为

$$y_{n+1}=y_n+h\phi(x_n,y_n,y_{n+1},h) \tag{9-6}$$

在式(9-6) 中右端含有 $y_{n+1}$，从而式(9-6) 是 $y_{n+1}$ 的方程式，需要求解方程或者采用迭代法. 显式多步法的计算公式可以写为

$$y_{n+1}=y_n+h\phi(x_n,y_n,y_{n-1},\cdots,y_{n-l+1},h)$$

隐式多步法的计算公式可以写为

$$y_{n+1}=y_n+h\phi(x_n,y_{n+1},y_n,y_{n-1},\cdots,y_{n-l+1},h),n\geqslant l-1$$

显式公式与隐式公式各有特点. 显式公式的优点是使用方便、计算简单、效率高；其缺点是计算精度低，稳定性差. 隐式公式正好与它相反，它具有计算精度高、稳定性好等优点，但求解过程很复杂，一般采用迭代法. 为了结合各自的优点，通常将显式公式与隐式公式配合使用，由显式公式提供迭代初值，再经隐式公式迭代校正.

## 9.2 欧拉方法

欧拉公式是常微分方程初值问题数值解法中最简单的方法，它的导出过程能较清楚地说明常微分方程建立数值解法的基本思想，下面我们介绍欧拉方法.

### 9.2.1 欧拉方法

欧拉方法的建立可以通过下面的三种方法.

（1）用差商近似导数

在式(9-1)中，若用向前差商$\frac{y(x_{n+1})-y(x_n)}{h}$代替$y'(x_n)$，则得

$$\frac{y(x_{n+1})-y(x_n)}{h}\approx f(x_n,y_n(x_n))\quad (n=0,1,\cdots,N-1)$$

$y(x_n)$用其近似值$y_n$代替，所得结果作为$y(x_{n+1})$的近似值，记为$y_{n+1}$，则有

$$y_{n+1}=y_n+hf(x_n,y_n)\quad (n=0,1,\cdots,N-1)$$

这样，式(9-1)的近似解可以表示为

$$\begin{cases}y_{n+1}=y_n+hf(x_n,y_n) & (n=0,1,\cdots,N-1)\\ y_0=y(x_0)\end{cases}\tag{9-7}$$

按式(9-7)由初值$y_0$经过$N$步迭代，可逐次算出$y_1,y_2,\cdots,y_N$，此方程称为差分方程. 式(9-7)称为求解一阶常微分方程初值问题式(9-1)的欧拉公式，也称显式欧拉公式.

需要说明的是，用不同的差商近似导数，将得到不同的计算公式.

（2）用泰勒（Taylor）多项式近似

把$y(x_{n+1})$在$x_n$点处Taylor展开，取一次多项式近似，则得

$$\begin{aligned}y(x_{n+1})&=y(x_n)+hy'(x_n)+\frac{h^2}{2!}y''(\xi)\\&=y(x_n)+hf(x_n,y(x_n))+\frac{h^2}{2!}y''(\xi)\quad \xi\in[x_n,\ x_{n+1}]\end{aligned}$$

设步长$h$的值较小，略去余项，并以$y_n$代替$y(x_n)$，便得

$$y_{n+1}=y_n+hf(x_n,y_n)$$

（3）用数值积分法

将式(9-1)中的微分方程在区间$[x_n,\ x_{n+1}]$上两边积分，可得

$$y(x_{n+1})-y(x_n)=\int_{x_n}^{x_{n+1}}f(x,y(x))\mathrm{d}x\quad (n=0,1,\cdots,N-1)\tag{9-8}$$

用$y_{n+1}$、$y_n$分别代替$y(x_{n+1})$、$y(x_n)$，若对右端积分采用取左端点的矩形公式，即

$$\int_{x_n}^{x_{n+1}}f(x,y(x))\mathrm{d}x\approx hf(x_n,y_n)$$

同样可得到显式欧拉公式(9-7).

类似地，对右端积分采用其他数值积分方法，又可得到不同的计算公式.

以上三种方法都是将微分方程离散化的常用方法，每一类方法又可

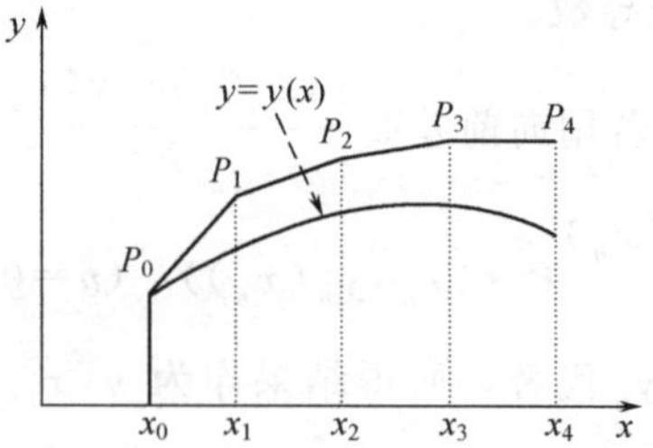


图 9-2 欧拉方法

导出不同形式的计算公式，其思想在研究常微分方程数值解法中具有重要意义.

对于欧拉方法，从几何上看，微分方程 $y'=f(x, y)$ 在 $xOy$ 平面上确定了一个向量场：点 $(x, y)$ 处的方向斜率为 $f(x, y)$. 如图 9-2 所示，式(9-1) 的解 $y=y(x)$ 代表一条过点 $(x_0, y_0)$ 的曲线，称为积分曲线，且此曲线上每点的切向都与向量场在这点的方向一致. 从点 $P_0(x_0, y_0)$ 出发，以 $f(x_0, y_0)$ 为斜率作一直线段，与直线 $x=x_1$交于点 $P_1(x_1, y_1)$，显然有 $y_1=y_0+hf(x_0, y_0)$，再从 $P_1$出发，以 $f(x_1, y_1)$ 为斜率作直线段推进到 $x=x_2$上一点 $P_2(x_2, y_2)$，其余类推，这样得到解曲线的一条近似曲线，它就是折线$\overline{P_0P_1P_2\cdots}$. 因此欧拉方法又称为欧拉折线法.

上面我们给出了求解一阶常微分方程初值问题式(9-1) 的一种最简单的数值公式——欧拉公式(9-7). 虽然它的精度比较低，实践中很少采用，但它的导出过程能较清楚地说明构造数值解公式的基本思想，且几何意义明确，因此它在理论上仍占有一定的地位.

## 9.2.2 隐式欧拉方法和梯形方法

在微分方程离散化时，如果用向后差商代替导数，即 $y'(x_{n+1})\approx\dfrac{y(x_{n+1})-y(x_n)}{h}$，则得到如下差分方程：

$$\begin{cases} y_{n+1}=y_n+hf(x_{n+1},y_{n+1}) & (n=0,1,\cdots,N-1) \\ y_0=y(x_0) \end{cases} \tag{9-9}$$

此公式称为求解问题方程所得的数值解称为隐式欧拉法.

隐式欧拉法与欧拉公式(9-7) 形式上相似，但实际计算时却复杂得多. 欧拉公式(9-7) 计算 $y_{n+1}$的公式中不含 $y_{n+1}$，但是隐式欧拉法计算 $y_{n+1}$的公式中含有 $y_{n+1}$. 在求解 $y_{n+1}$时，$y_n$，$x_{n+1}$为已知，$y_{n+1}$是方程 $y_{n+1}=y_n+hf(x_{n+1}, y_{n+1})$ 的根. 一般说来，这是一个非线

性方程，当不能精确求解得到 $y_{n+1}$ 的表达式时，我们需要运用简单迭代法来求解. 迭代格式为

$$\begin{cases} y_{n+1}^{[0]}=y_n+hf(x_n,y_n) \\ y_{n+1}^{[k+1]}=y_n+hf(x_{n+1},y_{n+1}^{[k]}) \end{cases} \quad (k=0,1,2,\cdots)$$

由于 $f(x,\ y)$ 满足 Lipschitz 条件，所以

$$|y_{n+1}^{[k+1]}-y_{n+1}|=h|f(x_{n+1},y_{n+1}^{[k]})-f(x_{n+1},y_{n+1})|\leqslant hL|y_{n+1}^{[k]}-y_{n+1}|$$

由此可知，只要 $0<hL<1$，迭代法就收敛到解 $y_{n+1}$.

利用数值积分方法将微分方程离散化时，若用梯形公式计算式(9-8) 中右端积分，即

$$\int_{x_n}^{x_{n+1}} f(x,y(x))\mathrm{d}x \approx \frac{h}{2}[f(x_n,y(x_n))+f(x_{n+1},y(x_{n+1}))]$$

并用 $y_n$、$y_{n+1}$代替 $y(x_n)$、$y(x_{n+1})$，则得计算公式

$$y_{n+1}=y_n+\frac{h}{2}[f(x_n,y_n)+f(x_{n+1},y_{n+1})] \tag{9-10}$$

这就是求解初值问题式(9-1) 的梯形公式，该公式也可以看作显式和隐式欧拉法的平均.

梯形公式也是隐式格式，一般需用迭代法求解，迭代公式为

$$\begin{cases} y_{n+1}^{[0]}=y_n+hf(x_n,y_n) \\ y_{n+1}^{[k+1]}=y_n+\dfrac{h}{2}[f(x_n,y_n)+f(x_{n+1},y_{n+1}^{[k]})] \end{cases} \quad (k=0,1,\cdots)$$

由于函数 $f(x,\ y)$ 关于 $y$ 满足 Lipschitz 条件，所以

$$|y_{n+1}^{[k+1]}-y_{n+1}|=\frac{h}{2}|f(x_{n+1},y_{n+1}^{[k]})-f(x_{n+1},y_{n+1})|\leqslant\frac{hL}{2}|y_{n+1}^{[k]}-y_{n+1}|$$

其中 $L$ 为 Lipschitz 常数. 因此，当 $0<\dfrac{hL}{2}<1$ 时，迭代法就收敛到解 $y_{n+1}$.

## 9.2.3 局部截断误差与方法的精度

为了刻画数值解的准确程度，我们首先需要进行截断误差分析，在微分方程的数值解中，我们有两种截断误差，首先我们介绍局部截断误差与方法精度的概念.

**定义 9.1** 假设在某一步的数值解是准确的，即 $y_n=y(x_n)$（这个假设称为局部化假设). 在此前提下，用某公式推算所得 $y_{n+1}$，我们称

$$R_{n+1}=y(x_{n+1})-y_{n+1}$$

为该公式（即该方法）的局部截断误差.

简单地讲，局部截断误差就是在上一步准确前提下，下一步的误差.

**定义 9.2** 如果某种方法的局部截断误差满足

$$R_{n+1}=y(x_{n+1})-y_{n+1}=O(h^{p+1})$$

则称该方法是 $p$ 阶方法，或具有 $p$ 阶精度. 显然 $p$ 越大，方法的精度越高.

下面我们分析前面所讲方法的局部截断误差及精度.

(1) 欧拉法的局部截断误差

假设问题的解 $y(x)$ 充分光滑，且前 $n$ 步计算结果是精确的，即

$$y_i=y(x_i),\ y'(x_i)=f(x_i,y(x_i))(i\leqslant n)$$

于是欧拉法的局部截断误差是

$$\begin{aligned}R_{n+1}&=y(x_{n+1})-y_{n+1}=y(x_{n+1})-y_n-hf(x_n,y_n)\\&=y(x_{n+1})-y(x_n)-hy'(x_n)\\&=\frac{h^2}{2}y''(x_n)+O(h^3)\end{aligned}$$

这里 $\frac{h^2}{2}y''(x_n)$ 称为局部截断误差主项. 显然 $R_{n+1}=O(h^2)$，所以欧拉法是一阶方法.

(2) 隐式欧拉法的局部截断误差

计算公式是

$$y_{n+1}=y_n+hf(x_{n+1},y_{n+1})$$

将 $f(x,y)$ 对 $y$ 用微分中值定理，有

$f(x_{n+1},y_{n+1})=f(x_{n+1},y(x_{n+1}))+f_y(x_{n+1},\eta)(y_{n+1}-y(x_{n+1}))$ （$\eta$ 在 $y_{n+1}$ 与 $y(x_{n+1})$ 之间）

将 $f(x_{n+1},y(x_{n+1}))$ 在 $x_n$ 处 Taylor 展开

$$f(x_{n+1},y(x_{n+1}))=y'(x_{n+1})=y'(x_n)+hy''(x_n)+O(h^2)$$

于是

$$\begin{aligned}y_{n+1}&=y(x_n)+hy'(x_n)+h^2y''(x_n)\\&\quad+hf_y(x_{n+1},\eta)(y_{n+1}-y(x_{n+1}))+O(h^3)\end{aligned}$$

将方程的解作 Taylor 展开

$$y(x_{n+1})=y(x_n)+hy'(x_n)+\frac{h^2}{2}y''(x_n)+O(h^3)$$

因此

$$y(x_{n+1})-y_{n+1}=-\frac{h^2}{2}y''(x_n)-hf_y(x_{n+1},\eta)(y_{n+1}-y(x_{n+1}))+O(h^3)$$

故

$$R_{n+1}=y(x_{n+1})-y_{n+1}=\frac{1}{1-hf_y(x_{n+1},\eta)}\left[-\frac{h^2}{2}y''(x_n)+O(h^3)\right]$$

$$=[1+hf_y(x_{n+1},\eta)+\cdots]\left[-\frac{h^2}{2}y''(x_n)+O(h^3)\right]$$

$$=-\frac{h^2}{2}y''(x_n)+O(h^3)$$

所以隐式欧拉法是一阶方法，其局部截断误差主项是$-\frac{h^2}{2}y''(x_n)$.

(3) 梯形法的局部截断误差

我们可以根据隐式欧拉法局部截断误差的推导方法推出梯形法的局部截断误差是

$$R_{n+1}=-\frac{h^3}{12}y'''(x_n)+O(h^4)$$

当然，我们也可以按照梯形法是显式和隐式欧拉法的算术平均，利用显式和隐式欧拉法的局部截断误差得到，只需对它们多展开一项即可. 梯形法是二阶方法，其局部截断误差主项是$-\frac{h^3}{12}y'''(x_n)$.

## 9.2.4 改进的欧拉法

通过上面的分析，我们看到，相比于显式欧拉法和隐式欧拉法，梯形方法提高了精度，但是梯形方法，在应用迭代公式进行实际计算时，每迭代一次，都要重新计算函数 $f(x, y)$ 的值，而迭代又要反复进行若干次，计算量很大，当函数 $f(x, y)$ 比较复杂时，这个问题会变得更加突出. 为了控制计算量，我们先用欧拉公式求得一个初步的近似值 $\overline{y}_{n+1}$，称之为**预测值**，预测值 $\overline{y}_{n+1}$ 的精度可能很差，再用梯形公式将它校正一次得 $y_{n+1}$，称为校正值. 这样的预测校正系统通常称为**改进的欧拉公式**. 即

预测：$\overline{y}_{n+1}=y_n+hf(x_n,y_n)$

校正：$y_{n+1}=y_n+\frac{h}{2}[f(x_n,y_n)+f(x_{n+1},\overline{y}_{n+1})]$

为了便于编制程序上机，将上式改写成

$$\begin{cases}y_p=y_n+hf(x_n,y_n)\\ y_q=y_n+hf(x_n+h,y_p)\\ y_{n+1}=\frac{1}{2}(y_p+y_q)\end{cases}\tag{9-11}$$

下面讨论改进欧拉法的截断误差. 改进欧拉法可以改写成

$$y_{n+1}=y_n+\frac{h}{2}[f(x_n,y_n)+f(x_{n+1},y_n+hf(x_n,y_n))]$$

在 $(x_n,\ y(x_n))$ 处作 Taylor 展开式，注意到 $y_n=y(x_n)$，有

$$\begin{aligned}y_{n+1}&=y(x_n)+\frac{h}{2}f(x_n,y(x_n))+\frac{h}{2}[f(x_n,y(x_n))\\&\quad+hf_x(x_n,y(x_n))+hf_y(x_n,y(x_n))f(x_n,y(x_n))+O(h^2)]\\&=y(x_n)+hy'(x_n)+\frac{h^2}{2}y''(x_n)+O(h^3)\end{aligned}$$

于是

$$R_{n+1}=y(x_{n+1})-y_{n+1}=O(h^3)$$

所以改进欧拉法是二阶方法.

**【例 9.1】** 用欧拉法、隐式欧拉法、梯形法和改进欧拉法解初值问题

$$\begin{cases}\dfrac{dy}{dx}=-y+x+1, 0<x<1\\ y(0)=1\end{cases}$$

此问题的精确解为 $y(x)=e^{-x}+x$.

**【解】** 取步长 $h=0.1$，对于此问题，欧拉法为

$$y_{n+1}=\frac{9}{10}y_n+\frac{n+10}{100}$$

隐式欧拉法为 $$y_{n+1}=\frac{10}{11}y_n+\frac{n+11}{110}$$

梯形法为 $$y_{n+1}=\frac{19}{21}y_n+\frac{n}{105}+\frac{1}{10}$$

改进欧拉法为 $y_{n+1}=0.905y_n+0.0095n+0.1$

计算每种方法所得与精确解之间的误差，见表 9-1.

**表 9-1 结果比较**

| $x_n$ | 欧拉法 $(\lvert y_n-y(x_n)\rvert)$ | 隐式欧拉法 $(\lvert y_n-y(x_n)\rvert)$ | 梯形法 $(\lvert y_n-y(x_n)\rvert)$ | 改进欧拉法 $(\lvert y_n-y(x_n)\rvert)$ |
|---|---|---|---|---|
| 0.0 | 0.0 | 0.0 | 0.0 | 0.0 |
| 0.1 | $4.8\times10^{-3}$ | $4.3\times10^{-3}$ | $7.5\times10^{-5}$ | $1.6\times10^{-4}$ |
| 0.2 | $8.7\times10^{-3}$ | $7.7\times10^{-3}$ | $1.4\times10^{-4}$ | $2.9\times10^{-4}$ |
| 0.3 | $1.2\times10^{-2}$ | $1.0\times10^{-2}$ | $1.9\times10^{-4}$ | $4.0\times10^{-4}$ |
| 0.4 | $1.4\times10^{-2}$ | $1.3\times10^{-2}$ | $2.2\times10^{-4}$ | $4.8\times10^{-4}$ |

续表

| $x_n$ | 欧拉法 $(\lvert y_n-y(x_n)\rvert)$ | 隐式欧拉法 $(\lvert y_n-y(x_n)\rvert)$ | 梯形法 $(\lvert y_n-y(x_n)\rvert)$ | 改进欧拉法 $(\lvert y_n-y(x_n)\rvert)$ |
|---|---|---|---|---|
| 0.5 | $1.6\times10^{-2}$ | $1.4\times10^{-2}$ | $2.5\times10^{-4}$ | $5.5\times10^{-4}$ |
| 0.6 | $1.7\times10^{-2}$ | $1.6\times10^{-2}$ | $2.7\times10^{-4}$ | $5.9\times10^{-4}$ |
| 0.7 | $1.8\times10^{-2}$ | $1.7\times10^{-2}$ | $2.9\times10^{-4}$ | $6.2\times10^{-4}$ |
| 0.8 | $1.9\times10^{-2}$ | $1.7\times10^{-2}$ | $3.0\times10^{-4}$ | $6.5\times10^{-4}$ |
| 0.9 | $1.9\times10^{-2}$ | $1.8\times10^{-2}$ | $3.1\times10^{-4}$ | $6.6\times10^{-4}$ |
| 1.0 | $1.9\times10^{-2}$ | $1.8\times10^{-2}$ | $3.1\times10^{-4}$ | $6.6\times10^{-4}$ |

**【例 9.2】** 设位于坐标原点的甲舰向位于 $x$ 轴上的点 $A(1, 0)$ 处的乙舰发射导弹，导弹始终对准乙舰. 如果乙舰以最大的速度 $v_0$（$v_0$ 是常数）沿平行于 $y$ 轴的直线行驶，导弹的速度是 $5v_0$，通过欧拉法和改进欧拉法，模拟出导弹运行的轨道曲线，并与其精确轨道进行比较.

**【解】** 设导弹的轨迹曲线为 $y=y(x)$，并设经过时间 $t$，导弹位于点 $P(x, y)$，乙舰位于点 $Q(1, v_0t)$. 由于导弹始终对准乙舰. 故此时直线 $PQ$ 就是导弹的运动轨迹曲线 $OP$ 在点 $P$ 处的切线，即有

$$\frac{\mathrm{d}y}{\mathrm{d}x}=\frac{v_0t-y}{1-x}$$

亦即

$$v_0t=(1-x)y'+y$$

又根据题意，弧 $OP$ 的长度为 $|AQ|$ 的 5 倍，即

$$\int_0^x\sqrt{1+y'^2}\,\mathrm{d}x=5v_0t$$

由此得

$$(1-x)y'+y=\frac{1}{5}\int_0^x\sqrt{1+y'^2}\,\mathrm{d}x$$

等式两边关于 $x$ 求导得

$$(1-x)y''=\frac{1}{5}\sqrt{1+y'^2}$$

结合初值条件 $y(0)=0$，$y'(0)=0$，利用常微分方程的知识，可求出此问题的精确解

$$y=-\frac{5}{8}(1-x)^{\frac{4}{5}}+\frac{5}{12}(1-x)^{\frac{6}{5}}+\frac{5}{24}$$

下面我们考虑用数值算法来求解此问题. 引入 $y_1=y$，$y_2=y'$，上述二阶常微分方程可以转化成一阶常微分方程组

$$\begin{cases} y_1' = y_2, y_1(0) = 0 \\ y_2' = \dfrac{\sqrt{1+y_2^{\ 2}}}{5(1-x)}, y_2(0) = 0 \end{cases}$$

用欧拉法和改进欧拉法在区间 [0, 1] 求解此问题，选取 $h=0.01$，方法求得的图像以及精确解的图像如图 9-3 所示.

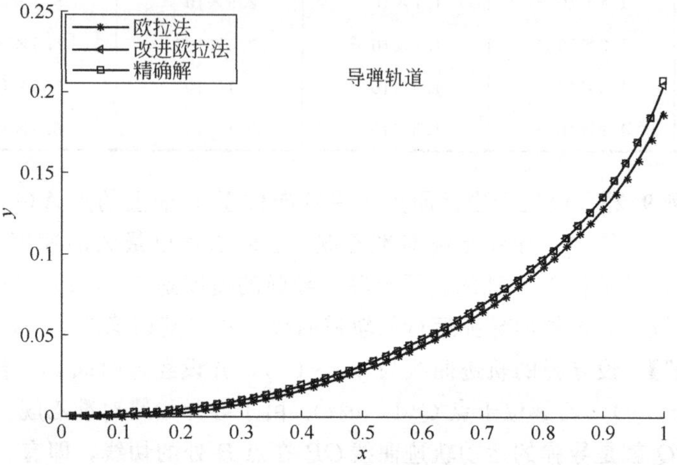


图 9-3　例 9.2 结果比较图

由图 9-3 可知，欧拉法和改进欧拉法都能比较好地模拟导弹的运行轨道，并且改进欧拉法更加精确.

## 9.3　龙格-库塔法

在数值分析中，龙格-库塔 (Runge-Kutta) 法是用于求解常微分方程重要的一类隐式或显式方法，这些技术由数学家卡尔·龙格和马丁·威尔海姆·库塔于 1900 年前后提出. 本节我们来学习龙格-库塔法.

### 9.3.1　Runge-Kutta 法的一般形式

设初值问题式(9-1) 的解 $y=y(x) \in C^1[a, b]$，由微分中值定理，我们知道，必存在 $\xi \in [x_n, x_{n+1}]$，使

$$\begin{aligned} y(x_{n+1}) &= y(x_n) + hy'(\xi) \\ &= y_n + hf(\xi, y(\xi)) \\ &= y_n + hK^* \end{aligned} \tag{9-12}$$

式中，$K^*$ 称为 $y(x)$ 在 $[x_n, x_{n+1}]$ 上的平均斜率. 对于平均斜率 $K^*$，只要提供一种计算方法，式(9-12) 就给出一种数值解公式. 例

**人物介绍**

**莱昂哈德·欧拉** (Leonhard Euler, 1707—1783)，瑞士数学家、自然科学家. 1707 年 4 月 15 日出生于瑞士的巴塞尔，1783 年 9 月 18 日于俄国圣彼得堡去逝. 欧拉出生于牧师家庭，自幼受父亲的教育，13 岁时入读巴塞尔大学，15 岁大学毕业，16 岁获得硕士学位. 欧拉是 18 世纪数学界最杰出的人物之一，他不但为数学界作出巨大贡献，更把数学推至几乎整个物理的领域. 他是数学史上最多产的数学家，平均每年写出八百多页的论文，还写了大量的力学、分析学、几何学、变分法等课本，其中《无穷小分析引论》、《微分学原理》、《积分学原理》等都成为数学中的经典著作. 欧拉对数学的研究如此广泛，因此在许多数学的分支中也可经常见到以他的名字命名的重要常数、公式和定理.

如，用 $K_1=f(x_n, y_n)$ 计算 $K^*$，就得到一阶精度的欧拉公式；用 $K_2=f(x_{n+1}, y_{n+1})$ 替代 $K^*$，就得到隐式欧拉公式；如果用 $K_1$，$K_2$的算术平均值计算 $K^*$，则可得到二阶精度的梯形公式. 由此可以设想，如果在 $[x_n, x_{n+1}]$ 上能多预测几个点的斜率值，用它们的加权平均值来计算 $K^*$，就有望得到具有较高精度的数值公式，这就是 Runge-Kutta 法的基本思想.

Runge-Kutta 公式的一般形式是

$$\begin{cases} K_i = f(x_n + c_i h, y_n + h\sum_{j=1}^{s} a_{ij}K_j) \\ y_{n+1} = y_n + h\sum_{i=1}^{s} b_i K_i \end{cases} \quad (i=1,\cdots,s) \tag{9-13}$$

式中，$h$ 为步长；$s$ 称为方法的级数；$K_i$是 $y=y(x)$ 在 $x_n+c_ih$ $(0\leqslant c_i\leqslant 1)$ 点的斜率预测值；$c_i$，$b_i$，$a_{ij}$ 均为常数. 这些常数的选取原则是使式(9-13) 具有尽可能高的精度. 公式(9-13) 称为 $s$ 级 Runge-Kutta 公式，简称 RK 方法.

Runge-Kutta 公式根据系数 $a_{ij}$ 选择的不同，可以分为显式方法和隐式方法. 当 $a_{ij}=0$，$i\leqslant j$ 时，方法为显式方法，否则为隐式方法. 显式 Runge-Kutta 方法可用下面的形式表示

$$\begin{cases} K_i = f(x_n + c_i h, y_n + h\sum_{j=1}^{i-1} a_{ij}K_j) \\ y_{n+1} = y_n + h\sum_{i=1}^{s} b_i K_i \end{cases} \quad (i=1,\cdots,s) \tag{9-14}$$

## 9.3.2 常用低阶显式 RK 法

2 级 $(s=2)$ 显式 RK 方法的公式为

$$\begin{cases} K_1 = f(x_n, y_n) \\ K_2 = f(x_n + c_2 h, y_n + h a_{21} K_1) \\ y_{n+1} = y_n + h(b_1 K_1 + b_2 K_2) \end{cases} \tag{9-15}$$

其中，$b_1$，$b_2$，$c_2$，$a_{21}$为待定常数.

下面我们通过使得公式的阶数尽量高来选取方法的系数. 按照二元函数 Taylor 级数展开 $K_2$，得

$$\begin{aligned} K_2 = {} & f(x_n, y_n) + c_2 h f_x(x_n, y_n) + a_{21} h f_y(x_n, y_n) f(x_n, y_n) + \\ & + \frac{1}{2!}[c_2^2 h^2 f_{xx}(x_n, y_n) + 2c_2 a_{21} h^2 f_{xy}(x_n, y_n) f(x_n, y_n) + \\ & a_{21}^2 h^2 f_{yy}(x_n, y_n) f^2(x_n, y_n)] + \cdots \end{aligned} \tag{9-16}$$

为了叙述方便和简洁，把 $f(x_n, y_n)$ 及其偏导数中的 $x_n$，$y_n$ 省略不写，将式(9-16) 代入式(9-15) 的第三式得

$$y_{n+1}=y_n+h(b_1+b_2)f+h^2b_2(c_2f_x+a_{21}f_yf)+h^3\frac{b_2}{2}(c_2^2f_{xx}+2c_2a_{21}f_{xy}f+a_{21}^2f_{yy}f^2)+\cdots$$

根据

$$\begin{cases}y'=f(x,y)\\y''=f_x+f_yf\\y'''=f_{xx}+2f_{xy}f+f_{yy}f^2+f_y(f_x+f_yf)\end{cases}$$

再展开 $y(x_{n+1})$，得

$$\begin{aligned}y(x_{n+1})&=y(x_n)+hy'(x_n)+\frac{h^2}{2!}y''(x_n)+\frac{h^3}{3!}y'''(x_n)+\cdots\\&=y_n+hf+\frac{h^2}{2}(f_x+f_yf)+\frac{h^3}{6}(f_{xx}+2f_{xy}f+\\&\quad f_{yy}f^2+f_yf_x+f_yf)+\cdots\end{aligned}$$

于是，局部截断误差为

$$\begin{aligned}R_{n+1}&=y(x_{n+1})-y_{n+1}\\&=h(1-b_1-b_2)f+h^2\left[\left(\frac{1}{2}-b_2c_2\right)f_x+\left(\frac{1}{2}-b_2a_{21}\right)f_yf\right]\\&\quad+h^3\left[\left(\frac{1}{6}-\frac{1}{2}b_2c_2^2\right)f_{xx}+\left(\frac{1}{3}-b_2c_2a_{21}\right)f_{xy}f+\right.\\&\quad\left.\left(\frac{1}{6}-\frac{1}{2}b_2a_{21}^2\right)f_{yy}f^2+f_y(f_x+f_yf)\right]\\&\quad+\cdots\end{aligned}\tag{9-17}$$

要使式(9-17) 的局部截断误差为 $O(h^3)$，则应要求

$$\begin{cases}b_1+b_2=1\\b_2c_2=0.5\\b_2a_{21}=0.5\end{cases}\tag{9-18}$$

方程有 4 个未知数，3 个方程，所以有无穷多组解，它的每组解代入式(9-15) 得到的数值公式，局部截断误差均为 $O(h^3)$，故这些方法统称为二阶方法. 例如，取 $b_1=b_2=0.5$，得 $c_2=a_{21}=1$，公式为

$$\begin{cases}K_1=f(x_n,y_n)\\K_2=f(x_n+h,y_n+hK_1)\\y_{n+1}=y_n+0.5h(K_1+K_2)\end{cases}\tag{9-19}$$

这就是改进欧拉公式. 如果取 $b_1=0$，$b_2=1$，有 $c_2=a_{21}=\frac{1}{2}$，公式为

$$\begin{cases}K_1=f(x_n,y_n)\\K_2=f(x_n+0.5h,y_n+0.5hK_1)\\y_{n+1}=y_n+hK_2\end{cases}\tag{9-20}$$

这也是常用的二阶公式，称为中点公式.

类似地，对 $s=3$ 和 $s=4$ 的显式 RK 公式，通过更复杂的计算，可以导出三阶和四阶 RK 公式，其中常用的三阶和四阶 RK 公式分别为

注：对于一般函数 $f(x,y)$，由于 $f_y(f_x+f_y f)\neq 0$，所以不论参数如何选取，只能有 $R_{n+1}=O(h^3)$. 这说明式(9-15) 至多是二阶方法.

$$\begin{cases}K_1=f(x_n,y_n)\\K_2=f(x_n+\frac{h}{2},y_n+\frac{h}{2}K_1)\\K_3=f(x_n+h,y_n-hK_1+2hK_2)\\y_{n+1}=y_n+\frac{h}{6}(K_1+4K_2+K_3)\end{cases}\tag{9-21}$$

和

$$\begin{cases}K_1=f(x_n,y_n)\\K_2=f(x_n+\frac{h}{2},y_n+\frac{h}{2}K_1)\\K_3=f(x_n+\frac{h}{2},y_n+\frac{h}{2}K_2)\\K_4=f(x_n+h,y_n+hK_3)\\y_{n+1}=y_n+\frac{h}{6}(K_1+2K_2+2K_3+K_4)\end{cases}\tag{9-22}$$

式(9-22) 称为经典的四阶 RK 公式，通常说四阶 RK 方法就是指用式(9-22) 求解.

**【例 9.3】** 用 RK 方法式(9-20)～式(9-22) 解初值问题

$$\begin{cases}\frac{dy}{dx}=-y+x+1,0<x<1\\y(0)=1\end{cases}$$

此问题的精确解为 $y(x)=e^{-x}+x$. 其结果如表 9-2 所示.

通过和例 9.1 比较可以看出，四阶 RK 方法的精度比欧拉法、隐式欧拉法、梯形法和改进欧拉法（它是一种二阶 RK 方法）高得多. 就计算量来说，欧拉法、隐式欧拉法、梯形法和改进欧拉法每步只需计算一个或二个函数值，而四阶 RK 方法每步需计算四个函数值，但是可以通过放大步长，使计算量几乎相同.

表 9-2　RK 方法计算结果

| $x_n$ | RK 方法式(9-20) ($\lvert y_n-y(x_n)\rvert$) | RK 方法式(9-21) ($\lvert y_n-y(x_n)\rvert$) | RK 方法式(9-22) ($\lvert y_n-y(x_n)\rvert$) |
|---|---|---|---|
| 0.0 | 0.0 | 0.0 | 0.0 |
| 0.1 | $1.6\times10^{-4}$ | $4.1\times10^{-6}$ | $8.2\times10^{-8}$ |
| 0.2 | $2.9\times10^{-4}$ | $7.4\times10^{-6}$ | $1.5\times10^{-7}$ |
| 0.3 | $4.0\times10^{-4}$ | $1.0\times10^{-5}$ | $2.0\times10^{-7}$ |
| 0.4 | $4.8\times10^{-4}$ | $1.2\times10^{-5}$ | $2.4\times10^{-7}$ |
| 0.5 | $5.5\times10^{-4}$ | $1.4\times10^{-5}$ | $2.7\times10^{-7}$ |
| 0.6 | $5.9\times10^{-4}$ | $1.5\times10^{-5}$ | $3.0\times10^{-7}$ |
| 0.7 | $6.2\times10^{-4}$ | $1.6\times10^{-5}$ | $3.1\times10^{-7}$ |
| 0.8 | $6.5\times10^{-4}$ | $1.6\times10^{-5}$ | $3.3\times10^{-7}$ |
| 0.9 | $6.6\times10^{-4}$ | $1.7\times10^{-5}$ | $3.3\times10^{-7}$ |
| 1.0 | $6.6\times10^{-4}$ | $1.7\times10^{-5}$ | $3.3\times10^{-7}$ |

**【例 9.4】** 二体问题（two-body problem）是指研究两个可被视为质点的天体在其相互之间的万有引力作用下的动力学问题. 二体问题作为天体力学中的一个最基本的近似模型，是各类天体真实运动的第一次近似结果，是研究天体精确运动的理论基础，也是天体力学中的一个基本问题，因此它具有很重要的意义. 常见的应用有卫星绕着行星公转、行星绕着恒星公转、双星系统、双行星、一个经典电子绕着原子核运动等. 为了计算二体运动，选择其中一个天体作为坐标系的中心，则另一个天体的运动轨迹为一圆锥曲线. 我们用二维（$q_1$，$q_2$）表示第二个天体的位置，根据牛顿定律，经过一定的标准化化简，$q_1$，$q_2$满足下面的微分方程

$$\begin{cases}\dfrac{d^2q_1}{dt^2}=-\dfrac{q_1}{(q_1^2+q_2^2)^{3/2}}, \quad q_1(0)=1-e, \quad q_1'(0)=0\\[2ex]\dfrac{d^2q_2}{dt^2}=-\dfrac{q_2}{(q_1^2+q_2^2)^{3/2}}, \quad q_2(0)=0, \quad q_2'(0)=\sqrt{\dfrac{1+e}{1-e}}\end{cases}$$

用欧拉法、改进欧拉法、经典的四阶 RK 公式求解此问题（$h=0.01$，

$e=0.6$).

**【解】** 首先把此二阶常微分方程组化成一阶常微分方程组.

$$\begin{cases}\dfrac{dq_1}{dt}=p_1, & q_1(0)=1-e\\ \dfrac{dq_2}{dt}=p_2, & q_2(0)=0\\ \dfrac{dp_1}{dt}=-\dfrac{q_1}{(q_1^2+q_2^2)^{3/2}}, & p_1(0)=0\\ \dfrac{dp_2}{dt}=-\dfrac{q_2}{(q_1^2+q_2^2)^{3/2}}, & p_2(0)=\sqrt{\dfrac{1+e}{1-e}}\end{cases}$$

改进欧拉法和四阶 RK 公式给出的图像都是一个封闭的椭圆，因此它们的数值结果较好地模拟了第二个天体的运行轨迹，但是欧拉法的图像却是一个不断向外扩展的图形，从而欧拉法在求解此问题上，尤其在模拟解的长期性态上，数值效果较差.

## 9.4 单步法的进一步讨论

在本节中我们讨论求解初值问题单步法的收敛性与相容性、稳定性和变步长方法.

### 9.4.1 收敛性与相容性

微分方程数值解法的基本思想是：采用某种离散化的手段，将微分方程初值问题化为差分方程初值问题来求解. 这些转化是否合理，还要看差分问题的解 $y_n$，当 $h\to 0$ 时是否会收敛到微分方程初值问题的准确解 $y(x_n)$. 另外，需要注意的是，如果只考虑 $h\to 0$，那么节点 $x_n=x_0+nh$ 对于固定的 $n$ 将趋于 $x_0$，这时讨论收敛性是没有意义的，因此当 $h\to 0$ 时，同时要求 $n\to\infty$ 才合理. 这就是相容性与收敛性问题.

**定义 9.3** 一种数值方法称为是收敛的，如果对于任意初值 $y_0$ 及任意固定的 $x\in(a,b]$，$x=a+nh$ 都有

$$\lim_{h\to 0} y_n=y(x)$$

其中，$y(x)$ 为初值问题式(9-1) 的精确解.

所谓单步法，就是在计算 $y_{n+1}$ 时只用到它前一步的信息 $y_n$，显式单步法的计算公式为

**人物介绍**

**卡尔·龙格**(Carl Runge 1856—1927)，德国数学家. 他在 1880 年获得柏林大学的数学博士，是著名德国数学家，被誉为“现代分析之父”的卡尔·魏尔施特拉斯的学生. 1886 年，他成为德国汉诺威莱布尼茨大学的教授. 他的兴趣包括数学，光谱学，大地测量学，与天体物理学. 除了纯数学以外，他也从事很多涉及实验的工作. 他跟海因里希·凯瑟一同研究各种元素的谱线，又将研究的结果应用在天体光谱学. 数值分析中，龙格-库塔法(Runge-Kutta) 是用于模拟常微分方程的解的重要的一类隐式或显式迭代法. 这些技术由数学家卡尔·龙格和马丁·威尔海姆·库塔于 1900 年左右发明.

$$\begin{cases} y_{n+1}=y_n+h\varphi(x_n,y_n,h) \\ y_0=y(x_0) \end{cases} \tag{9-23}$$

其中，$\varphi(x, y(x), h)$ 称为增量函数.

如果我们取消局部化假定，使用某单步法公式，从 $x_0$ 出发，一步一步地推算到 $x_{n+1}$ 处的近似值 $y_{n+1}$. 若不计各步的舍入误差，而每步都有局部截断误差，这些局部截断的积累就是整体截断误差.

**定义 9.4** 我们称

$$e_{n+1}=y(x_{n+1})-y_{n+1}$$

为某数值方法的整体误差. 其中 $y(x)$ 为初值问题式(9-1) 的精确解，$y_{n+1}$ 为不计舍入误差时用某数值方法从 $x_0$ 开始，逐步得到的在 $x_{n+1}$ 处的近似值（不考虑舍入误差的情况下，截断误差的积累).

对于单步方法，我们有下面的定理.

**定理 9.2** 设单步法式(9-23) 具有 $p$ 阶精度，其增量函数 $\varphi(x, y, h)$ 关于 $y$ 满足 Lipschitz 条件，问题式(9-1) 的初值是精确的，即 $y(x_0)=y_0$，则单步法的整体截断误差为

$$e_{n+1}=y(x_{n+1})-y_{n+1}=O(h^p)$$

**证明** 由已知，$\varphi(x, y, h)$ 关于 $y$ 满足 Lipschitz 条件，故存在 $L>0$，使得对任意的 $y_1$，$y_2$ 及 $x\in[a, b]$，$0<h\leqslant h_0$，都有

$$|\varphi(x,y_1,h)-\varphi(x,y_2,h)|\leqslant L|y_1-y_2|$$

记 $\overline{y}_{n+1}=y(x_n)+h\varphi(x_n,y(x_n),h)$，因为单步法具有 $p$ 阶精度，故存在 $M>0$，使得

$$|R_{n+1}|=|y(x_{n+1})-\overline{y}_{n+1}|\leqslant Mh^{p+1}$$

从而有

$$\begin{aligned}|e_{n+1}|&=|y(x_{n+1})-y_{n+1}|\\&\leqslant|y(x_{n+1})-\overline{y}_{n+1}|+|\overline{y}_{n+1}-y_{n+1}|\\&\leqslant Mh^{p+1}+|y(x_n)+h\varphi(x_n,y(x_n),h)-y_n-h\varphi(x_n,y_n,h)|\\&\leqslant Mh^{p+1}+|y(x_n)-y_n|+h|\varphi(x_n,y(x_n),h)-\varphi(x_n,y_n,h)|\\&\leqslant Mh^{p+1}+(1+hL)|e_n|\end{aligned}$$

反复递推得

$$\begin{aligned}|e_{n+1}|&\leqslant Mh^{p+1}+(1+hL)[Mh^{p+1}+(1+hL)|e_{n-1}|]\\&\leqslant[1+(1+hL)+\cdots+(1+hL)^n]Mh^{p+1}+(1+hL)^{n+1}|e_0|\\&\leqslant\frac{(1+hL)^{n+1}-1}{hL}Mh^{p+1}+(1+hL)^{n+1}|e_0|\end{aligned}$$

因为 $y(x_0)=y_0$，即 $e_0=0$，又 $(n+1)h\leqslant b-a$，于是

$$(1+hL)^{n+1}\leqslant(1+hL)^{\frac{b-a}{h}}=\mathrm{e}^{\frac{b-a}{h}\ln(1+hL)}\leqslant\mathrm{e}^{L(b-a)}$$

所以

$$|e_{n+1}|\leqslant\frac{M}{L}h^p\left[\mathrm{e}^{L(b-a)}-1\right]=O(h^p)$$

根据上述定理，立即可以得到下面关于单步法收敛性的定理.

**定理 9.3**　设单步法具有 $p(p\geqslant1)$ 阶精度，增量函数 $\varphi(x,y,h)$ 在区域 $s$：

$$a\leqslant x\leqslant b,-\infty<y<+\infty,0\leqslant h\leqslant h_0$$

上连续，且关于 $y$ 满足 Lipschitz 条件，则单步法是收敛的.

用单步法式(9-23) 求解初值问题式(9-1)，如果近似是合理的，则应有

$$\frac{y(x+h)-y(x)}{h}-\varphi(x,y(x),h)\to0\quad(h\to0)\tag{9-24}$$

其中，$y(x)$为问题式(9-1) 的精确解. 因为

$$\lim_{h\to0}\frac{y(x+h)-y(x)}{h}=y'(x)=f(x,y)$$

故由式(9-24) 得

$$\lim_{h\to0}\varphi(x,y,h)=f(x,y)$$

如果增量函数 $\varphi(x,y(x),h)$ 关于 $h$ 连续，则有

$$\varphi(x,y,0)=f(x,y)\tag{9-25}$$

**定义 9.5**　如果单步法的增量函数 $\varphi(x, y, h)$ 满足条件式(9-25)，则称单步法式(9-25) 与初值问题式(9-1) 相容. 通常称式(9-25) 为单步法的相容条件.

满足相容条件式(9-25) 是可以用单步法求解初值问题式(9-1) 的必要条件.

下面我们验证欧拉法和改进欧拉法均满足相容性条件. 事实上，对欧拉法，增量函数为

$$\varphi(x,y,h)=f(x,y)$$

自然满足条件式(9-25). 改进欧拉法的增量函数为

$$\varphi(x,y,h)=\frac{1}{2}\left[f(x,y)+f(x+h,y+hf(x,y))\right]$$

因为 $f(x, y)$ 连续，从而有

注：当 $f(x, y)$ 在区域 $D$：$a\leqslant x\leqslant b$，$\infty<y<+\infty$上连续，且关于 $y$ 满足 Lipschitz 条件时，改进欧拉方法，各阶 RK 方法的增量函数 $\varphi(x, y, h)$ 在区域 $s$ 上连续，且关于 $y$ 满足 Lipschitz 条件，因而它们都是收敛的.

$$\varphi(x,y,0)=\frac{1}{2}[f(x,y)+f(x,y)]=f(x,y)$$

所以欧拉法和改进欧拉法均与初值问题式(9-1) 相容. 一般地，如果单步法有 $p$ 阶精度（$p\geqslant1$），则其截断误差为

$$y(x+h)-[y(x)+h\varphi(x,y(x),h)]=O(h^{p+1})$$

上式两端同除以 $h$，得

$$\frac{y(x+h)-y(x)}{h}-\varphi(x,y,h)=O(h^{p})$$

令 $h\to0$，如果 $\varphi(x,y(x),h)$ 连续，则有

$$y'(x)-\varphi(x,y,0)=0$$

所以 $p\geqslant1$ 的单步法均与问题式(9-1) 相容. 由此即得各阶 RK 方法与初值问题式(9-1) 相容.

关于单步法收敛和相容性关系的一般结果如下.

**定理 9.4** 设增量函数 $\varphi(x, y, h)$ 在区域 $s$ 上连续，且关于 $y$ 满足 Lipschitz 条件，则单步法收敛的充分必要条件是相容性条件式(9-25).

## 9.4.2 稳定性

对于一种数值方法，即便是收敛的，由于初始值一般都带有误差，同时在计算过程中也常常会产生舍入误差，这些误差必然会被传播下去，对后续的计算结果产生影响，数值稳定性问题就是讨论这种误差的积累和传播能否得到控制.

**定义 9.6** 若一种数值方法在节点值 $y_n$ 上有一个大小为 $\delta$ 的扰动，以后各节点 $y_m$ $(m>n)$ 上产生的偏差均不超过 $\delta$，则称该方法是稳定的.

讨论数值方法的稳定性，通常是选用试验方程

$$\frac{\mathrm{d}y}{\mathrm{d}x}=\lambda y \tag{9-26}$$

来检验，其中 $\lambda$ 为复常数. 选择这一试验方程的理由：一是，它比较简单，若对它方法已经不稳定，对其他方程数值方法也就不可靠；二是，一般方程式(9-1) 可局部线性化成这一形式

$$y'=f(x,y)=f(\overline{x},\overline{y})+f_x(\overline{x},\overline{y})(x-\overline{x})+f_y(\overline{x},\overline{y})(y-\overline{y})+\cdots$$

略去高阶项，再作变量替换就得到 $u'=\lambda u$ 的形式. 事实上，方程可简写为 $y'=b(ax+y)+c$，作变换 $u=ax+y+\dfrac{a+c}{b}$即可得 $u'=bu$. 对于

由 $m$ 个方程组成的方程组，可以线性化为$\boldsymbol{Y}'=\boldsymbol{AY}$，其中$\boldsymbol{A}$为$m\times m$的雅克比矩阵$\left[\dfrac{\partial f}{\partial y_i}\right]$. 若$\boldsymbol{A}$有$m$个不同的特征值$\lambda_1,\lambda_2,\cdots,\lambda_m$，则可对角化为$\boldsymbol{Q}^{\mathrm{T}}\boldsymbol{AQ}=\mathrm{diag}(\lambda_1,\cdots,\lambda_m)$，再作变换$\boldsymbol{Y}=\boldsymbol{QU}$，得到$m$个非耦合的方程$\boldsymbol{U}_i'=\lambda_i\boldsymbol{U}_i$，其中$\lambda_i$可以为复数，所以一般讨论式(9-26) 中的$\lambda$为复数.

对于方程式(9-26)，若 $\mathrm{Re}\lambda>0$，则

$$y(x)=c\mathrm{e}^{\lambda x},\lim_{x\to\infty}y(x)=\infty\quad(c\neq 0)$$

若 $\mathrm{Re}\lambda<0$，则$\lim\limits_{x\to\infty}y(x)=0$. 我们称 $\mathrm{Re}\lambda<0$ 的试验方程式(9-26) 是稳定的.

对于 $\mathrm{Re}\lambda<0$ 的试验方程式(9-26)，不同的数值方法可能是数值稳定或不稳定的. 当一个单步法用于试验方程 $y'=\lambda y$，从 $y_n$ 计算一步得

$$y_{n+1}=E(\lambda h)y_n\tag{9-27}$$

其中，$E(\lambda h)$ 依赖于所选的方法. 因为通过点（$x_n$，$y_n$）试验方程的解曲线（它满足 $y'=f(x,y)$，$y(x_n)=y_n$）为 $y_n\mathrm{e}^{\lambda(x-x_n)}$，而一个 $p$ 阶单步法的局部截断误差在$y(x_n)=y_n$时有

$$T_{n+1}=y(x_{n+1})-y_{n+1}=O(h^{p+1})$$

所以有

$$y_n\mathrm{e}^{\lambda h}-E(\lambda h)y_n=O(h^{p+1})\tag{9-28}$$

这样可以看出 $E(\lambda h)$ 是 $\mathrm{e}^{\lambda h}$ 的一个逼近.

由式(9-27) 可以看到，若 $y_n$ 计算中有误差$\varepsilon$，则计算 $y_{n+1}$ 时将产生误差 $E(\lambda h)\varepsilon$，所以有下面定义.

**定义 9.7**　如果式(9-27) 中，$|E(\lambda h)|<1$，则称单步法式(9-25) 是**绝对稳定的**. 在复平面上复变量 $\lambda h$ 满足$|E(\lambda h)|<1$的区域，称为方法式(9-23) 的**绝对稳定区域**，它与实轴的交称为**绝对稳定区间**.

在上述定义中，规定严格不等式成立，是为了和线性多步法的绝对稳定性定义一致. 事实上，$|E(\lambda h)|=1$ 时也可以认为误差不增长.

(1) 欧拉方法的稳定性

欧拉方法用于试验方程式(9-26)，得 $y_{n+1}=(1+h\lambda)y_n$，所以有$E(\lambda h)=1+h\lambda$. 所以绝对稳定条件是$|1+h\lambda|<1$，它的绝对稳定区域是 $\lambda h$ 复平面上以（$-1,0$）为中心的单位圆. 而$\lambda$为实数时，绝对稳定区间是（$-2,0$）.

(2) 梯形公式的稳定性

对试验方程式(9-26)，梯形公式的具体表达式 $y_{n+1}=y_n+\frac{h}{2}(\lambda y_n+\lambda y_{n+1})$，即 $y_{n+1}=\dfrac{1+\frac{h\lambda}{2}}{1-\frac{h\lambda}{2}}y_n$，所以梯形公式的绝对稳定条件为 $\left|1+\frac{h\lambda}{2}\right|<\left|1-\frac{h\lambda}{2}\right|$. 化简得 $\mathrm{Re}(h\lambda)<0$，因此梯形公式的绝对稳定区域为 $h\lambda$ 平面的左平面. 特别地，当 $\lambda$ 为负实数时，对任意的 $h>0$，梯形公式都是稳定的.

(3) RK 方法的稳定性

与前面的讨论相仿，将 RK 方法用于模型方程式(9-26)，可得二、三、四阶 RK 方法的绝对稳定区域分别为

$$\left|1+h\lambda+\frac{1}{2}(h\lambda)^2\right|<1$$

$$\left|1+h\lambda+\frac{1}{2}(h\lambda)^2+\frac{1}{6}(h\lambda)^3\right|<1$$

$$\left|1+h\lambda+\frac{1}{2}(h\lambda)^2+\frac{1}{6}(h\lambda)^3+\frac{1}{24}(h\lambda)^4\right|<1$$

当 $\lambda$ 为实数时，三、四阶显式 RK 方法的绝对稳定区域分别为 $-2.51<h\lambda<0$，$-2.78<h\lambda<0$.

表 9-3 总结了几个常用公式的绝对稳定区间.

**表 9-3　几个常用公式的绝对稳定区间**

| 方　法 | 阶　数 | 区　间 |
|---|---|---|
| 显式欧拉公式 | 1 | $(-2,0)$ |
| 隐式欧拉公式 | 1 | $(-\infty,0)\cup(2,\infty)$ |
| 梯形公式(隐式) | 2 | $(-\infty,0)$ |
| 二阶 RK 公式(显式) | 2 | $(-2,0)$ |
| 二阶 RK 公式(隐式) | 2 | $(-\infty,0)$ |
| 三阶 RK 公式(显式) | 3 | $(-2.51,0)$ |
| 经典 RK 公式(显式) | 4 | $(-2.78,0)$ |

【例 9.5】 用显式欧拉公式和经典 RK 公式解初值问题.

$$\begin{cases}\dfrac{dy}{dx}=-10y,0<x<1\\ y(0)=1\end{cases}$$

此问题的精确解为 $y(x)=e^{-10x}$. 表 9-4 给出了每种方法在不同步长下的误差 $|y_n-y(x_n)|$.

表 9-4　例 9.5 计算结果

| $x_n$ | 显式欧拉公式 $h=0.1$ | 显式欧拉公式 $h=0.5$ | 经典 RK 公式 $h=0.1$ | 经典 RK 公式 $h=0.5$ |
|---|---|---|---|---|
| 0.0 | 0.0 | 0.0 | 0.0 | 0.0 |
| 0.5 | $6.7\times10^{-3}$ | $0.4\times10$ | $6.8\times10^{-4}$ | $1.3\times10$ |
| 1.0 | $4.5\times10^{-5}$ | $1.6\times10$ | $9.6\times10^{-6}$ | $1.9\times10^{2}$ |
| 1.5 | $3.1\times10^{-7}$ | $6.4\times10$ | $1.0\times10^{-7}$ | $2.6\times10^{3}$ |
| 2.0 | $2.1\times10^{-9}$ | $2.6\times10^{2}$ | $9.6\times10^{-10}$ | $3.5\times10^{4}$ |
| 2.5 | $1.4\times10^{-11}$ | $1.0\times10^{3}$ | $8.5\times10^{-12}$ | $4.8\times10^{5}$ |
| 3.0 | $9.4\times10^{-14}$ | $4.1\times10^{3}$ | $7.3\times10^{-14}$ | $6.6\times10^{6}$ |

通过数值结果可以看出，当步长 $h=0.1$ 时，两种方法的数值解误差较小并且逐渐衰减；当步长 $h=0.5$ 时，两种方法的数值解误差较大并且迅速增长，以致失去控制. 产生这种现象的原因就是，当步长 $h=0.1$ 时，$h\lambda=0.1\times(-10)=-1$，落在方法的稳定区间内，而当步长 $h=0.5$ 时，$h\lambda=0.5\times(-10)=-5$ 不在稳定区间内. 因此在采用方法求解问题时，不仅要考虑截断误差，而且要考虑方法的稳定性.

## 9.4.3　变步长方法

通常在应用单步法时，采用等步长，但是若问题式(9-1) 的解函数 $y(x)$ 变化是不均匀的，可能在求解区间的某些部分变化平缓，而在另一些部分变化剧烈. 用等步长 $h$ 求数值解，则可能产生有些点处精度过高，有些点处精度过低的情况，为保证一定的精度，必须取较小的步长 $h$. 这样做既增加了计算量，也导致误差的严重积累，因而实际计算时，往往采用事后估计误差、自动调整步长的数值方法. 步长的合理取法是在变化激烈处步长取小些，在变化平缓时取大些，也就是采取自动变步长的方法，即根据精度的要求先估计出下一步长的合理大小，然后按此计算.

设用 $p$ 阶方法计算 $y_{n+1}$，从 $y_n$ 出发，以步长 $h$ 计算一步所得 $y(x_{n+1})$ 的近似值 $y_{n+1}^{h}$，以步长 $\frac{h}{2}$ 计算两步得 $y(x_{n+1})$ 的近似值 $y_{n+1}^{\frac{h}{2}}$. 由于 $p$ 阶公式的局部截断误差为 $O(h^{p+1})$，且 $y^{(p+1)}$ 在小区间 $[x_n, x_{n+1}]$ 上变化不大，故有

$$y(x_{n+1})-y_{n+1}^{h}\approx ch^{p+1} \tag{9-29}$$

$$y(x_{n+1})-y_{n+1}^{\frac{h}{2}}\approx 2c\left(\frac{h}{2}\right)^{p+1} \tag{9-30}$$

将式(9-30) 乘以 $2^p$ 减式(9-29) 得

$$(2^p-1)y(x_{n+1})-2^p y_{n+1}^{\frac{h}{2}}+y_{n+1}^{h}\approx 0$$

从而有

$$|y(x_{n+1})-y_{n+1}|\approx\frac{2^p}{2^p-1}|y_{n+1}^{h}-y_{n+1}^{\frac{h}{2}}|=\Delta \tag{9-31}$$

这样，可以事后误差估计式(9-31) 中 $\Delta$ 的大小来选择合适的步长.

变步长的方法做法就是，可以从 $\Delta$ 的值来选择合适的步长，从而得到合乎精度要求的 $y_{n+1}$. 具体做法是：设要求精度是 $\varepsilon$，如果 $\Delta<\varepsilon$，就反复加倍步长进行计算，直到 $\Delta>\varepsilon$ 为止. 这时上一次的步长就是合适的步长，上一次计算所得的结果，就是合乎精度要求的 $y_{n+1}$；如果 $\Delta>\varepsilon$，则反复折半步长，直到 $\Delta<\varepsilon$ 为止. 这时，最后一次步长就是合适的步长，而这最后一次的计算结果就是满足精度要求的 $y_{n+1}$. 这种计算过程中自动选择步长的方法，叫变步长方法.

## 9.5 多步法

前面所讲的各种数值解法，都是单步法，即在每一步计算时，只要前面一个值 $y_n$ 已知的条件下就可以计算出 $y_{n+1}$. 单步法的特点是，可以自成系统进行直接计算，因为初始条件只有一个已知 $y_0$，由 $y_0$ 可以计算 $y_1$，不必借助于其他方法，这种单步法是自开始的. 如果考虑在计算值 $y_{n+1}$ 时，能够比较充分地利用前面的已知信息，如 $y_n$ 和 $y_{n-j}$，$j=1,2,\cdots,l-1$，那么就可望使所得到的 $y_{n+1}$ 更加精确. 这就是多步法的基本思想. 我们称要用到 $y_n$ 和 $y_{n-j}$，$j=1,2,\cdots,l-1$ 的多步法为 $l$ 步方法. 对于多步方法，因初始条件只有一个，运用多步法要借助同阶的单步方法来开始.

## 9.5.1 显式 Adams 方法

考虑初值问题式(9-1) 在区间 $[x_n, x_{n+1}]$ 上两边积分，可得

$$y(x_{n+1})-y(x_n)=\int_{x_n}^{x_{n+1}} f(x,y(x))\mathrm{d}x$$

用 $k$ 个节点 $x_{n-k+1},\cdots,x_n$ 上的拉格朗日插值多项式近似被积函数

$$f(x,y(x))\approx\sum_{j=0}^{k-1} f(x_{n-j},y(x_{n-j}))L_j(x)\approx\sum_{j=0}^{k-1} f(x_{n-j},y_{n-j})L_j(x)$$

利用此式，得到

$$\begin{aligned}y_{n+1}&=y_n+\int_{x_n}^{x_{n+1}}\sum_{j=0}^{k-1} f(x_{n-j},y_{n-j})L_j(x)\mathrm{d}x\\&=y_n+\sum_{j=0}^{k-1} f(x_{n-j},y_{n-j})\int_{x_n}^{x_{n+1}}L_j(x)\mathrm{d}x\\&=y_n+h\sum_{j=0}^{k-1}\beta_j f(x_{n-j},y_{n-j})\end{aligned}$$

其中系数 $$\beta_j=\frac{1}{h}\int_{x_n}^{x_{n+1}}L_j(x)\mathrm{d}x,(j=0,1,\cdots,k-1)$$

此方法通常称之为 $k$ 步显式 Adams 方法或 $k$ 阶显式 Adams 方法. 当 $f$ 充分光滑时方法为 $k$ 阶的. 下面我们给出几个具体例子：$k=1$ 时，方法就是欧拉法（单步法）；$k=2$ 时，方法为

$$y_{n+1}=y_n+h\left(\frac{3}{2}f(x_n,y_n)-\frac{1}{2}f(x_{n-1},y_{n-1})\right)$$

$k=3$ 时，方法为

$$y_{n+1}=y_n+h\left(\frac{23}{12}f(x_n,y_n)-\frac{4}{3}f(x_{n-1},y_{n-1})+\frac{5}{12}f(x_{n-2},y_{n-2})\right)$$

$k=4$ 时，方法为

$$\begin{aligned}y_{n+1}=y_n+h\Big(&\frac{55}{24}f(x_n,y_n)-\frac{59}{24}f(x_{n-1},y_{n-1})\\&+\frac{37}{24}f(x_{n-2},y_{n-2})-\frac{3}{8}f(x_{n-3},y_{n-3})\Big)\end{aligned}$$

## 9.5.2 隐式 Adams 方法

下面我们考虑隐式 Adams 方法. 用 $k+1$ 个节点 $x_{n-k+1},\cdots,x_n$，$x_{n+1}$ 上的拉格朗日插值多项式近似被积函数

$$f(x,y(x))\approx\sum_{j=0}^{k} f(x_{n-j+1},y_{n-j+1})L_j(x)$$

得到

$$y_{n+1}=y_n+\int_{x_n}^{x_{n+1}}\sum_{j=0}^{k}f(x_{n-j+1},y_{n-j+1})L_j(x)\mathrm{d}x$$

$$=y_n+\sum_{j=0}^{k}f(x_{n-j+1},\ y_{n-j+1})\int_{x_n}^{x_{n+1}}L_j(x)\mathrm{d}x$$

$$=y_n+h\sum_{j=0}^{k}\beta_j f(x_{n-j+1},\ y_{n-j+1})$$

其中系数 $\beta_j=\dfrac{1}{h}\int_{x_n}^{x_{n+1}}L_j(x)\mathrm{d}x\quad(j=0,1,\cdots,k)$

此方法称之为 $k$ 步隐式 Adams 方法. 当 $f$ 充分光滑时方法为 $k+1$ 阶的. $k=1$ 时，方法为梯形公式（单步法）；$k=2$ 时方法为

$$y_{n+1}=y_n+h\left(\frac{5}{12}f(x_{n+1},y_{n+1})+\frac{2}{3}f(x_n,y_n)-\frac{1}{12}f(x_{n-1},y_{n-1})\right)$$

$k=3$ 时，方法为

$$y_{n+1}=y_n+h\left(\frac{9}{24}f(x_{n+1},y_{n+1})+\frac{19}{24}f(x_n,y_n)-\frac{5}{24}f(x_{n-1},y_{n-1})+\frac{1}{24}f(x_{n-2},y_{n-2})\right)$$

$k=4$ 时，方法为

$$y_{n+1}=y_n+h\left(\frac{251}{720}f(x_{n+1},y_{n+1})+\frac{323}{360}f(x_n,y_n)-\frac{11}{30}f(x_{n-1},y_{n-1})+\frac{53}{360}f(x_{n-2},y_{n-2})-\frac{19}{720}f(x_{n-3},y_{n-3})\right)$$

## 9.5.3 线性多步法

考虑如下形式的多步法

$$y_{n+1}=\sum_{i=0}^{r}\alpha_i y_{n-i}+h\sum_{i=-1}^{r}\beta_i f_{n-i}\tag{9-32}$$

其中，$\alpha_i$，$\beta_i$ 均为常数，$y_{n-i}=y(x_{n-i})$，$f_{n-i}=f(x_{n-i},\ y_{n-i})$. 当 $\beta_{-1}=0$ 时，上式称为显式，否则称为隐式. 因为此多步法是用前面若干节点处的函数值及其导数值的线性组合来计算，所以称为线性多步法. 可以看出显式 Adams 方法和隐式 Adams 方法均属于线性多步法，下面我们推导其他的线性多步法.

**定义 9.8** 设 $y(x)$ 是初值问题式(9-1) 的精确解，线性多步法式

(9-32) 在 $x_{n+1}$ 上的局部截断误差定义为

$$T_{n+1}=y(x_{n+1})-\sum_{k=0}^{r}\alpha_k y_{n-k}+h\sum_{k=-1}^{r}\beta_k y'_{n-k}$$

若 $T_{n+1}=O(h^{p+1})$，则称方法(9-32) 是 $p$ 阶方法.

设初值问题式(9-1) 的解 $y(x)$ 充分光滑，记 $y_n^{(j)}=y^{(j)}(x_n)(j=0,1,\cdots)$，由 Taylor 展开式可得

$$y_{n-k}=y(x_{n-k})=y_n+\sum_{j=1}^{p}\frac{(-kh)^j}{j!}y_n^{(j)}+\frac{(-kh)^{p+1}}{(p+1)!}y_n^{(p+1)}+\cdots$$

和

$$y'_{n-k}=y'(x_{n-k})=\sum_{j=1}^{p}\frac{(-kh)^{j-1}}{(j-1)!}y_n^{(j)}+\frac{(-kh)^p}{p!}y_n^{(p+1)}+\cdots$$

把这两个式子代入式(9-32)，得

$$\begin{aligned}y_{n+1}&=\sum_{k=0}^{r}\alpha_k\left(y_n+\sum_{j=1}^{p}\frac{(-kh)^j}{j!}y_n^{(j)}+\frac{(-kh)^{p+1}}{(p+1)!}y_n^{(p+1)}+\cdots\right)\\&\quad+h\sum_{k=-1}^{r}\beta_k\left(\sum_{j=1}^{p}\frac{(-kh)^{j-1}}{(j-1)!}y_n^{(j)}+\frac{(-kh)^p}{p!}y_n^{(p+1)}+\cdots\right)\qquad(9\text{-}33)\\&=\sum_{k=0}^{r}\alpha_k y_n+\sum_{j=1}^{p}\frac{h^j}{j!}\left[\sum_{k=0}^{r}\alpha_k(-k)^j+j\sum_{k=-1}^{r}\beta_k(-k)^{j-1}\right]y_n^{(j)}\\&\quad+\frac{h^{p+1}}{(p+1)!}\left[\sum_{k=1}^{r}\alpha_k(-k)^{p+1}+(p+1)\sum_{k=-1}^{r}\beta_k(-k)^p\right]y_n^{(p+1)}+\cdots\end{aligned}$$

为了使式(9-32) 具有 $p$ 阶精度，只需使式(9-33) 的前 $p+1$ 项与 $y(x_{n+1})$ 在 $x_n$ 处的 Taylor 展开式

$$y(x_{n+1})=y_n+\sum_{j=1}^{p}\frac{h^j}{j!}y_n^{(j)}+\frac{h^{p+1}}{(p+1)!}y_n^{(p+1)}+\cdots$$

的前 $p+1$ 项系数对应相等即可. 对比关于 $h$ 的同次项系数，得到确定 $\alpha_k$，$\beta_k$ 的方程组

$$\begin{cases}\sum\limits_{k=0}^{r}\alpha_k=1\\ \sum\limits_{k=1}^{r}(-k)^j\alpha_k+j\sum\limits_{k=-1}^{r}(-k)^{j-1}\beta_k=1\end{cases}\quad(j=1,\cdots,p)\qquad(9\text{-}34)$$

可见，只要式(9-32) 的系数 $\alpha_k$、$\beta_k$ 满足式(9-34)，方法式(9-32) 就具有 $p$ 阶精度.

根据条件式(9-34)，可以验证 $k$ 步显式 Adams 方法具有 $k$ 阶精度，

$k$ 步隐式 Adams 方法具有 $k+1$ 阶精度.

对方程组(9-34)，取 $p=4$，$r=3$，令 $\alpha_0=\alpha_1=\alpha_2=\beta_{-1}=0$，解出

$$\alpha_3=1,\beta_0=\frac{8}{3},\beta_1=-\frac{4}{3},\beta_2=\frac{8}{3},\beta_3=0$$

相应地，线性多步法公式

$$y_{n+1}=y_{n-3}+\frac{4h}{3}(2f_n-f_{n-1}+2f_{n-2})$$

称为 Milne 公式，Milne 公式是四阶四步显式公式.

对方程组(9-34)，取 $r=2$，并令 $\alpha_1=\beta_2=0$，可得海明(Hamming) 公式

$$y_{n+1}=\frac{1}{8}(9y_n-y_{n-2})+\frac{3}{8}h(f_{n+1}+2f_n-f_{n-1})$$

Hamming 公式是四阶三步隐式公式.

**【例 9.6】** 分别用 Adams 显式（$k=4$）和隐式（$k=3$）公式求初值问题

$$\begin{cases}y'=-y+x+1 & 0\leqslant x\leqslant 1\\ y(0)=1\end{cases}$$

的数值解，取 $h=0.1$. 此问题精确解为 $y(x)=\mathrm{e}^{-x}+x$.

**【解】** 根据题意，$x_n=nh=0.1n$，$f_n=-y_n+x_n+1$，Adams 显式（$k=4$）公式为

$$y_{n+1}=\frac{1}{24}(18.5y_n+5.9y_{n-1}-3.7y_{n-2}+0.9y_{n-3}+0.24n+3.24)(n=3,\cdots,9)$$

由 Adams 隐式（$k=3$）公式有

$$y_{n+1}=\frac{1}{24.9}(22.1y_n+0.5y_{n-1}-0.1y_{n-2}+0.24n+3)(n=2,\cdots,9)$$

初始点用精确解提供，按上面的公式计算，结果见表 9-5.

**表 9-5　例 9.6 计算结果**

| $x_n$ | Adams 显式法 | | Adams 隐式法 | |
|---|---|---|---|---|
| | $y_n$ | $\lvert y(x_n)-y_n\rvert$ | $y_n$ | $\lvert y(x_n)-y_n\rvert$ |
| 0.3 | | | 1.04081801 | $2.1\times10^{-7}$ |
| 0.4 | 1.07032292 | $2.9\times10^{-6}$ | 1.07031966 | $3.8\times10^{-7}$ |
| 0.5 | 1.10653548 | $4.8\times10^{-6}$ | 1.10653014 | $5.2\times10^{-7}$ |

续表

| $x_n$ | Adams 显式法 | | Adams 隐式法 | |
|---|---|---|---|---|
| | $y_n$ | $\|y(x_n)-y_n\|$ | $y_n$ | $\|y(x_n)-y_n\|$ |
| 0.6 | 1.14881841 | $6.8\times10^{-6}$ | 1.14881101 | $6.3\times10^{-7}$ |
| 0.7 | 1.19659339 | $8.1\times10^{-6}$ | 1.19658459 | $7.1\times10^{-7}$ |
| 0.8 | 1.24933816 | $9.2\times10^{-6}$ | 1.24932819 | $7.7\times10^{-7}$ |
| 0.9 | 1.30657961 | $1.0\times10^{-5}$ | 1.30656884 | $8.1\times10^{-7}$ |
| 1.0 | 1.36788996 | $1.1\times10^{-5}$ | 1.36787860 | $8.4\times10^{-7}$ |

从表 9-5 可以看出，虽然所用方法都是四阶方法，但是 Adams 隐式法比显式法的精度高．一般地，同阶的隐式法比显式法精确，而且数值稳定性也好．但在隐式公式中，通常很难用迭代法求解，这样又增加了计算量．因此实际计算时，很少单独使用显式公式或隐式公式，而是将它们联合使用：先用显式公式求出 $y(x_{n+1})$ 的预测值，记作 $\overline{y}_{n+1}$，再用隐式公式对预测值进行校正，求出 $y(x_{n+1})$ 的近似值．

一般地，采用同阶的显式公式与隐式公式配对使用，即把由显式求出的 $y_{n+1}$（记 $\overline{y}_{n+1}$）作为 $y(x_{n+1})$ 的预测值，然后再代入隐式公式进行校正，求出更接近 $y(x_{n+1})$ 的值 $y_{n+1}$．这样就构成了预测-校正系统．常用的预测校正系统有两种．

Adams 显式-隐式公式

$$\begin{cases}\overline{y}_{n+1}=y_n+\dfrac{h}{24}(55f_n-59f_{n-1}+37f_{n-2}-9f_{n-3})\\[2ex] y_{n+1}=y_n+\dfrac{h}{24}(9f(x_{n+1},\overline{y}_{n+1})+19f_n-5f_{n-1}+f_{n-2})\end{cases}$$

Milne-Hamming 预测校正系统

$$\begin{cases}\overline{y}_{n+1}=y_{n-3}+\dfrac{4h}{3}(2f_n-f_{n-1}+2f_{n-2})\\[2ex] y_{n+1}=\dfrac{1}{8}(9y_n-y_{n-2})+\dfrac{3}{8}h(f(x_{n+1},\overline{y}_{n+1})+2f_n-f_{n-1})\end{cases}$$

# 9.6　刚性微分方程和 Matlab 应用

## 9.6.1　刚性问题

有一类常微分方程（组），在求数值解时遇到相当大的困难，这类常微分方程（组）解的分量有的变化很快，有的变化很慢．出现这种现象：变化快的分量很快地趋于它的稳定值，而变化慢的分量缓慢地趋于它的稳定值．快时应该用小步长，当变化快的分量已趋于稳定，就应该用较大步长积分. 但是理论和实践都表明，很多方法，特别是显式方法的步长仍不能放大，否则便出现数值不稳定现象，即误差急剧增加，以至于掩盖了真值，使求解过程无法继续进行. 这种性质称为刚性(Stiff)，在控制等领域中都是常见的.

单个常微分方程或者常微分方程组都可能具有刚性. 例如单个方程

$$\frac{dy}{dt}=-1000y+3000-2000e^{-t}, y(0)=0$$

其解析解为 $y(t)=3-0.998e^{-1000t}-2.002e^{-t}$，图 9-5 给出了解的图形.

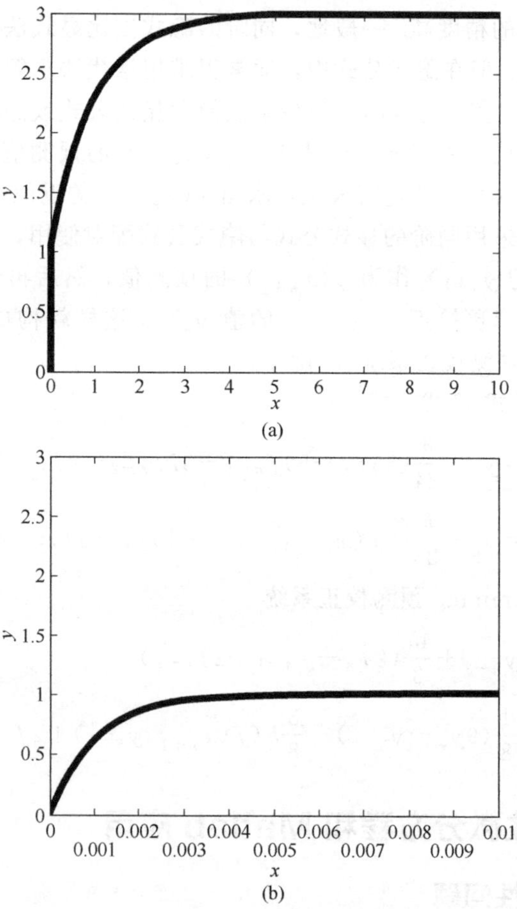


图 9-5　解的曲线

由图 9-5(a) 可以看出，虽然解从 1 开始，但是它实际上在取值 0～1 上有一个快速的瞬息变化，发在在小于 0.004 个单位时间内，通过图 9-5(b) 可以观察到这一点. 此单个方程是刚性问题.

又如某化学反应方程式：

$$\begin{cases}\dfrac{\mathrm{d}u_1}{\mathrm{d}t}=-2000u_1+999.75u_2+1000.25\\\dfrac{\mathrm{d}u_2}{\mathrm{d}t}=u_1-u_2\end{cases}$$

问题的精确解为

$$u_1(t)=-1.499875\mathrm{e}^{-0.5t}+0.499875\mathrm{e}^{-2000.5t}+1$$

$$u_2(t)=-2.99975\mathrm{e}^{-0.5t}-0.00025\mathrm{e}^{-2000.5t}+1$$

可以看出当 $t\to\infty$ 时，$\mathrm{e}^{-2000.5t}$ 很快趋于零，但是 $\mathrm{e}^{-0.5t}$ 趋于零的速度就很慢. 这表明此方程组的解分量变化速度相差很大，是一个刚性方程.

考虑线性系统

$$\frac{\mathrm{d}\boldsymbol{u}}{\mathrm{d}t}=\boldsymbol{A}\boldsymbol{u}(t)+\boldsymbol{g}(t),t\in[a,b] \tag{9-35}$$

和非线性系统

$$\frac{\mathrm{d}\boldsymbol{u}}{\mathrm{d}t}=\boldsymbol{f}(t,\boldsymbol{u}),t\in[a,b] \tag{9-36}$$

其中，$\boldsymbol{u}$ 为向量；$\boldsymbol{A}$ 为矩阵.

**定义 9.9**　式(9-35) 称为刚性的，如果矩阵 $\boldsymbol{A}$ 的特征值 $\lambda_i$（$i=1,2,\cdots,m$）满足 $\mathrm{Re}(\lambda_i)<0$（$i=1,2,\cdots,m$）并且 $\dfrac{\max\limits_i|\mathrm{Re}(\lambda_i)|}{\min\limits_i|\mathrm{Re}(\lambda_i)|}=R\gg 1$，其中 $\mathrm{Re}(\lambda_i)$ 代表 $\lambda_i$ 的实部，$R$ 称为刚性比.

**定义 9.10**　式(9-36) 称为刚性的，如果在 $t$ 的区间 $I=[0,T]$ 内，$\boldsymbol{f}$ 的 Jacobi 矩阵 $\dfrac{\partial\boldsymbol{f}}{\partial\boldsymbol{u}}$ 的特征值 $\lambda_i(t)$ 满足定义 9.9 的条件.

## 9.6.2 稳定性

刚性问题数值解法的基本问题是数值稳定性，用于刚性问题的数值方法应当对步长不加限制，据此，引进一种 A 稳定概念.

**定义 9.11**　数值方法称为 A 稳定，如果将它用于模型问题 $u'(t)=\lambda u(t)$ 的绝对稳定区域包含复平面整个左半平面，其中 $\lambda$ 是复数.

为了判别线性多步法 $\sum\limits_{j=0}^{k}\alpha_j u_{n+j}=h\sum\limits_{j=0}^{k}\beta_j f_{n+j}$ 稳定，将它用于模型问题，此时线性 $k$ 步法式(9-32) 化为 $k$ 阶线性齐次差分方程

$$\sum_{j=0}^{k}(\alpha_j-\bar{h}\beta_j)u_{n+j}=0$$

其中 $\bar{h}=\lambda h$. 相应地，特征方程为

$$\rho(\lambda)-\bar{h}\sigma(\lambda)=0,\ \bar{h}=\frac{\rho(\lambda)}{\sigma(\lambda)} \tag{9-37}$$

其中

$$\rho(\lambda)=\sum_{j=0}^{k}\alpha_j\lambda^j,\ \sigma(\lambda)=\sum_{j=0}^{k}\beta_j\lambda^j$$

**定理 9.5** 设 $\lambda_i$ $(i=1,2,\cdots,k)$ 是方程(9-37) 的根，则下面命题等价：

① 线性多步法 A 稳定；

② $\mathrm{Re}(\lambda_j)<0\Rightarrow|\lambda_j|<1, j=1,2,\cdots,k$；

③ $|\lambda|\geqslant1\Rightarrow\mathrm{Re}\,\bar{h}(\lambda)\geqslant0$.

隐式欧拉公式 $u_{n+1}=u_n+hf_{n+1}$，由于 $\rho(\lambda)=\lambda-1$，$\sigma(\lambda)=\lambda$，则

$$\mathrm{Re}\bar{h}(\lambda)=\mathrm{Re}\frac{\lambda-1}{\lambda}=\frac{|\lambda|^2-|\lambda|\cos\theta}{|\lambda|^2}=\frac{|\lambda|(|\lambda|-\cos\theta)}{|\lambda|^2}$$

显然当 $|\lambda|\geqslant1$ 时，$\mathrm{Re}\bar{h}(\lambda)\geqslant0$，故隐式欧拉公式 A 稳定.

梯形公式 $u_{n+1}=u_n+\frac{h}{2}(f_n+f_{n+1})$，由于 $\rho(\lambda)=\lambda-1$，$\sigma(\lambda)=\frac{\lambda+1}{2}$，则

$$\mathrm{Re}\bar{h}(\lambda)=2\mathrm{Re}\frac{\lambda-1}{\lambda+1}=2\frac{|\lambda|^2-1}{|\lambda+1|^2}$$

于是当 $|\lambda|\geqslant1$ 时，$\mathrm{Re}\bar{h}(\lambda)\geqslant0$，所以梯形公式也是 A 稳定.

考虑 $k$ 步线性法 $u_{n+k}=u_n+\frac{kh}{2}(f_n+f_{n+k})$，因为 $\rho(\lambda)=\lambda^k-1$，$\sigma(\lambda)=\frac{k}{2}(\lambda^k+1)$，所以

$$\bar{h}(\lambda)=\frac{\rho(\lambda)}{\sigma(\lambda)}=\frac{2}{k}\frac{\lambda^k-1}{\lambda^k+1}=\frac{2}{k}\cdot\frac{(\lambda^k-1)\overline{(\lambda^k+1)}}{|\lambda^k+1|^2}=\frac{2}{k}\cdot\frac{|\lambda|^{2k}+\lambda^k-\overline{\lambda^k}-1}{|\lambda^k+1|^2}$$

于是

$$\mathrm{Re}\bar{h}(\lambda)=\frac{2}{k}\cdot\frac{|\lambda|^{2k}-1}{|\lambda^k+1|^2}$$

当 $|\lambda|\geqslant1$ 时，$\mathrm{Re}\bar{h}(\lambda)\geqslant0$，所以 $k$ 步线性法 A 稳定.

显式欧拉公式 $u_{n+1}=u_n+hf_n$，由于 $\rho(\lambda)=\lambda-1$，$\sigma(\lambda)=1$，则

$$\mathrm{Re}\bar{h}(\lambda)=\mathrm{Re}(\lambda-1)=\mathrm{Re}(\lambda)-1$$

显然当 $|\lambda|\geqslant1$ 时，若 $\mathrm{Re}(\lambda)<1$，此时 $\mathrm{Re}\bar{h}(\lambda)<0$，故显式欧拉公式不

是 A 稳定的.

**【例 9.7】** 用显式欧拉法和隐式欧拉法求解刚性方程

$$\frac{dy}{dt}=-1000y+3000-2000e^{-t},\ y(0)=0$$

其解析解为 $$y(t)=3-0.998e^{-1000t}-2.002e^{-t}.$$

**【解】** 对于这个问题，显式欧拉法为

$$y_{n+1}=y_n+h(-1000y_n+3000-2000e^{-t_n})$$

隐式欧拉法为

$$y_{n+1}=\frac{y_n+3000h-2000he^{-t_{n+1}}}{1+1000h}$$

选用显式欧拉法，取步长 $h=0.0005$ 和步长 $h=0.0015$ 在区间 [0, 0.006] 上求解此问题，结果如图 9-6(a). 针对隐式欧拉法，取步长 $h=0.0025$ 和步长 $h=0.005$ 在区间 [0, 0.06] 上求解此问题，结果如图 9-6(b). 根据图 9-6 可以看出，显式欧拉法当步长取得大些时方法效果较差，而对于隐式欧拉法，虽然步长取得比引起显式欧拉法不稳定的步长还大，但是数值结果仍然能很好地与解析解吻合.

## 9.6.3 Matlab 求解常微分方程

对于数值求解微分方程（组），Matlab 有专门的求解器可以调用，下面我们作一定的介绍.

Matlab 中求微分方程的数值解命令的调用格式为：

$$[X,Y]=\text{solver}(\text{odefun},\text{tspan},y_0)$$

其中 solver 为 Matlab 中求解微分方程的求解器：例如 ode45、ode23、ode113、ode15s、ode23s、ode23t、ode23tb 等；odefun 是要求解的显式常微分方程 $\frac{dy}{dx}=f(x,y)$；tspan=$[x_0,x_{end}]$ 为积分区间；$y_0$ 为初始条件. 输出的 $\boldsymbol{X}$ 为 tspan=$[x_0,x_{end}]$ 区间上点的列向量，$\boldsymbol{Y}$ 为对应于 $\boldsymbol{X}$ 上各个点的数值解所组成的向量. 要获得问题在其他指定时间点 $x_0,x_1,x_2,\cdots,x_{end}$ 上的解，则令 tspan=$[x_0,x_1,x_2,\cdots,x_{end}]$（要求是单调的）.

因为没有一种算法可以有效地解决所有的求解常微分方程问题，为此，Matlab 提供了多种求解器 Solver，对于不同的常微分方程问题，采用不同的 Solver，一些常用的 Solver 总结如表 9-6 中所列.

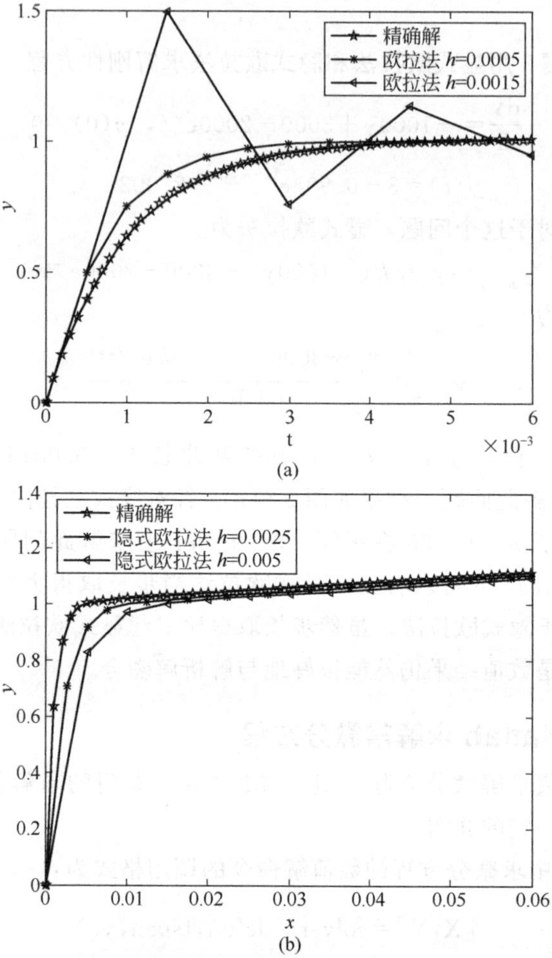


图 9-6　例 9.7 计算结果

**表 9-6　常用的 Solver**

| 求解器 Solver | 求解方程类型 | Solver 特点 | 说明 |
|---|---|---|---|
| ode45 | 非刚性 | 单步算法；四、五阶 Runge-Kutta 方法；累计截断误差达$(\Delta x)^3$. | 大部分场合的首选算法. |
| ode23 | 非刚性 | 单步算法；二、三阶 Runge-Kutta 方法；累计截断误差达$(\Delta x)^3$. | 使用于精度较低的情形. |
| ode113 | 非刚性 | 多步法；Adams 算法；高低精度均可到 $10^{-5}\sim10^{-3}$. | 计算时间比 ode45 短. |
| ode23t | 适度刚性 | 采用梯形算法. | 适度刚性情形. |
| ode15s | 刚性 | 多步法；Gear's 反向数值微分；精度中等. | 若 ode45 失效时，可尝试使用. |
| ode23s | 刚性 | 单步法；二阶 Rosebrock 算法；低精度. | 当精度较低时，计算时间比 ode15s 短. |
| ode23tb | 刚性 | 梯形算法；低精度 | 当精度较低时，计算时间比 ode15s 短 |

要特别指出的是：ode23、ode45 是极其常用的用来求解非刚性的标准形式的一阶常微分方程（组）的初值问题的解的 Matlab 的常用程序. 其中：

ode23 采用 Runge-Kutta 二阶算法，用三阶公式作误差估计来调节步长，具有低等的精度；

ode45 则采用 Runge-Kutta 四阶算法，用五阶公式作误差估计来调节步长，具有中等的精度.

**【例 9.8】** 用 ode45 求解本章引言中的单摆问题：

$$\begin{cases}\dfrac{d^2q}{dt^2}=-\sin q\\ q(0)=0.5, q'(0)=0\end{cases}$$

画出在区间 [0，20] 上数值解的图像.

**【解】** 首先，把此二阶常微分方程化成一阶常微分方程组.

$$\begin{cases}\dfrac{dq}{dt}=p, & q(0)=0.5\\ \dfrac{dp}{dt}=-\sin q, & p(0)=0\end{cases}$$

先编写函数文件 f. m：

```
function ydot=f(t,y)
ydot=zeros(2,1);
ydot(1)=y(2);
ydot(2)=-sin(y(1));
```

再编写命令文件 solution. m：

```
[X,Y]=ode45(@f,[0 20],[0.5 0]);
plot(X,Y(:,1),'o-')
xlabel('t');
ylabel('q');
```

运行结果如图 9-7 所示. 可以看出，单摆的运动轨迹随着时间的增长，呈现一种摆动的运动过程.

**【例 9.9】** 范德波尔方程是电子管时期出现的一个电子电路模型.

$$\frac{d^2y_1}{dt^2}-\mu(1-y_1^2)\frac{dy_1}{dt}+y_1=0, y_1(0)=y_1'(0)=1$$

随着 $\mu$ 的增大，此方程的解的刚性逐渐增大. 利用 Matlab 求解下列两种情况：①对于 $\mu=1$ 和区间 [0，50]，用 ode45 求解；②对于 $\mu=1000$ 和区间 [0，5000]，用 ode23s 求解.

**【解】** 先把此二阶常微分方程化成一阶常微分方程组.

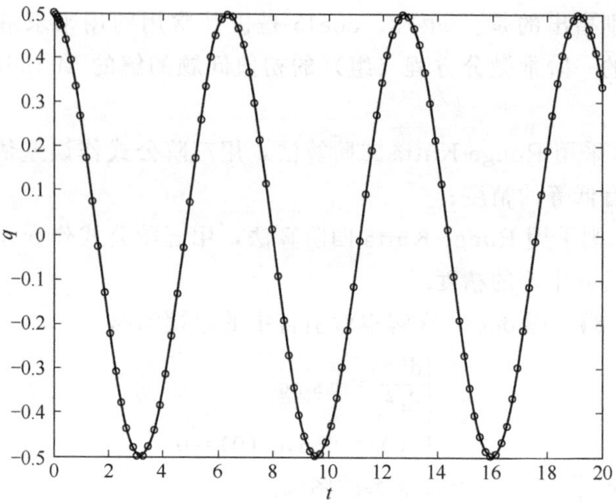


图 9-7　例 9.8 计算结果

$$\begin{cases} \dfrac{dy_1}{dt}=y_2, & y_1(0)=1 \\ \dfrac{dy_2}{dt}=\mu(1-y_1^2)y_2-y_1, & y_2(0)=1 \end{cases}$$

先编写函数文件 vanderpol. m：

```
function ydot =vanderpol(t,y,mu)
ydot=[y(2);mu*(1-y(1)^2)*y(2)-y(1)];
```

调用 ode45 并绘制结果的图形 [图 9-8(a)]：

```
[X,Y]=ode45(@vanderpol,[0 20],[1 1],[],1);
plot(X,Y(:,1),'o-',X,Y(:,2),'*-')
legend('y1','y2');
```

调用 ode23s 并绘制结果的图形 [图 9-8(b)]：

```
[X,Y]=ode23s(@vanderpol,[0 5000],[1 1],[],1000);
plot(X,Y(:,1),'o-')
legend('y1');
```

因为结果中 $y_2$ 的尺度非常大，因此我们只显示了 $y_1$. 根据图 9-8 可以看出，图 9-8(b) 的解的边界比图 9-8(a) 中锐利很多，这是解的刚性的图形表示.

**【例 9.10】** 普林尼的间歇式喷泉：传说罗马哲学家老普林尼的花园里有一座间歇式喷泉，如图 9-9 所示，水以固定的流速 $Q_{in}$ 注入圆柱形容器，水位达到 $y_{high}$ 时容器被注满. 这时候，水通过圆形排出管被虹吸出容器，在管子的尽头形成喷泉. 喷泉一直喷射到水位下降至 $y_{low}$，此时虹吸管中装满了空气，于是喷泉停止喷射. 然后重复这个过程，当

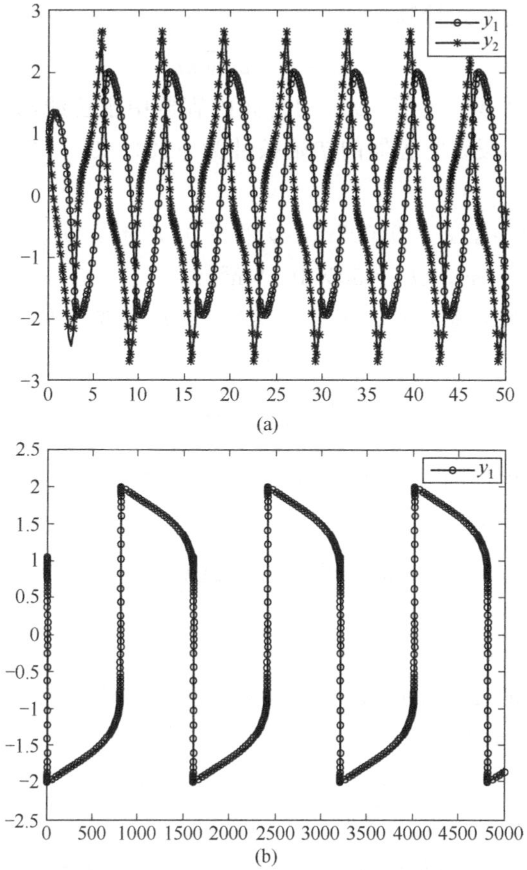


图 9-8　例 9.9 计算结果

水位达到 $y_{\text{high}}$，即容器被注满，此时喷泉又开始喷射.

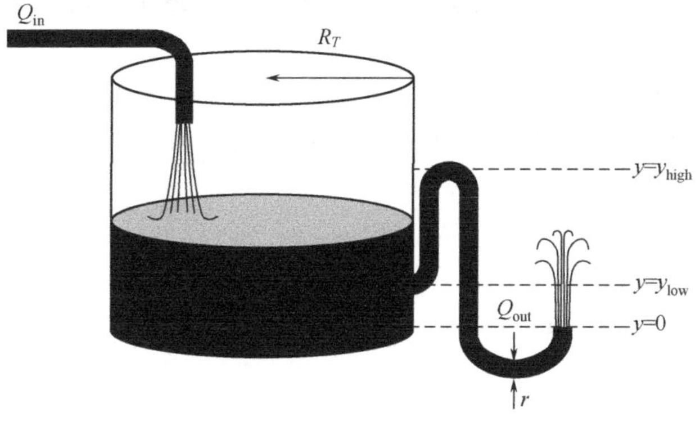


图 9-9　间歇式喷泉

当喷泉喷射时，根据托里切利定律（Torricelli's Law），流出物

$Q_{out}$可以由下面公式计算

$$Q_{out}=C\sqrt{2gy}\pi r^2 \tag{9-38}$$

忽略管中水的体积，计算 100s 的时间内容器中水位线与时间的函数关系并绘制图形. 假设空容器的初始条件为 $y(0)=0$. 计算时使用下面的参数

$R_T=0.05$m，$r=0.007$m，$y_{low}=0.025$m，$y_{high}=0.1$m，$C=0.6$，$g=9.81\text{m/s}^2$，$Q_{in}=50\times10^{-6}\text{m}^3/\text{s}$.

**【解】** 当喷泉喷射时，容器体积 $V(\text{m}^3)$ 的变化率由流入减去流出的简单平衡确定

$$\frac{dV}{dt}=Q_{in}-Q_{out} \tag{9-39}$$

因为容器是圆柱形的，所以 $V=\pi R_T^2 y$. 将这个关系式和式(9-38) 一起代入式(9-39) 可得

$$\frac{dy}{dt}=\frac{Q_{in}-C\sqrt{2gy}\pi r^2}{\pi R_T^2} \tag{9-40}$$

当喷泉停止喷射时，分子的第二项变成 0. 为此，我们可以在方程中加入一个新的变量 *siphon*，当喷泉停止时 *siphon* 等于 0，当喷泉工作时 *siphon* 等于 1

$$\frac{dy}{dt}=\frac{Q_{in}-siphon\times C\sqrt{2gy}\pi r^2}{\pi R_T^2} \tag{9-41}$$

在当前的例子中，*siphon* 可以被看成是控制喷泉停止和工作的开关.

接下来必须将 *siphon* 与应变量 $y$ 联系起来. 首先，当水位线低于 $y_{low}$时令 *siphon* 等于 0. 相应地，当水位线高于 $y_{high}$时令 *siphon* 等于 1. 下面的 M 文件函数在计算导数时考虑了这个逻辑关系.

```
function dy=Plinyode(t,y)
global siphon
Rt=0.05;r=0.007;yhi=0.1;ylo=0.025;
C=0.6;g=9.81;Qin=0.00005;
if y(1)<=ylo
  siphon=0;
elseif y(1)>=yhi
  siphon=1;
end
Qout=siphon * C * sqrt(2 * g * y(1)) * pi * r^2;
dy=(Qin-Qout)/(pi * Rt^2);
```

注意，由于 *siphon* 的取值必须在函数调用之间被保持，所以它被声明为一个全局变量. 虽然我们不鼓励使用全局变量（特别是对于大型的程序），但是它在当前的问题中很有用.

下面的脚本用内置 ode45 函数积分 Plinyode，并绘制解的图形.

```
global siphon
siphon=0;
tspan=[0 100];y0=0;
[tp,yp]=ode45(@Plinyode,tspan,y0);
plot(tp,yp)
xlabel('时间 (s)')
ylabel('容器中的水位 (m)')
```

如图 9-10 所示，结果明显是不正确的. 除了最初的注满周期之外，水位线看起来在再次达到 $y_{high}$ 以前就开始下降. 类似地，在排水的时候，水位线还没有降至 $y_{low}$，虹吸管就关上了.

到此为止，令人怀疑问题需要用比可靠的 ode45 更高级的程序来进行求解，可能有人会想要使用其他的 Matlab ODE 求解器，如 ode23s 或 ode23tb. 但是，如果用了的话，那么就会发现，虽然这些程序得到的结果略有不同，但都是不正确的.

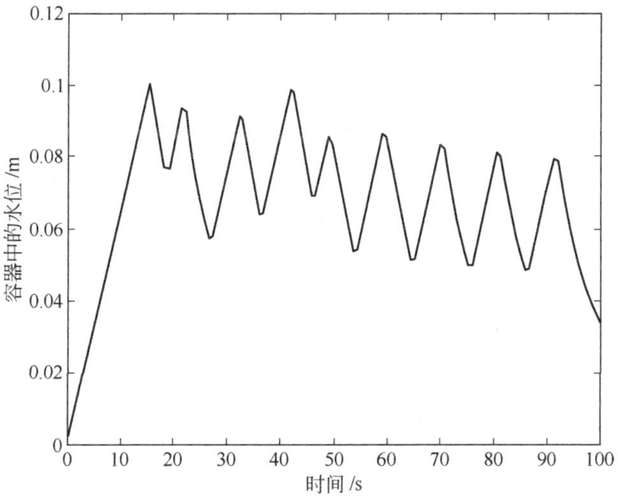


图 9-10　ode45 计算结果

之所以出现这种困难，是因为常微分方程在虹吸管开关时并不连续. 例如，当容器注水时，导数仅依赖于固定的流入物和取值恒为 $6.336\times10^{-3}$ m/s 的参数. 然而，一旦水位线到达 $y_{high}$，流出开关导通，导数迅速地变为$-1.013\times10^{-2}$ m/s. 虽然 Matlab 所用的自适应步长程序对于许多问题都能取得不可思议的效果，但是它们在处理这类间断时往往会失效. 因为它们通过比较不同步长的结果来推测解的行为，而间断所表示的意思类似于在街道上行走时踩到坑里面了.

现在，第一反应可能只是放弃. 毕竟，如果问题对于 Matlab 来说都非常困难的话，人们没理由期望能给出答案. 由于专业的工程师和科学家们很少用这样的借口来逃避问题，所以我们只能凭借所掌握的数值方法知识寻求补救办法.

因为问题由自适应的穿越间断产生，所以可以转而使用更简单的方法和固定的小步长. 如果细想一下就会发现那正好是在黑暗且坑坑洼洼的路面上行走的方法. 在这种求解方案中，我们选用经典 Runge-Kutta 方法式(9-22) 和步长 0.1 进行计算，结果如图 9-11. 由此可见，此时解的变化和期望的一样了，在循环过程中，容器注满到 $y_{high}$，然后清空至 $y_{low}$.

从这个例子中可以领会到两个意思. 首先，虽然人类本能地会往相反的方向考虑，但是更坚定的有时候反而会更好. 毕竟，爱因斯坦的解释是“任何事都应该尽可能简单，但无法更简单（Everything should be as simple as possible, but no simpler）”. 其次，不应该盲目地相信由计算机生成的每一个结果. 有人可能已经听过那个老掉牙的笑话——“垃圾进，垃圾出”，用来比喻数据质量对计算机输出的合法性所造成的影响. 不幸的是，有的人认为，不论进去的是什么（数据）和在里面做了什么（算法），出来的总是“真理”. 图 9-11 所描述的那种情况就特

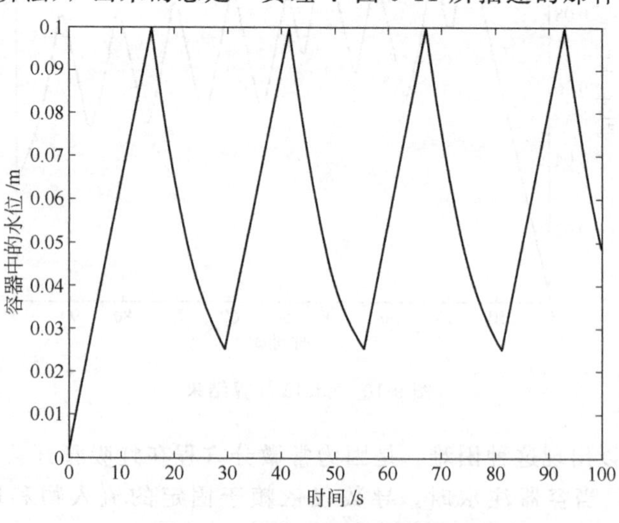


图 9-11 经典 RK 法计算结果

别危险，虽然输出不正确，但是错误不明显，即结果没有不稳定或者得出负的水位线. 事实上，解虽然不正确，但仍然按照间歇式喷泉的形式上下移动.

令人乐观的是，本例子说明了即便像 Matlab 那样大型的软件也不是十分可靠的，因此，资深工程师和科学家通常会基于他们丰富的经验和对所解问题的了解，持怀疑态度对数据输出进行检查.

## 习题 9

9-1　用显式欧拉法、隐式欧拉法、梯形法和改进欧拉法解初值问题

$$\begin{cases}\dfrac{\mathrm{d}y}{\mathrm{d}x}=-y+x, 0<x<1\\ y(0)=0\end{cases}$$

此问题的精确解为 $y=\mathrm{e}^{-x}+x-1$，取步长 $h=0.1$，计算到 $x=1$，并与精确解比较.

9-2　用四阶 RK 方法解初值问题

$$\begin{cases}\dfrac{\mathrm{d}y}{\mathrm{d}x}=-y+x, 0<x<1\\ y(0)=0\end{cases}$$

取步长 $h=0.1$，计算到 $x=1$，并与欧拉法、隐式欧拉法、梯形法和改进欧拉法比较误差大小.

9-3　证明 Heun 方法

$$\begin{cases}K_1=f(x_n, y_n)\\ K_2=f\left(x_n+\dfrac{2}{3}h, y_n+\dfrac{2}{3}hK_1\right)\\ y_{n+1}=y_n+\dfrac{1}{4}h(K_1+3K_2)\end{cases}$$

是二阶精度方法，并求出其主局部截断误差项.

9-4　用显式欧拉法（$h=0.025$）、梯形法（$h=0.05$）和经典 RK 方法（$h=0.1$）解初值问题

$$\begin{cases}\dfrac{\mathrm{d}y}{\mathrm{d}x}=-y^2-\dfrac{y}{x}+\dfrac{1}{x^2}, 1\leqslant x\leqslant 2\\ y(1)=-1\end{cases}$$

并在 $x=2$ 处与精确解 $y=-\dfrac{1}{x}$ 进行比较.

9-5　对于模型方程 $\dfrac{\mathrm{d}y}{\mathrm{d}x}=\lambda y$，求改进欧拉公式的稳定区间.

9-6　对于初值问题

$$\begin{cases}\dfrac{\mathrm{d}y}{\mathrm{d}x}=-100(y-x)+1\\ y(0)=1\end{cases}$$

若用显式欧拉法、隐式欧拉法和四阶经典 RK 方法求解，步长应该在什么范围内选取？

9-7　确定二步方法

$$y_{n+1}=\frac{1}{2}(y_n+y_{n-1})+\frac{h}{4}(4f_{n+1}-f_n+3f_{n-1})$$

的局部截断误差和方法的阶.

9-8 用经典 RK 方法给出初始点，然后用四阶 Adams 显式公式求初值问题

$$\begin{cases} y_1'(x)=3y_1(x)+2y_2(x) & y_1(0)=0 \\ y_2'(x)=4y_1(x)+y_2(x) & y_2(0)=1 \end{cases}$$

的数值解，取 $h=0.1$，并在 $x=1$ 处与精确解 $\begin{cases} y_1(x)=\dfrac{1}{3}(e^{5x}-e^{-x}) \\ y_2(x)=\dfrac{1}{3}(e^{5x}+2e^{-x}) \end{cases}$ 进行比较.

9-9 用 Matlab 中的 ode23 和 ode45 在区间为 [0，10] 上求解初值问题

$$\begin{cases} \dfrac{dy}{dx}=-y^3+y+x \\ y(0)=1 \end{cases}$$

利用画图来比较两种求解器之间的差异.

# 参考文献


[1] 李庆扬，王能超，易大义．数值分析．第5版．北京：清华大学出版社，2008.

[2] 蒋尔雄,赵风光．数值逼近．上海：复旦大学出版社，1996.

[3] 傅凯新，黄云清，舒适．数值计算方法．长沙：湖南科学技术出版社，2002.

[4] 黄友谦，李岳生．数值逼近．第2版．北京：高等教育出版社，1987.

[5] 王德人，杨忠华．数值逼近引论．北京：高等教育出版社，1990.

[6] 王仁宏．数值逼近．北京：高等教育出版社，1999.

[7] 徐利治，王仁宏，周蕴时．函数逼近的理论与方法．上海：上海科学技术出版社，1983.

[8] 曹志浩．数值线性代数．上海：复旦大学出版社，1996.

[9] 曹志浩，张玉德，李瑞遐．矩阵计算与方程求根．第2版．北京：高等教育出版社，1987.

[10] 徐树方．矩阵计算的理论与方法．北京：北京大学出版社，1995.

[11] 徐树方，高立，张平文．数值线性代数．北京：北京大学出版社，2000.

[12] G. H. Golub, C. F. Van Loan. Matrix Computations. Third Edition. Baltimore: The Johns Hopkins University Press, 1996.

[13] 李立康，於崇华，朱政华．微分方程数值解法．上海：复旦大学出版社，1999.

[14] 陆金甫，关治．微分方程数值解法．第2版．北京：清华大学出版社，2004.

[15] 蔡大用．数值分析与实验学习指导．北京：清华大学出版社，2001.

[16] 程正兴，李水根．数值逼近与常微分方程数值解．西安：西安交通大学出版社，2000.

[17] 冯康等．数值计算方法．北京：国防工业出版社，1978.

[18] 冯果忱．非线性方程组迭代解法．上海：上海科学技术出版社，1989.

[19] 李庆扬，莫孜中，祁力群．非线性方程组的数值解法．北京：科学出版社，1987.

[20] 石钟慈．第三种科学方法——计算机时代的科学计算．北京：清华大学出版社，2000.

[21] 石钟慈，袁亚湘．奇效的计算．长沙：湖南科学技术出版社，1998.

[22] 孙志忠．计算方法典型例题分析．北京：科学出版社，2001.

[23] R. L. Burden, J. D. Faires, Numerical Analysis. Seventh Edition. 北京：高等教育出版社，2001.

[24] D. Kincaid, W. Cheney, Numerical Analysis: Mathematics of Scientific Computing. Third Edition. Beijing: Thomson Asia Pte Ltd and China Machine Press, 2003.

[25] J. Stoer, R. Bulirsch. Introduction to Numerical Analysis. Second Edition. New York: Springer, 1993.

[26] 何玉晶，杨力．基于拉格朗日插值方法的 GPS IGS 精密星历插值分析．测绘工程，2011，20 (5)：60-66.

[27] Steven C. Chapra 著．工程与科学计算数值方法的 Matlab 实现．第 2 版．唐艳玲，田尊华译．北京：清华大学出版社，2009.